U0243209

海洋文化研究（第5辑）

HAIYANG WENHUA YANJIU

古小松　方礼刚◎主编

本书出版得到中国-东盟海上合作基金支持（外财函〔2017〕513号）

中国出版集团有限公司
世界图书出版公司
广州·上海·西安·北京

图书在版编目（CIP）数据

海洋文化研究. 第5辑 / 古小松，方礼刚主编. 广州：世界图书出版广东有限公司，2024.12. -- ISBN 978-7-5232-1967-6

Ⅰ. P7-05

中国国家版本馆 CIP 数据核字第 20250EG862 号

书　　名	海洋文化研究（第5辑） HAIYANG WENHUA YANJIU (DI-5 JI)
主　　编	古小松　方礼刚
责任编辑	张东文
出版发行	世界图书出版有限公司　世界图书出版广东有限公司
地　　址	广州市海珠区新港西路大江冲25号
邮　　编	510300
电　　话	020-84184026　84453623
网　　址	http://www.gdst.com.cn
邮　　箱	wpc_gdst@163.com
经　　销	新华书店
印　　刷	广州市希扬印刷有限公司
开　　本	787 mm × 1092 mm　1/16
印　　张	19.75
字　　数	319千字
版　　次	2024年12月第1版　2024年12月第1次印刷
国际书号	ISBN 978-7-5232-1967-6
定　　价	78.00元

咨询出版社：020-84451258　gdstchj@126.com　875936371@qq.com

（如有印装错误，请与出版社联系）

海南热带海洋学院东盟研究院、海南省南海文明研究基地主办

目　录

Contents

海洋文化理论探讨

人类命运共同体视角下广东海洋文化的特色、作用与建设路径[①]

李　云[②]

【内容提要】广东海洋文化是中国海洋文化的代表，体现着中国海洋文化的特色，在构建人类命运共同体过程中体现了中国作为海洋国家的早期性、递进性和开放性，代表着中国海洋文化发展的方向。广东海洋文化彰显了中华文化自觉、文化自信与文化自强，提升了中国海洋话语权；联结中国内陆与世界，推动了中西文明的互鉴与共生；促进中华民族的伟大复兴，为人类命运共同体的构建提供中国智慧，从而成了构建人类命运共同体的重要文化力量。在世界百年未有之变局下，人类命运共同体的构建面临着严峻挑战，为此，广东海洋文化的发展应坚持中国性，弘扬传承中国海洋文明；关注问题域，共谋全球海洋生态文明建设之路；建设文化圈，打造人类命运共同体的文化支柱，以推动人类命运共同体的构建。

【关键词】海洋强国；人类命运共同体；广东海洋文化

2019年，习近平总书记在中国海军成立70周年多国海军活动中提出构建“海洋命运共同体”的理念。2022年，习近平总书记在党的二十大报告中明确指出：“推动构建人类命运共同体，创造人类文明新形态。”[③]海洋命运共同体理念是人类命运共同体理念在海洋领域的具体实践。目前

---

① 基金项目：国家社会科学基金项目“新时代海外侨胞的集体记忆与铸牢中华民族共同体意识研究”（项目编号21BKS147）。

② 作者简介：李云，女，1976年生，湖南永州人，哲学硕士，广东金融学院副教授，主要从事中国共产党统一战线理论与实践研究。

③ 习近平：《高举中国特色社会主义伟大旗帜为全面建设社会主义现代化国家而团结奋斗——在中国共产党第二十次全国代表大会上的报告》，北京：人民出版社，2022年。

学术界对海洋文化的研究成果颇丰，但学者们主要从海洋文化自身角度研究其形成、发展、表现、特点、地位等，缺乏从联系角度对海洋文化与人类命运共同体关系的考量。本文以广东海洋文化为研究对象，意欲探讨广东海洋文化与人类命运共同体的关系，研究广东海洋文化在构建人类命运共同体过程中凸显的特色、发挥的作用以及应采取的对策建议，以拓展海洋文化研究的视角，丰富海洋文化研究的内容。

一、广东海洋文化的特色

在人类发展的历史上，由于地理环境、历史传统、风俗习惯、政治制度等的不同，每一个国家和地区都有各自特色的文化，这些文化构成了世界文化体系的多样性。人类命运共同体思想根源于中华优秀传统文化，其“文化图景是多元文化理性寻求共同的发展空间和领域，是‘各美其美，美人之美、美美与共’的和谐文化生态”[①]。广东海洋文化作为中国海洋文化的代表，体现了中华文明的多样性，彰显了人类命运共同体思想的“和而不同”的包容观，在构建人类命运共同体过程中呈现出中国特色。

（一）体现中国作为海洋国家的早期性

广东海洋文化的萌芽和形成在时间上具有领先性。从海域区域划分，广东海洋文化属于南海区域，在新石器时代，广东的先民开始与海接触，以海为生，留下了沙丘遗址和贝丘遗址。“沙丘遗址集中于深圳、珠海、中山、香港和澳门等珠江三角洲南部沿珠江口两岸及附近岛屿的沙滩、沙堤、沙洲之上。到目前为止，已发现的沙丘遗址超过 80 处。按地理位置可分为海岛型和海岸型两类。贝丘遗址则集中于珠江三角洲中北部的南海、佛山、三水、高要、东莞和增城等地。有滨海贝丘和河旁贝丘两种类型。”[②]广东沙丘遗址的形成与广东地貌的发育和成熟密切相关，而贝丘遗

---

① 骆郁廷、张蓓：《构建人类命运共同体的文化挑战与应对》，载《思想政治教育研究》，2019 年第 5 期，第 21 页。

② 邝桂荣：《珠江三角洲的沙丘遗址和贝丘遗址》，载《岭南文史》，1998 年第 3 期，第 29 页。

址的形成则是广东先民生产力水平提高以及对海洋认识增长的结果，他们逐渐从原始的岩穴迁徙到滨海之地，贝丘遗址是他们捕捞贝类、进行海洋渔猎活动的一种文化遗迹和历史见证。因此，早在新石器时代，广东早期文化就开始呈现出海洋性特征。从整个中国来看，“岭南和东南亚地区，新石器时代早期文化十分发达，发展程度超过黄河流域和长江流域。”①

（二）体现中国区域海洋文化发展的递进性

广东海洋文化的历史地位呈现出边缘文化—主流文化—核心文化的递进上升的过程。这一过程表现为两个方面：一是在领域空间上，广东海洋文化从古代的边缘地带到近现代的中心地带再到当今的核心地带；二是在文化属性上，从古代的边缘文化到近现代的主流文化，再到当今的核心文化。中国是农业文化、游牧文化、海洋文化相互激荡和互动的过程，在近代以前，农业文化始终占据着主导地位，即使广东海洋文化早期具有领先性，但是它在古代仍然是边缘文化。主要依据如下：一是从中国海洋文化发展的纵向历史考察，在朝贡体系的制约下，虽然广东海洋文化具有沿海性的因素，但仍然无法被统治者列入重要国家事务的考虑范围，虽然在广东沿海形成了一种比较开放的处理海上事务和海外贸易的政策，但它仍然无法撼动整个中国以大陆为中心的朝贡体系，无法冲击封建的政治经济体制。二是从中国海洋文化在整个中国的地位考察，“作为外围地区的海洋中国，是以陆地为中心的外围地区，当中国商人遇到可选择的价值体系时，确实经历了一些改变。但只要陆地的中心地位仍然存在，在这段时期就没有真正的转型”②，因此，广东沿海地区作为以陆地为中心的外围地区，虽然由于海洋因素，经济和文化得到了发展，沿海居民也产生了一种远离皇权之外的意识觉醒，但是广东仍然从属于中央的陆地政策，广东沿海贸易仍处于次要地位，其海洋文化仍是边缘文化。

---

① 陈洪波：《岭南早期文化即呈海洋性特征》，载《中国社会科学报》，2013年5月8日，A05版。

② 王赓武：《转型时期的海洋中国》，载纪宗安、汤开建主编《暨南史学（第三辑）》，广州：暨南大学出版社，2004年，第410页。

改革开放后，广东由于拥有毗邻港澳的地理条件、众多的海外移民以及浓厚的海洋文化因素，尤其是开放、务实、崇商、冒险和创新的海洋文化精神，中央选择广东作为改革开放的先行地，在广东的深圳、珠海、汕头以及福建的厦门设立经济特区。在广东海洋文化精神的引领下，广东成长为充满现代文化活力的第一经济强省，广东文化与京派文化、海派文化形成了三足鼎立之势。“人们从城市群的角度对中国主流文化进行划分：京派文化，代表北方文化，典型代表是京津唐城市群；海派文化，代表江南文化，典型代表是上海及长三角城市群；岭南文化，代表南方海洋文化，典型代表是穗港澳为核心的珠三角城市群。”[①]由此可见，广东海洋文化改革开放后已成为中国的主流文化。粤港澳大湾区发展规划实施以来，以海洋文化为代表的广东文化已被国家纳入核心文化。

（三）体现中国作为海洋国家的开放性

广东海洋文化是一种区域文化，由于海洋环境的相通性，它具有世界海洋文化的基本特征。面向海洋的地理环境锻造了广东海洋文化的开放性。广东海洋文化在与华夏传统主流文化和世界文化交流的过程中，主动吸纳人类一切优秀的文明成果，主要包括两个方面：一是在古代不断吸收华夏传统主流文化的精华，使南越的土著文化与中原的汉文化融合；二是在近代积极吸收西方外来文化的先进成果，汲取西方文化的养料。

广东海洋文化在开放的背景下产生了重商性、冒险性和创新性。重商性是广东人民在开发利用海洋过程中表现出的一种重商主义的价值取向，冒险性是广东人民为了征服海洋表现出的不顾安危获取海洋资源的一种价值观念的特征。创新性是广东人民改造海洋所奉行的一种思维习惯。广东人民敢闯敢试，“敢为天下先”，在经济和社会发展上创造了无数的中国奇迹。“率先在中国实现了工业化，率先基本实现了市场经济转型，率先在全国达到了较高的城市化水平，率先在全国成为最开放的前沿地区”。[②]

---

① 韩强：《岭海文化：海洋文化视野与“岭南文化”重新定位》，广州：花城出版社，2014年，第350页。

②《胡鞍钢语》，载《广州日报》，2007年5月20日。

（四）代表着中国海洋文化的发展方向

广东海洋文化代表着中国海洋文化的发展方向，体现了中国作为海洋国家的连续性、先导性和先进性。

广东海洋文化体现了中国作为海洋国家的连续性。中国既是内陆国家，又是海洋国家。然而，有些中国学者往往依据历代王朝统治者重大陆、轻海洋的政策倾向得出中国只有黄色文明、没有海洋文明的结论。西方学界甚至把“地理大发现”作为海洋社会经济和文化发展的标志，把海洋经济作为资本主义的产物。从整个中国来看，虽然国家中央政权，如宋、元、明、清朝廷，试图把经略海洋作为国策，最终这一国策没被实施，海洋中国只是大陆中国发展的一个片段。但是，“从区域的角度看历史，体现中国作为海洋国家的一面是连续的。”[①]广东海洋文化是中国区域海洋文化的代表，体现了中国作为海洋国家的连续性。广东海洋文化从新石器时代的萌芽，从地方和民间的海洋发展，然后纳入国家的海洋政策，其发展从没间断过，“以农业文明为基础的中国传统社会时代，沿海地区一直存在着海洋性的小传统，虽然表现时强时弱，始终处于强势农业文明的附属地位，但从未被割断。”[②]广东海洋文化由低级到高级发展，其发展的连续性呈现出三个层次。在古代，由于广东先民以海为田，在近海进行捕捞、制盐、采珠等耕海实践活动，因而形成了海洋农业文化；秦汉后，由于生产力的提高、海洋交通的大突破，广东人民利用发达的海洋交通开展远洋航海活动，开辟海洋丝绸之路，形成了海洋商业文化；改革开放后，广东人民借助工业与技术的进步，大力开发利用海洋资源，形成了海洋现代文化。

广东海洋文化体现了中国作为海洋国家的先导性。广东发达的海洋经济、发达的海洋贸易网络、繁荣的沿海港口城市、频繁的文化交流活动、创新的海洋贸易制度、深厚的海洋文化传统、开放创新务实的海洋精神等

---

① 杨国桢：《海洋丝绸之路与海洋文化研究》，载《学术研究》，2015年第2期，第94页。

② 杨国桢：《中国需要自己的海洋社会经济史》，载《中国经济史研究》，1996年第2期，第108页。

引领着中国沿海和内陆的发展，为中国其他地区的社会经济和海洋文化的发展提供样板。

广东海洋文化体现了中国作为海洋国家的先进性。判断海洋文化是否先进的标准：一是看该文化是否与时俱进，引领社会文化的发展；二是看人与人之间、人与自然之间是否和谐。广东人民在海洋实践中敢为天下先，不断探索新的未知领域，广东海洋文化代表着中国海洋文化发展的方向。广东人民在海洋实践中把开发、利用和保护海洋相结合，走可持续发展之路，实现了人与自然的和谐，他们在海洋实践中和谐合作，努力实现人与人的和谐。

二、广东海洋文化的重要作用

广东海洋文化以坚定的文化自信，提升了中国海洋话语权，以中国方案促进了人类命运共同体的构建。具体作用表现在以下几个方面：

（一）彰显文化自信，提升了中国海洋话语权

广东海洋文化的发展是文化自觉的过程。文化自觉是一定历史条件下对社会发展的文化建构、文化选择、文化发展的理性思考与实践，是指生活在一定文化中的人对其文化有“自知之明”的意思。①广东民众首先各美其美，了解自身海洋文化的形成发展及其特点，对自身的海洋文化有自知之明；然后美人之美，对他者文明全面认识，理解和包容他者文明，为此，吸收中原文化的精华，把南越的土著文化与汉文化融合，并在近代东西学互渐时期与西方文化互动，吸收西方文化的精华；接着美美与共，崇尚和谐，坚持走绿色、低碳、循环、可持续发展之路，协和万邦，与世界海洋文化开展交流与合作，主动融入世界；最后实现大同，与世界其他国家和地区共同解决全球海洋治理问题，共同推动人类命运共同体的构建。

广东海洋文化的发展也是文化自信的过程。以黑格尔为代表的西方海洋文化观认为，中国只有内陆文化，没有海洋文化，“西方文明是蓝色的

① 费孝通：《费孝通论文化与文化自觉》，北京：群言出版社，2005 年。

海洋文化，而东方文明是土黄色的内陆文化"[①]。广东海洋文化从古代的边缘文化到近现代的主流文化，再到当今的核心文化，有力地向世界证明中国有自己的海洋文化，并且在"环中国海海洋文化圈"中是最活跃的因素，从而为中华民族的伟大复兴提供了文化自信。"史前、上古时期的东夷、百越先民，是中华海洋文化的奠基者。汉唐以来汉化的夷越后裔与南迁的汉人融合的'华南汉人'这个新的海洋族群，作为中华海洋文明的传承、发展的主力，将'环中国海'推向世界海洋文化舞台上最活跃的区域。"[②]

广东海外贸易和海洋文化的发展，促进了国家中央政权对广东的重视，如封建中央政府对海洋贸易的管理体制在广东先行先试、近代的洋务运动、现代的改革开放等，提高了广东在中国的地位，提升了中国的国际话语权。古代，广东是海上丝绸之路的发祥地。广东因临海的地理位置和发达的海上贸易重于中国。自西汉开始，广东的对外贸易自徐闻、合浦港出海，广东的丝绸之路开始形成。魏晋南北朝时，中国的对外贸易从广州港起航，海上丝绸之路得到初步发展。到唐代，"广州通海夷道"的开通使海上丝绸之路达到鼎盛。宋、元、明、清时期，广东海上丝绸之路继续发展，至民国时期出现衰落，广东海上丝绸之路历经2000多年经久不衰。海洋贸易的发展提升了广东的地位，促使中央政府对海洋贸易的管理体制在广东先行先试。正如李庆新教授所言："广东以政策'偏爱'成为朝贡贸易的首要地区。郑和下西洋基地在江南，但朝贡主要通道在广东。而且郑和第二次、第六次下西洋是从广东启航的，直接推动了广州的朝贡贸易。广州在国家垄断体制下再次跃居首港地位。"[③]近代，广东是海外文化输入的前沿地，是"中国开眼看世界""师夷长技以自强"的实践地。海外物质文化在秦汉时已从广东开始输入，海外奇珍异物如珠香、象齿、

① 徐凌：《中国传统海洋文化哲思》，载《中国民族》，2005年第5期，第26—28页。

② 吴春明、佟珊：《环中国海海洋族群的历史发展》，载《云南师范大学学报（哲学社会科学版）》，2011年第3期，第9页。

③ 李庆新：《濒海之地——南海贸易与中外关系史研究》，北京：中华书局，2010年，第161页。

玳瑁、翡翠等经南海商路传入中国，然后再向中国的沿海和内陆地区传播。据《南齐书》对广州的记载："四方珍怪，莫此为先。"此外，宗教、科技也从广东输入，"学术上的首先输入如历算、外语、医学、近代科学与技术等。"[①]近代，林则徐是中国开眼看世界的第一人，他在广州查禁鸦片，虎门销烟，编成《四洲志》，其目的是"师夷长技以制夷"。1873 年广东华侨陈启源在家乡南海创办继昌隆缫丝厂，率先学习西方先进的技术，使之成为中国近代第一家民族资本主义企业，标志着"师夷长技以自强"的洋务运动的开始。被誉为"中国留学生之父"的广东香山县人（今属珠海）容闳组织第一批官费赴美留学幼童，促进了西学东渐，使广东成为东西方文化交流的桥头堡。现代，毗邻港澳的优势、众多的海外侨胞以及敢闯敢试的海洋精神使中央把广东作为改革开放的试验田。广东毗邻港澳，海外侨胞、港澳同胞众多。邓小平同志指出："我们还有几千万爱国同胞在海外，他们希望中国兴旺发达，这在世界上是独一无二的。我们要利用机遇，把中国发展起来。"正是基于以上原因，1979 年党中央、国务院同意在广东省的深圳、珠海、汕头和福建省的厦门试办出口特区，1980 年改称为经济特区，1984 年开放广州、湛江等 14 个城市为沿海开放城市。

（二）联结中国内陆与世界，推动了中西文明的互鉴与共生

海洋的广东充当着中国与世界的桥梁，提高了广东在世界贸易上的地位。作为海洋中国的一个重要组成部分，与中国内地有着完全不同的结构，广东"岭–江–海"构成的地理环境使其在海上贸易和文化交流上起着枢纽作用，既能通过"江"连接内地，辐射全国，又能通过"海"联结亚洲和世界，从而充当了联结中国内陆与世界的桥梁。广东对内促进了内陆经济和文化与海洋经济和文化的沟通与交流，对外则促进了中国文化的对外传播和世界先进文化的输入，提升了广东海洋文化在全国乃至世界的影响力。"海洋文明一方面将山地和河流文明带出去，其本身也作为桥梁，

---

① 黄树森主编：《广东九章》，广州：广东人民出版社，2006 年，第 40—42 页。

成为广东文化乃至中华文明与世界沟通的重要方式与渠道。”[①]一方面中华优秀传统文化经广东传播至海外，如中国古代“四大发明”以及丝绸、青铜、瓷器经广东的港口传播至世界。“从跨地区跨文化的视角来看，岭南在东亚大陆与东南亚地区之间密切的文化交流互动过程中发挥了重要媒介作用，具有无可替代的地位。长江流域的稻作文化，甚至黄河流域的粟作文化，皆可能经由此地南传和东传，使中国本土起源的文化因素传播到东南亚和太平洋，为世界文明的发展作出了贡献。”[②]另一方面，世界文化也从广东输入并传播至中国其他地区。由于中国海洋文明是东亚海洋文明系统的中心系统，广东海洋文化是东亚海洋文明系统的重要组成部分，是环中国海海洋文化圈的推动者，因此，广东海洋文化作为中国海洋文明系统的重要组成部分，作为东亚和整个亚洲文化交流的枢纽，影响着东亚海洋文明的发展。

（三）促进中华民族的伟大复兴，为人类命运共同体的中国方案提供广东实践

广东海洋文化为中华民族的伟大复兴提供现代性元素。“海洋文化的价值在于它影响了一个民族的对外观念。”[③]海洋的广东培养了民众敢闯、敢试、创新、重商等观念，培养了民众开放、竞争与商品意识，为中华民族的复兴提供改革、创新、务实、崇商等现代性元素，从而为经济和社会的发展提供了驱动力。“由于这个‘小传统’的存在，才为中国社会经济发展大趋势的根本转变，提供了驱动力，并不断加重自己的经济能量和社会能量，迈向现代化。”[④]

① 麻国庆：《建构区域命运共同体的文化支柱——广东与“21世纪海上丝绸之路”建设（下）》，载《南方日报》，2015年5月21日，F02版。

② 陈洪波：《岭南早期文化即呈海洋性特征》，载《中国社会科学报》，2013年5月8日。

③ 杨国桢：《海洋的概念与中国海洋发展》，载《福建省首届海洋文化学术研讨会论文集》，2007年，第4页。

④ 杨国桢：《关于中国海洋社会经济史的思考》，载《中国社会经济史研究》，1996年第2期，第4页。

广东海洋文化为中华民族的伟大复兴提供精神动力和发展道路。广东人民在海洋实践活动中形成了解放思想、“敢为天下先”、“摸着石头过河”、务真求实的改革精神，影响着中华民族的价值观念，为中华民族的伟大复兴提供广东精神。正如学者李萍所言：“我以为以海洋文明为特质的岭南文化的精神品格为之奠定了社会意识的基础。”[①]他们在人与海洋的关系上，怀着对海洋的感恩、崇敬和养护之态度，保护海洋生态，走可持续发展之路，形成了人与海洋和谐相处的理念；在人与人关系上，他们怀着相互关心、同舟共济的情感，与中国其他沿海地区以及世界各国开展交流合作，形成了人类命运共同体意识，从而为中华民族的伟大复兴提供广东智慧。他们积极开发和利用海洋，向海洋努力拓展生存空间，增强可持续发展能力；他们吸收中原文化与世界文化的精华，融进世界潮流，抓住发展机遇，与大陆文化和世界海洋文化交流交融互动；他们用科技创新推动海洋文化发展，提高海洋文化产业的科技含量，从而为中华民族的伟大复兴提供广东模式。

广东海洋文化的发展促进了广东乃至中国的崛起，改变了中国海洋文化的话语生态，提高了中国海洋文化在世界海洋文化中的话语权，为中华民族的伟大复兴提供了文化自信。“海洋文化的扩展改变了中国社会的话语生态，催生崭新的公共政策话语；新的公共政策话语催生新的制度，从而促进经济的增长。”[②]

三、广东海洋文化的建设路径

在世界百年未有之变局下，人类命运共同体的构建面临着严峻挑战，广东海洋文化的发展应担负起推动人类命运共同体建设的重任，可从以下几个方面着力：

---

① 李萍：《广东改革开放的历史进程及其文化精神探析——以广东的海洋文化为例》，载《岭南文史》，2023 年第 1 期，第 30 页。

② 张尔升、明旭、徐华：《海洋文化扩展与中国崛起》，载《社会科学文摘》，2018 年第 8 期，第 19 页。

（一）坚持中国性，弘扬传承中国海洋文明

要弘扬海洋文化，传承海洋精神。广东是我国海洋大省，是我国海洋文明的重要发祥地，是中国走向世界的重要海洋门户。中国海洋文明是和平的、友谊的。从历史上看，郑和下西洋当时征调了大量的广东海洋群体，郑和所代表的明朝政府大力宣扬“协和万邦”，互惠互利，所到之处播种了和平与友谊的种子，至今深深铭记在东南亚及所经之地的民间中。海洋命运共同体作为人类命运共同体的重要组成部分，其核心要义就是要推动建设和平之海、合作之海、友谊之海。

要坚持文化自信，提升广东海洋文化的含金量。广东海洋文化的发展要坚持中国性，坚持文化自信，讲好中国故事，传播好中国声音，阐释中国特色。中国自古以来具有海洋文明，广东海洋文明是中国文明和世界文明的一个组成部分，广东海洋文明是连续的，对世界海洋文明做出了重大贡献。中国既是大陆国家，也是海洋国家，应与世界海洋国家平等对话，使中国的海洋权力和利益得到国际社会的认可。在海洋强国的背景下，广东省提出了“建设世界海洋文化大省”的目标，为此，广东海洋文化建设要以世界海洋文化为理念，倡导“世界海洋精神”，铸造“世界海洋品牌”，要从海洋区域文化向民族文化、世界文化提升，与世界其他海洋国家和地区展开文明的交流、对话和互动，坚持文明互鉴，实现文明共生，提高广东海洋文化的含金量和知名度，弘扬传承中国海洋文明。

要打造精品，提高广东海洋文化的竞争力。当地要充分利用其海洋文化的历史文化资源，打造海洋博览业、旅游业和科技文化等文化精品，在全球形成一批有国际影响力的海洋文化产业。例如，广东阳江市有闻名海内外的南海Ⅰ号沉船、广东海上丝绸之路博物馆，海洋资源丰富，可以建设世界性的海上丝绸之路文化博览中心；湛江有雷州文化、珍珠文化节、南海海洋文化节，可以建设世界性的海洋文化节；潮汕文化闻名中外，潮汕地区可建设世界性的海洋文化旅游中心；深圳要以举办高科技博览会和文化博览会为契机，建设世界性的海洋科技博览中心；广州要以中国海上丝绸之路的发祥地为底蕴建设世界性的海洋文化博览中心。

要大力推动广东海洋文化品牌“走出去”，扩大广东海洋文化在世界

的影响力。大力宣传广东海洋文化，向其他国家和地区展示广东海洋文化的最新成果。例如，“可以在东盟国家申请举办诸如‘中国广东省海上丝绸之路文化年’等文化活动，使广东省各城市最具代表性的海洋文化产物如‘妈祖文化’‘阳江龙舟赛’‘湛江人龙舞’‘汕尾渔歌’‘南海Ⅰ号文化’等融入东盟国家的文化艺术节、影视展览等国际文化活动中，宣传广东省海洋文化，拓宽在东盟国家的海洋文化交流与合作及海洋文化产业发展空间。”[①]因此，广东海洋文化的建设应以本土传统海洋文化精华为依托，以先进文化的发展方向为指向，不断吸收世界海洋文化的优秀成果以及发展海洋文化的先进经验，构建有鲜明民族性又有世界先进性的海洋文化体系，进一步扩大其在世界的影响力。

（二）关注问题域，共谋全球海洋生态文明建设之路

当今世界正面临百年未有之大变局，全球海洋治理问题是国际社会共同面临的重要课题。关注和解决海洋治理问题，共谋全球海洋生态文明建设之路，是海洋文化可持续发展的重要前提。如何解决这些问题，笔者认为，坚持创新、协调、绿色、开放和共享的发展理念是解决全球海洋治理问题的关键。

首先，要科技兴海，打造世界一流海洋科技创新中心，促进广东海洋文化的现代化。继承弘扬中国海洋文明，实现现代化转型，是中国实现海洋强国的必经之路。实现广东海洋文化的现代化需要依靠科技的手段。科技是海洋文化现代化的推动力，以科技为生产力突破，推进海洋开发，促进海洋实业结构的变革，提升海洋文化产业的科技含量和附加值，推动海洋文化产业向保护增殖型转化，增加海洋文化产业的整体竞争力。“海洋文化与科技的有效融合，必然促进新时代海洋文化的全面发展，同时有利于把握创新驱动、产学研创新链条融通、核心技术研发、服务平台建设等创新核心要素的发展，从促进关键技术国产化、强化成果转化和人才支撑

① 杜军、林燕飞：《“一带一路”建设背景下广东省与东盟国家建立海洋文化交流与合作机制研究》，载《东南亚纵横》，2019年第3期，第81页。

等方面的海洋强国战略力量”[①]。例如，作为广东省的省会广州，2024年，国务院批复的《广州市国土空间总体规划（2021—2035年）》已赋予广州“彰显海洋特色的现代化城市”的定位。因此，要“加快高等级海洋科技基础设施布局和高水平的人才队伍建设，织密产学研用一体贯通的海洋科技创新网络，提升广州海洋基础研究和技术研发水平”[②]。

其次，要产业强海，发展海洋新质生产力，打造海洋文化产业链。广东海洋文化资源丰富，各地的海洋文化又各具特色，因此，各地要因地制宜，协调发展，结合本地海洋文化的特色打造海洋文化产业链，将海洋文化创意产业、海洋艺术品交易产业、海洋文化展览产业等充分结合。此外，广东应从全局出发，对海洋文化资源进行合理的整合，做到海洋资源的充分利用和合理布局，避免海洋文化的重复建设，形成海洋文化产业链，使海洋文化由潜在的生产力转化成现实生产力，争当全球海洋新质生产力先锋，发挥出海洋文化的效应。

再次，要生态护海，坚持走绿色、低碳、循环、可持续发展之路，培育全球海洋生态文明典范。广东海洋文化的建设要关注问题域，遵循天人合一、和谐共生理念，坚持尊崇自然、绿色发展，走海洋文化的绿色、低碳、循环、可持续发展之路，推动人类命运共同体的构建。

最后，要开放活海，打造包容共享的世界海洋开放合作枢纽，推动海洋命运共同体的构建。开放和共享是海洋文化走向世界、构建海洋命运共同体的重要路径。广东海洋文化既要坚持开放，与世界其他国家和地区加强海洋文明对话，深化海洋经济和文化合作，共同保护海洋生态环境，有序开发海洋资源，积极参与全球海洋治理，解决全球海洋治理问题；又要坚持共享，把自己的海洋文化成果和海洋文化发展经验提供给其他国家和地区以资借鉴，实现世界海洋文化的共同发展，推动人类命运共同体建设。

---

① 张岩鑫、安然、王建明：《深圳海洋文化建设的路径研究》，载《特区实践与理论》，2023年第11期，第96页。

② 董鹏程：《广州首个海洋规划出炉》，载《羊城晚报》，2024年12月2日，A03版。

（三）建设文化圈，打造人类命运共同体的文化支柱

广东海洋文化的发展需要建设区域海洋文化圈，深化区域合作，打造人类命运共同体的文化支柱，推动人类命运共同体的建设。建设区域海洋文化圈发展广东海洋文化，可从以下几个方面着力：

一是建设粤港澳海洋文化圈。粤港澳大湾区的提出为建设粤港澳海洋文化圈提供了极好的契机，建设粤港澳海洋文化圈是建设粤港澳大湾区的重要内容。建设粤港澳海洋文化圈既有可行性又有必要性。粤港澳三地地缘相近，文化同根同源。秦始皇平定岭南后，香港和澳门就与珠三角地区归南海郡番禺县管辖，只是到近代由于英、葡殖民者的入侵才导致港澳与珠三角地区分开。海洋文化助力海洋经济发展，"粤港澳海洋文化圈的建设，不仅为该区域的海洋开发提供智力和精神支持，还将促进粤港澳区域一体化的形成和区域竞争力的提升。"[①]

二是建设"粤桂琼港澳"海洋文化圈。广西和海南在地理上临近广东，海南以前是从广东划分出去的，在海洋文化上与广东有许多共性。因此，可以以大珠三角为基础，联合广西和海南共同建设"粤桂琼港澳"海洋文化圈，促进这些地方海洋文化产业的发展，确保南中国海的海洋权益。

三是建设环中国海海洋文化圈。华南和环中国海海洋国家和地区是一种区域命运共同体。"在华南和东南亚社会，南岭、珠江与环南中国海三种不同的空间地理形态，在持续的自然、人群、社会的互动中，分别塑造出山地文明、河流文明和海洋文明。三种文明体系及其所承载的家族、社区、民族与国家，又通过政治经济与文化社会的交织往来，相互勾连在一起，构成复杂、丰富且互动频繁的有机体和命运共同体。"[②]广东要积极建设和融入环中国海海洋文化圈，与环中国海国家和地区开展海洋文化交流活动，共同开发、保护海洋文化。

① 肖漩：《粤港澳合作共建海洋文化圈的思考》，载《现代经济信息》，2013年第24期，第457页。

② 麻国庆：《山海之间：从华南到东南亚社会》，载《世界民族》，2016年第6期，第19页。

要建设区域海洋文化圈，重点是建立区域文化交流与合作机制。一是以官方和民间合作为形式，创建高层合作协调机制和民间合作机制。二是以平台和项目为载体，创建融资和合作平台，积极推进与区域合作。大力发展海洋交通、通信等基础设施，搞好硬件建设，大力实施以制度政策和情感文化为核心的软件建设，为海洋文化的发展奠定坚实的基础。制定好双方交流与合作的规划，遴选好一批切实可行、具有发展前景的项目，通过项目的实施来促进双方合作的成果。三是以问题为导向，加强区域合作与交流，共同解决人类命运共同体建设面临的海洋文化问题，促进海洋文化可持续发展。

The Characteristics, Role, and Construction Path of Guangdong's Marine Culture from the Perspective of a Community with a Shared Future for Mankind

Li Yun

(Financial Institute of Guangdong, Guangzhou, China)

Abstract: Guangdong marine culture is a representative of China's marine culture, embodying the characteristics of Chinese marine culture. In the process of building the community of human destiny, China's marine community embodies China's early, progressive and open as a maritime country. It represents the direction of the development of Chinese marine culture. Guangdong's marine culture highlights the confidence, consciousness and self-improvement of Chinese culture, and enhances China's ocean discourse power; Connecting China's inland and the world, promoting the mutual learning and symbiosis between Chinese and Western civilizations; Promoting the great rejuvenation of the Chinese nation, providing Chinese wisdom for the construction of a community of shared future for mankind, has become an important cultural force for the construction of a community of shared future for mankind. Under the situation that the world has not changed in a century, the construction of a community of shared future for mankind is facing severe challenges; We should pay attention to the problem areas and work together to build a global marine ecological civilization; In order to promote the construction of the community of human destiny, we should build the cultural circle and the cultural pillar of the community of human destiny.

Keywords: maritime power; community of human destiny; Guangdong marine culture

海洋经济：历史依据、逻辑基础与概念界定[1]

乔　翔[2]

【内容提要】 本着历史依据与逻辑基础相统一的原则方法可以推知：海洋经济是紧密依托人海经济互动而形成的经济基础与上层建筑的总和，是一个主要反映人海之间物质利益关系的经济范畴，其核心特征在于派生性、局部性、开放性、结构性与风险性的动态统一；它以人海物质利益互动及其关系为实体，具有一定规模、结构、趋势及自我发展机制；其基本矛盾在于基于人海经济互动而形成的生产力与生产关系的矛盾以及经济基础与上层建筑的矛盾，其主要矛盾则是与陆地供求矛盾联系着的海洋供求矛盾。

【关键词】 海洋经济；历史依据；逻辑基础

海洋经济无疑是当代最为显著的经济现象之一，“海洋经济”一词则是人们在从事与海洋相关的经济理论研究甚至政策评判时无法回避的基础性概念。其界定在相当程度上关乎海洋经济理论建构的必要性甚至关键进程。这是因为，若其界定足以使海洋经济成为一个相对独立的学科范畴继而衍生出相对特殊的研究范式、分析框架、术语体系，海洋经济理论才能不被视作既有经济理论的简单运用，由此我们才能确信海洋经济理论存在建构的必要。在此基础上，依托海洋经济的概念我们即可把握海洋经济理论研究的基本对象，然后基于研究的宗旨、任务与范式，进一步推断研究的主要范围与逻辑起点。这也寓示着，海洋经济概念问题在海洋经济理论

---

① 基金项目：辽宁省社科基金课题“推动辽宁海洋经济绿色低碳转型发展的财税支持政策研究”（项目编号 L21BJY006）阶段性成果。

② 作者简介：乔翔，安徽蒙城人，经济学博士，大连海洋大学经济管理学院经济学副教授，主要从事海洋经济理论与政策研究。

反思与建构过程中实际处于先导地位、具有前提性质。

那么，海洋经济概念会是一个相对独立的学科范畴吗？答案主要取决于我们能否科学且合理地界定海洋经济概念。进一步说，我们所界定的海洋经济，作为一个社会科学（而非自然科学）范畴，它是否具有历史依据以便被证实或证伪，它是否具备逻辑基础从而内在自洽，它又能否在历史与逻辑的统一中反映海洋经济的本质属性？为此，本文拟在简单回顾国内外相关成果的基础上引出历史依据与逻辑基础问题，继而阐释后者之于海洋经济概念界定的方法论要义，然后在此基础上对海洋经济概念尝试予以重新界定。

一、关于海洋经济概念界定问题的文献回顾

大体来看，关于海洋经济概念界定问题，研究者目前主要在本体论和方法论层次展开讨论。其中，本体论层次的讨论旨在阐明海洋经济的内涵、外延、特点与实质等问题，方法论层次的讨论旨在探讨海洋经济概念界定的视角、方法、路径、取向等问题。截至目前，中外学界和实务界（尤其是政府组织）对海洋经济已给出不下 20 种定义，但予以专门梳理或反思的文献明显不足（国内较具一定影响的文献不足 10 篇）。囿于篇幅，且考虑到其间的相似性及影响力，我们此处不能也不必一一罗列这些文献及其内容，但可依托国内较具代表性的文献，对其中较具特色的若干思想观点展开剖析——后者毕竟已在相当意义上体现了中外学界甚至实务界在海洋经济概念界定问题上所取得的主要共识。

在本体论层次，海洋经济概念界定主要集中在统计界定与理论界定两个方面。其中，统计界定旨在从统计核算角度界定海洋经济，理论界定旨在从本质特征角度界定海洋经济。两种界定对象一致：均指向海洋经济这个客观存在的事物。但两者认知方式或目的有别：统计界定侧重定量把握，理论界定侧重定性把握。

在统计界定方面，目前国内各界相对一致，均遵从国家海洋局于 2000 年开始实施的《中华人民共和国海洋行业标准——海洋经济统计分类与代码》（HY/T 052—1999），均认同国务院 2003 年发布的《全国海洋经

济发展规划纲要》对海洋经济的界定，即“海洋经济是开发利用海洋的各类海洋产业及相关经济活动的总和”[①]。国外学界和实务界一般侧重统计界定，且多从产业与空间角度界定海洋经济，如Colgan主要从地理区位角度区分并测算了美国的海洋经济（ocean economy）与海岸带经济（coastal economy）[②]；Kildowa和McIlgorm深入讨论了基于产业角度的海洋经济统计方法[③]；Regueiro、Gil和Lafuente着眼于欧盟海洋管理的现实需要，按照对海洋的依赖程度，提出完全海洋性（completely marine）、主要海洋性（mainly marine）及部分海洋性（partially marine）等的产业活动[④]。出于政策操作及研究的便利，对海洋经济给予统计界定有其合理之处。不过，由于在工作宗旨或研究任务上并非完全一致，统计界定与理论界定虽互有联系但并不相同也不必等同。更何况，统计界定的分歧在某种程度上可归因于理论界定的分歧。

与统计界定不同，国内关于海洋经济的理论界定多有争论。其中，杨金森和徐质斌的定义影响相对较大，也较具代表意义。杨金森认为，海洋经济是以海洋为活动场所和以海洋资源为开发对象的各种经济活动的总和；它在经济内容上包括渔业、种植业、工业、运输业、旅游业等，是个多门类经济领域；它的活动场所包括海岸带、近海和远洋，包括水面、水中和海底，范围极为广泛；它在管理体制上涉及中央的许多部门、地方各级行政单位和经济组织，还有一部分国际联合和协作活动机构；它在生产关系上包括国营企业、集体企业，还有不少个体生产者；这些部门和产业，都以海洋为统一的活动场所，既有独立性，又互相联系、互相制约。

① 伍业锋：《海洋经济：概念、特征及发展路径》，载《产经评论》，2010年第3期，第126—127页。

② Charles S. Colgan, “The changing ocean and coastal economy of the United States: a brief paper for governors”, in Report prepared for National Governors Association, March 25, 2004, www.seagrant.umaine.edu/files/pdf-global.

③ J. T. Kildowa, A. McIlgorm, “The importance of estimating the contribution of the oceans to national economies”, *Marine Policy*, No.34, 2010, pp.367-374.

④ Juan C. Surís-Regueiro, M. Dolores Garza-Gil, Manuel M. Varela-Lafuente, “Marine economy: A proposal for its definition in the EuropeanUnion”, *Marine Policy*, No.42, 2013, pp.111-124.

历经多年研究“磨合”，徐质斌认为，海洋经济是从一个或同时几个方面利用海洋的经济功能的经济，是活动场所、资源依托、销售对象、服务对象、初级产品原料与海洋有依赖关系的各种经济的总称[①]。

两种定义均强调海洋之于人类经济利用的客体与中介性质，在一定程度上却忽略了海洋之于人类经济利用偶发的主体性质。就其间关联而言，两者在深层意义上还具有一定的互补性。杨氏定义表明海洋经济不只是个生产过程，更是个涉及生产力、生产关系与上层建筑的特殊的社会形态。杨国桢先生甚至明确地指出过这一点[②]，而后者恰恰是徐氏定义及其他诸多理论界定所共欠缺的。不过，杨氏定义因带有明显的计划经济烙印而失于一般性，徐氏定义则可在相当意义上弥补其不足。

与本体论层次相联系，方法论层次的探讨也在进行着。前述统计角度、产业角度、地区角度其实已经反映了视角差异。进一步看，目前国内外海洋经济界定主要侧重在形式逻辑方面。比如，徐敬俊和韩立民认为：“海洋经济”的定义应遵循从一般到特殊的逻辑，即先明确“经济”再定义“海洋经济”[③]。洪伟东发现中国、美国、爱尔兰研究者对海洋经济概念内涵界定均侧重以各种海洋经济活动的共性特征为基础，以列举法阐释海洋经济的外延，同时数据的可得性也在一定程度上影响海洋经济的外延[④]。都晓岩与韩立民认为，各种海洋经济定义主要从涉海性角度出发对海洋经济进行界定，不同定义对经济活动涉海程度的要求不同，定义外延越窄，对经济活动涉海程度的要求越高，反之越低[⑤]。可见，国内外学界主要采用属加种差的方式界定海洋经济，但对海洋经济的本质属性则可能

① 张莉：《海洋经济概念界定：一个综述》，载《中国海洋大学学报（社会科学版）》，2008 年第 1 期，第 24—25 页。

② 杨国桢：《论海洋人文社会科学的概念磨合》，载《厦门大学学报（哲学社会科学版）》，2000 年第 1 期，第 97—98 页。

③ 徐敬俊、韩立民：《“海洋经济”基本概念解析》，载《太平洋学报》，2007 年第 11 期，第 80—83 页。

④ 洪伟东：《海洋经济概念界定的逻辑》，载《海洋开发与管理》，2015 年第 10 期，第 97—101 页。

⑤ 都晓岩、韩立民：《海洋经济学基本理论问题研究回顾与讨论》，载《中国海洋大学学报（社会科学版）》，2016 年第 5 期，第 9—15 页。

存在程度不等的定量判定。此外，张莉强调海洋经济定义应突出特性论、结构论、程度论、目的论[①]，刘曙光和姜旭朝指出我国海洋经济概念存在着综合与上升趋势[②]。这些寓示着海洋经济界定的方法本身有其存在性、系统性和发展性。

不难发现，在海洋经济概念界定问题上，尽管学界不乏共识，但其间仍有缺漏。比如，在本体论层次，既有海洋经济概念往往忽略了海洋作为偶发主体的相对意义，如此不仅与事实不符，也容易忽略海洋对人类的负面作用、误判人类对海洋的累积性影响；海洋经济区别于其他范畴的独有本质仍待发掘，如海洋经济与区域经济、产业经济和资源经济在质和量上的区别究竟何在？既有关于海洋经济的质性判断是否足以使海洋经济区别其他经济部门？海洋经济是否拥有相对特殊的、具有明显“身份标识”意义的数量结构或数理形式？否则，海洋经济研究之于经济学研究终将难以比肩契约经济、产业经济甚至农业经济等的研究之于经济学研究，海洋经济理论的建构之路亦将遥遥无期。在方法论层次，基于操作便利予以统计界定无可厚非，但仅仅满足于这种颇具功利主义色彩的界定方式也不无弊端，它在一定程度上可能削弱海洋经济理论研究的深刻性与前瞻性。不仅如此，倘若我们只是满足于形式逻辑意义上的概念界定甚至醉心于由此产生的直观清晰性，那么，我们将会逐步忘却海洋经济作为一个社会科学范畴所固有的内在的历史发展性，而后者对于海洋经济理论研究却可能有着更为关键的意义。

这些意味着，至少在较具深层意义的理论研究层面，海洋经济概念界定不能仅仅出于实务研究便利，更不能随意设定，其内涵揭示仍须全面且深入。进一步说，我们需要高度关切其中的历史依据与逻辑基础问题。然而，究竟何谓海洋经济概念界定的“历史依据”与“逻辑基础”？后者在方法论及本体论层面对海洋经济概念界定究竟又有着何种的意义？

---

① 张莉：《海洋经济概念界定：一个综述》，载《中国海洋大学学报（社会科学版）》，2008年第1期，第26页。

② 刘曙光、姜旭朝：《中国海洋经济研究30年：回顾与展望》，载《中国工业经济》，2008年第11期，第153—154页。

二、历史依据与逻辑基础及其之于海洋经济概念的方法论要义

对于诸如商品、货币和资本等的经济范畴，马克思在《资本论》中均做了经典的诠释。这对我们探讨海洋经济概念界定的历史依据与逻辑基础问题有着重大的指导意义。

简言之，历史依据就是历史（广义上也包括现实，下同）根据。在研究过程中，强调历史依据，就是尽可能占有与海洋经济相关的历史材料，在此基础上选择那些相对典型且成熟的国家或地区作为海洋经济概念界定的主要背景，相应地，那些相对不够典型或不够成熟的国家或地区可作为补充或参考。其中，“典型”意味着所考察的国家或地区具有充分的代表性和一般性，“成熟”则意味着所考察的国家或地区构成要素较为完备、构成要素之间的相互关系较为稳定、内外部因素之间的相互关系表现得较为丰富。

那么，“与海洋经济相关的历史材料”本身该从何说起？这将触及“与海洋经济相关的历史”的界定问题。后者也会涉及海洋经济的概念界定问题。不过，此时之界定有别于严格意义上的海洋经济概念界定。它旨在回答哪些史料能被纳入考察范围、哪些史料不能被纳入考察范围；如同开展自然科学研究一样，它主要起着研究设计的作用。总之，历史界定只需明确基础史料选择的基本依据或关键标识，无须为海洋经济提供全面准确的概念界定。

对此，不同流派必定有着不同的回答。基于马克思的唯物史观及其人本主义精神，我们不难判断：与海洋经济相关的历史至少是人类社会历史的一部分，因而，与海洋经济相关的历史应当基于由人类参与的社会历史，其中不仅体现了海洋对人类的作用，更体现了人类面对海洋时所彰显的能动性与主动性。那些虽然与海洋相关，但不存在人类活动痕迹的、人的主动性和能动性丝毫没有得到体现的、纯粹的海洋自然演化历史，至少暂且不宜被用于界定海洋经济概念。而人的主体性本身也存在着从无到有、从萌芽到凸显的发展历程，人类构成我们思考与海洋经济相关的历史的主要基准。或者说，我们是基于人类（而非海洋）的视角思考人海关系

历史。另一方面，无论人们如何理解“经济”，其间都无法割舍“物质利益”这个基础要义。实际上，是否以追求物质利益为动机往往构成经济活动区别于政治军事活动、科学技术活动、社会文化活动、宗教教育活动等的主要依据，尽管后者同物质利益相互交织。

基于上述考虑，我们可将海洋经济相关的历史粗略地设定为：在人海互动中以追求物质利益为动机、体现人类能动性与主动性的历史。当然，强调物质利益不等于无视非物质利益，否则物质利益因素在海洋经济相关历史中的中心地位就无法得到体现；强调人类的主体性不等于无视自然意义上的海洋力量，否则人类的主动性与能动性将缺乏必要的对象或条件。因而，基础史料意义上的、与海洋经济相关的历史，实则是海洋文明史的重要组成部分，它同与海洋相关的政治、军事、文化、科技、宗教等的历史有着千丝万缕的联系。

逻辑基础严格说来包括形式逻辑基础和辩证逻辑基础。强调逻辑基础，就是要基于形式逻辑和辩证逻辑的原则方法界定海洋经济概念，明确各自的内涵（定义海洋经济）与外延（对海洋经济做出划分）。

基于形式逻辑，我们通常可采用属加种差的定义方式[①]，即从明确海洋经济的固有属性、存在条件、发生原因、与其他某个既定事物的关系等角度界定海洋经济；或者采用对立说明的定义方式，即从明确海洋经济与非海洋经济的异同关系的角度界定海洋经济；此外，还可采用语词说明的定义方式，即从字源和意义角度依次分析“经济—海洋—海洋经济”进而界定海洋经济。进一步地，我们可依据特定的标准，对所定义的海洋经济具体做一次或多层次划分，同时力求同一层次的各划分事项（即子项）之间彼此互不相容、子项之合集等于母项（即上一层次的划分事项；以此类推，所有第一层次子项之合集即海洋经济），以此揭示海洋经济外延。

基于辩证逻辑，我们可采用非对偶辩证方式或对偶辩证方式[②]定义海洋经济。其中，非对偶辩证方式通过揭示海洋经济的内部矛盾来定义海洋

① 中国人民大学哲学院逻辑学教研室编：《逻辑学（第三版）》，北京：中国人民大学出版社，2014年，第9—20页。

② 马佩：《逻辑哲学》，上海：上海人民出版社，2008年，第83—87页。

经济，形如“商品是使用价值和价值的统一”。对偶辩证方式通过把握海洋经济与其外部联系来定义海洋经济，形如“现象是本质的表现”。在此前提下，我们可依据本质属性拟定标准，对海洋经济做一次或多层次划分。然而，海洋经济总是具体且发展的，海洋经济的矛盾双方、海洋经济各侧面之间和各发展阶段之间的界限也不是封闭僵化的。因此，在揭示辩证逻辑意义上的海洋经济外延时，同一层次的子项之间可能存在相容之处，同一层次的子项的合集也未必等于母项。

明确历史依据和逻辑基础的方法要求，有助于我们反思两者对海洋经济概念界定的意义。海洋经济是在一定条件下产生且发展起来的，作为一个较为抽象的社会历史范畴，海洋经济概念理应立足于且充分反映这种客观的实践基础，如此方可发掘海洋经济的固有属性、本质属性和发展特点。强调历史依据，有助于降低海洋经济概念界定中可能存在的、过于膨胀的主观随意性，消除其间的无谓争论，推动海洋经济理论及政策研究真正步入建构之途。

另一方面，海洋经济总是现象与本质的统一，海洋经济研究不能止于针对海洋经济展开纯粹的自然主义的历史描述，它需要穿透历史表象把握海洋经济动态演化现象之中的拓扑性规律。基于形式逻辑界定海洋经济概念，有助于明确海洋经济与非海洋经济之间的主要区别，揭示海洋经济在现象层面的多重属性，避免在后续的判断及推理环节出现混乱。基于辩证逻辑界定海洋经济概念，有助于发掘海洋经济的内外矛盾和发展趋向，揭示海洋经济在本质层面的运动规律，防止海洋经济理论及政策研究裹足于暂刻意义上的逻辑推理或机械主义式的表象分析，以致最终在实质上误导海洋经济实践。

海洋经济概念的辩证逻辑界定虽然更有助于揭示海洋经济的本质规定，但并非就此意味着可以舍弃形式逻辑界定。其因有四：第一，形式逻辑界定虽然主要在现象层次上把握海洋经济，但其认知对象毕竟是客观的，因而不乏合理之处与参考价值。第二，认识现象总是认识本质的开端，相应地，形式逻辑界定可作为辩证逻辑界定的先导。前文关于海洋经济的历史界定就是基于历史现象观察，因而它实质上也是一种形式逻辑意义上的概念界定，只不过其程度稍浅；但若其缺失，基于辩证逻辑界定海洋经济概念将难以展开。第三，即便认识进程已经处于本质层次，此时对于海洋经济内部矛盾、质量度与发展条件等的具体界定，事实上仍须借助一定的形式逻辑方法。第四，形式逻辑界定直接关联海洋经济现象，因而较为直观、更易于实践把握，可在某种程度上用于佐证辩证逻辑界定所衍生的判断或推理，如同易于观测到的价格波动可被用于说明不易观测的价值的数量特征一样。可见，海洋经济概念的形式逻辑界定内化于其辩证逻辑界定，实质构成后者的基础环节、必要条件和有益补充。

海洋经济概念的形式逻辑界定固然无须且不能舍弃，但也不可就此将其夸大甚或舍弃辩证逻辑界定。其因有三：第一，海洋经济具体发展的客观本性，使得对其赋予任何形式逻辑意义上的抽象界定本身都意味着一种“静态的偏离”，因而对后者始终保持一定的批判意识是必要且妥善的。第二，形式逻辑界定本质上缺乏自我否定机制，除非面临来自外部的实践压力且真正触发所谓的“范式危机”或“科学革命”。否则，这种相对于实践、矗立于“静态的偏离”之上的海洋经济理论与政策就会秉持数理逻辑线索而不断演绎下去，尽管其间也可能增减变量或调整分析策略，但其固有缺陷会使理论导向和政策运行在服务现实的同时更可能误导现实，因而不能一味依赖某个形式逻辑界定及其衍生的理论体系与政策框架。第三，辩证逻辑界定虽然更趋深刻甚而抽象，但也并非完全不可把握以致无法指导实践。它不过是时刻强调内部矛盾与外部联系及其发展而已。它既可通过积极扬弃形式逻辑界定而实现（比如，发掘后者之反面进而做出平行互斥式的动态综合，或者以后者为基点深入更低层次做出微观具体式的动态分析，或者以后者为基点跃至更高层次做出宏观开放式的动态拓展），又可重起炉灶直指更为本质且具一定现象基础的内核，从中发掘更为深层的矛盾双方、关注双方斗争的形式与层次转换、把握内外联系及其关键环节，基于海洋经济的自我否定机制说明或推断海洋经济的动态过程。这正如，我们不仅可在现象层次通过追问“供求均等时价格的决定”引出具有本质规定性的价值，还可直接通过对商品体本身的解剖在本质层次引出价值。两种思路可谓殊途同归，但后者无疑更为深刻，实际上也只有基于后者所秉持的辩证逻辑才可能清晰揭示从商品到货币再到资本的嬗变过程。可见，海洋经济概念的辩证逻辑界定对其形式逻辑界定有着深刻的批判与建构意义，有益于增强海洋经济实践的科学性与有效性。

实际上，强调历史依据与逻辑基础更是历史与逻辑方法统一的内在要求。我们知道，历史方法强调按照历史发展的真实进程把握事物的发展变化，这就要求研究过程具有历史依据；逻辑方法强调按照思维逻辑的推演进程把握事物的发展变化，这就要求研究过程具有逻辑基础。在历史中发掘逻辑、在逻辑中观照历史，将历史发展的进程和思维逻辑的进程密切统一起来，以此方可达成对事物本质的理解。在海洋经济概念界定过程中，在由具体而抽象的研究阶段，经济范畴的生成以史料（尤其是精炼化史料）的存在为前提；在由抽象而具体的叙述阶段，经济范畴出现的先后次序并非完全基于历史现象自然呈现的先后次序，更非始终基于某一特定国家或地区完整的历史发展线索，而是基于经济范畴之间的内在关联，后者则凝聚着形式逻辑、辩证逻辑以及历史依据的多重统一。这些原则方法对反思海洋经济概念界定，进而在现实生活中把握海洋经济具体且动态的演化路径，有着深刻的启发意义。

三、历史依据与逻辑基础统一之中的海洋经济概念界定

基于形式逻辑定义海洋经济无论采用属加种差方式，还是采用对立说明方式，抑或采用语词说明方式均不乏合理之处。不过，在此我们相对更倾向属加种差方式，因其较为直接。相比之下，对立说明方式和语词说明方式则较迂回——两者均须对相关概念先做界定。比如，采用独立说明方式定义海洋经济，首先就得定义“非海洋经济”，而后者往往仁者见仁、智者见智。再如，采用语词说明方式定义海洋经济，首先就得定义“经济”，但后者究由何来？难道“经济”定义赖以存在的客观事实中就可以缺席海洋经济形态及其界定吗？更何况“经济”定义本身往往也莫衷一是。然而，在经济学研究意义上，海洋经济理论与政策研究工作毕竟晚近一些，与现有经济理论与政策研究之间在学理上不乏继承性质。这使得我们在强调属加种差方式优先的同时，又不能完全摒弃对立说明方式和语词说明方式。

无论在语词意义上，还是在属加种差意义上，海洋经济至少是一种经

济形态，其中渗透着鲜明的人海互动、物质利益旨向及人本主义精神。这同前文基础史料的选择依据大致吻合。由此，我们可将海洋经济首先定义为：基于人海互动的经济形态。

既然是一种“形态”，海洋经济就不是偶发的孤立幻象，而是有着特定的组分、结构和功能的客观存在，有其产生、发展乃至消亡的动态过程与演进逻辑，由此海洋经济当具备存在性、系统性与有机性。

既然是一种“经济形态”，海洋经济就是一种建立在生产力一定发展阶段之上的经济关系及与之相适应的上层建筑的统一。其中，生产力构成经济形态的物质基础，经济关系与上层建筑之统一构成经济形态的本体。三者密切交融，无无基础之本体，亦无无本体之基础。作为一种经济形态，海洋经济既不同于政治、军事、文化、科技、宗教、社会等的形态，更不同于海洋或涉海等的自然生态：人的主体性凸显其间；行为人初始动机明确指向物质利益而非其他利益，借此形成的行为、行为关系及其意识形态之总和构成海洋经济的初始边界；初始动机虽非明确指向物质利益但行为后果客观上直接或间接影响物质利益的非经济形态或非经济因素构成海洋经济的初始环境。

既然“基于人海互动”，那些不直接涉及人海互动的经济形态就不属于海洋经济范畴，由此海洋经济得以区别于一般经济范畴（或经济一般）及一般经济形态，海洋经济的具体边界亦由此廓清。其中，“人海互动”既包括人类针对海洋的主动作为，也包括海洋作用于人类生产生活环境进而触发的人类对海洋的被动响应（如为应对突发海洋灾害而形成的针对海洋的活动）。也就是说，此处“人海互动”的重心在于人类对海洋的主动与被动作为，旨在突出人海互动中的人的主体性；既包括出于物质利益考量而形成的人海之间的经济互动，也包括出于权威支配、文化心理和社群关联等的精神利益考量而形成的人海之间政治、军事、文化、科技、宗教和社会等的非经济互动。由于“经济形态”的限定，海洋经济中的“人海互动”主要指物质利益互动。当然，人海之间的物质利益互动、非物质利益互动乃至人地之间的类似互动往往互为条件且相互交融，共同影响着人类与海洋各自的组分、结构与功能，以及人海之间的相对力量与相互关系、海洋经济的表现形式和运行态势。但无论如何，人海之间物质利益互动的主导性与核心地位难以从海洋经济中抹去；否则，海洋经济将难以区别于海洋社会、海洋文化、海洋治理、海洋生态甚至海洋文明等概念。

进一步说，人海之间的物质利益互动触发海洋经济的生产力基础。它主要体现为人类将海洋作为外部环境（作为人类自身存在的外部前提以及作为物质产品生产所依托的自然资源、生态环境与空间区位）、劳动对象（海洋直接作为被改造或被加工的对象或目的物）和劳动工具（海洋直接作为改造其他物质资料的必要手段）而形成社会再生产过程，后者包括生产、交换、分配和消费等先后继起且连续不断的基本环节。在这种再生产过程各环节所结成的人际关系即海洋经济的生产关系（经济基础），与之相应的社会意识形态及政治法律制度、组织和设施的总和则构成海洋经济的上层建筑。

因此，海洋经济实则紧密依托人海物质利益互动而形成的经济基础与上层建筑的总和，是一个反映人海之间物质利益关系的经济范畴。

值得注意的是，人海经济互动的前提在于人类的存在，而至少在可预见的将来，人类首先是个陆地生物、最终需要依赖陆地方可存在。这使得海洋经济相对陆地经济有着根深蒂固的从属性或派生性，由此也寓示着海洋经济的局部性与开放性。不仅如此，海洋经济也不同于单纯的资源经济、生态经济、环境经济、产业经济、区域经济，但在某种程度上却是这些异质性经济部门或松或紧的有机综合，由此则塑造了海洋经济的结构性。此外，作为海洋经济的构成要件，海洋的不确定性及不可控性时刻牵动着海洋经济，个中强度甚至大于自然条件之于陆地农业。即便人类的知识增进、技术进步、制度创新和组织变革可在一定程度上消解来自海洋水体、资源、生态、区位等的自然灾害，规避基于海洋自然环境而衍生的种种人为祸害，但个中风险仍难掩盖，亦难抹去。

派生性、局部性、开放性、结构性与风险性的动态统一，实则是海洋经济的特有属性，是海洋经济区别于现有其他经济形态的主要依据。这同日常生活中具体海洋经济部门之间零散孤立的表象不尽相同，也决定着海洋经济理论研究有别于当前关于经济一般、产业经济、区域经济、资源环境暨生态经济等的理论研究，后者即便蔚然可观也不能等同于前者，更不能就此宣告前者的终结或无谓。从分析起点、核心假设、主要模型乃至基本推论，海洋经济理论研究最终应能体现出海洋经济的特有属性，应能从中揭示海洋经济产生与发展的特有规律。后者并非一般经济规律和各角度各层次经济规律的简单加总或盲目堆砌，与之相应，海洋经济理论研究亦非相关经济理论的横向排列或纵向叠加。

上述判断并非单纯的逻辑演绎，而是有其历史依据。人海物质利益互动由来已久，有直接历史证据的航海活动至少在7000年之前就已发生，间接考古推断的航海活动甚至早在35000年前就已出现[①]。古代人海物质利益互动既表现为人类利用海洋获取生活用品（如鱼类食物、贝类饰品）、运输贸易物品（如公元前20世纪中美洲与南美北部的太平洋沿岸就有长达1800海里的滨海贸易往来[②]）、拓展生存空间甚至实现殖民掠夺（如地中海地区公元前6世纪的希波战争和公元前3世纪的布惹战争），部分也表现为海洋影响沿海自然环境使得人类改变生活方式（如厄尔尼诺暖流今天仍在影响人们的生活，据推断它在公元前11世纪可能还曾迫使秘鲁沿海原住民迁往内陆[③]）。在此过程中，人类的航海技术、造船技术、捕捞技术日趋成熟，与海洋相关的地理和气象知识不断丰富[④]，造船、航运、海洋捕捞等业务相关的生产、交换、分配和消费环节随之出现，海洋经济的生产力基础得以形成。与之相伴，各环节人际关系也不断加深进而形成一定的海洋性经济关系，如基于桨手之间协作而形成的生产关系、基于海上贸易而形成的交换关系、基于海上贸易收益而形成的分配关系、基于海洋鱼贝虾类等的消费而形成的消费关系，等等。不仅如此，与海洋经济相关的思想观念和法律法规也逐步形成，如公元前18世纪巴比伦王国的《汉穆拉比法典》有7个条款直接涉及航运[⑤]，古印度地区公元前4世纪的《实利论》和公元前后的《摩奴法典》更是对航海与海上贸易做了较

①〔美〕林肯·佩恩:《海洋与文明》，陈建军等译，天津：天津人民出版社，2017年，第12页。

②〔美〕林肯·佩恩:《海洋与文明》，第25页。

③〔美〕林肯·佩恩:《海洋与文明》，第23页。

④〔美〕林肯·佩恩:《海洋与文明》，第17页。

⑤〔美〕林肯·佩恩:《海洋与文明》，第67页。

为全面的规范[①]。不难理解，早期海洋经济形式多样但联系较为松散，跨岛活动与远洋活动并存，易受海洋洋流与气象状况等的影响。

由海洋经济的不同侧面可确定不同的划分标准，进而对海洋经济做出划分，揭示其外延。比如，以产业分工为标准，海洋经济可分为海洋第一产业、海洋第二产业、海洋第三产业及其他海洋相关产业；以空间区位为标准，海洋经济可分为滨海或海岸带经济、近海经济、海岛经济、远洋经济；以资源环境与生态关联为标准，海洋经济可分为海洋主导型经济、海陆互补型经济、海陆替代型经济；以世界历史分期为标准，海洋经济可分为古代海洋经济、中世纪海洋经济、近代海洋经济、现代海洋经济；以管辖权为标准，海洋经济可分为国内海洋经济和国际海洋经济；以地理分布为标准，海洋经济可分为具体各大洲海洋经济；等等。

以形式逻辑意义上的海洋经济概念界定为基础，我们再来探究辩证逻辑意义上的海洋经济概念界定问题。

首先，与经济一般类似，海洋经济的基本矛盾不仅包括经济基础与上层建筑意义上的矛盾，也包括生产力与生产关系意义上的矛盾，其中后者更具决定性质与根本意义。海洋经济正是基于人海物质利益互动的生产力与生产关系之矛盾以及经济基础与上层建筑之矛盾的统一体。然而，海洋经济相对具体或较具特殊意义的主要矛盾究竟是什么？

从人类早期的渔猎与航海活动来看，海洋经济的发生既因于满足物质需要——现有陆地不能满足物质需要以致直接向海洋索取或经由海洋向其他陆地索取，也因于满足海上探险或借助海洋实现宗教文化扩张等的精神需要，其中前者在古代表现得尤为迫切，也更具主导意义。实际上，无论在海洋还是在陆地，无论在人海互动还是在人地互动时，人类不仅面临着物质利益维度的需求问题，还面临着物质利益维度的供给问题。客观存在的供求矛盾（尤其表现为供给短缺）直接主导着社会再生产过程。海洋经济的产生与发展同样面临着物质利益维度的供求矛盾，后者在海陆之间互为条件且相互渗透：海洋经济的发生发展需要具备源自陆地的经济、技术、组织和制度等的支持，且可能由此促成或缓释陆地经济的发展瓶颈；

①〔美〕林肯·佩恩：《海洋与文明》，第145—148页。

反言之，陆地供求矛盾实在不能自我消解时也会传散至海洋经济、影响海洋供求矛盾。就此而论，海洋经济的主要矛盾就是与陆地供求矛盾联系着的海洋供求矛盾。其中，海洋供求矛盾相对具有内源性质，直接作用于海洋经济的产生与发展过程，陆地供求矛盾相对具有外溢性质，经由海洋供求矛盾的解决间接作用于海洋经济的产生与发展过程。海洋经济主要矛盾潜在的开放性同海洋经济自身的开放性在根本上一脉相承，也意味着分析海洋经济问题必须适度联系陆地经济状况。

其次，海洋经济是一种存在着质、量和度的规定的经济形态。海洋经济的质构成海洋经济的实体内容，具体即人海物质利益互动行为及其关系。海洋经济的量是指人海物质利益互动行为及其关系的规模、结构与趋势，后者可从不同角度运用不同指标予以测度，由此构成海洋经济统计核算的主要工作内容。实际上，随着造船、航运和海洋渔业的发展，古代历史文献中早就有了关于造船用料、船舶数量、船舶规格、水手人数、海上贸易物品种类与数量、捕捞产品等的数字记录。海洋经济的度是指人海物质利益互动行为及其关系的数量限度，包括对互动深度与广度的限定。限度之内“海洋经济”成为海洋经济，限度之外“海洋经济”则不成为海洋经济。海洋经济的度具体厘清了海洋经济与非海洋经济的数量边界，其确定依据或判别尺度随着历史条件的变化而变化，从中既反映着人海物质利益互动方式的演进特点，也反映着人类对此的认知水平。早期渔猎时期，海陆供求矛盾尚不明显，海洋经济主要表现为人类对海洋的被动适应与直接利用过程，人海物质利益互动的程度较低、方式较为单一，此时海洋经济的限度相对容易把握。随着海洋供求矛盾逐步增强，加之陆地供求矛盾的外溢性影响，海洋经济愈发表现出人类对海洋的主动选择与广泛利用过程以及海洋对人类的反馈与制约过程，物质利益互动的程度由此逐步加深、方式愈发多样，此时海洋经济的限度就越发难以把握，越来越需要来自经济、技术、组织与制度等层面的条件支持。

再者，海洋经济是一种有着自我否定机制的经济形态。一定历史条件下的基本矛盾与主要矛盾，决定了该时期海洋经济存在的实体内容，继而构成海洋经济较具主导意义的肯定方面。但是，随着人类物质需求的不断升级，人海经济互动的不断拓展，源自生产力和海洋需求层面的深刻变化影响着海洋经济矛盾双方的态势与取向，促使海洋经济逐步告别既有肯定方面，渐次融入反映人海经济互动和海洋需求新特点新趋势的部分因素，如此推动海洋经济不断变化，直至逾越现有层次以致出现具有根本意义的质变，海洋经济由此实现向其否定方面转化（此即第一次否定），此时否定方面居于主导地位。不仅如此，否定方面居于主导地位的海洋经济仍会再次面临自我否定（此即第二次否定或否定之否定），直至再度发生质变。两次否定前后的海洋经济形态之间并非简单的周期循环，而是存在着螺旋上升式的变革。从海洋文明的基本发展历史来看，这种特性是非常突出的：远古的航海活动与今日航海活动都需要依托海洋水体、具备一定的航海技术和船舶制造条件、需要劳动力的分工与协作，甚至在运营管理理念上也不无相通之处，但两者在发展规模、结构复杂性和层次等级上的差距岂可同日而语？不仅如此，随着人工智能与大数据技术的广泛应用，未来劳动力使用数量也将逐步降低，劳动力之间的分工与协作亦复精干化，后者同独木舟时期的简单协作也仅是形似而已。海洋经济的这种自我否定机制，推动着海洋经济的自我发展与自我完善过程，也由此造就了海洋经济的动态演化性质及其形似质异特性。

由此，在辩证逻辑意义上，我们可将海洋经济定义为：基于人海物质利益互动的生产力与生产关系之矛盾以及经济基础与上层建筑之矛盾的统一，其主要矛盾在于与陆地供求矛盾联系着的海洋供求矛盾；是一种以人海物质利益互动及其关系为实体，具有一定规模、结构、趋势及自我发展机制的经济形态。

上述定义颇具哲学意蕴，却绝非教条或套话。它有着明确的方法论指向：海洋经济是个矛盾统一体，因而须充分关注其矛盾，且从矛盾的对立统一中解析海洋经济发展的根本动因；海洋经济变化并非单纯的质变或量变，因而在关注其数量累积之时不可忘记可能发生的层次转换，在其形态更替之时不可忽略潜在的数量累积效应；海洋经济具有自我否定机制，因而应积极引入具有内生性质的动态或演化分析。这些不仅能深化之前基于形式逻辑的海洋经济定义，还能拓展海洋经济理论研究进程，使得后者逐步且积极体现出辩证法的精神。

相应地，我们还可基于不同标准（视角）对海洋经济做出划分，继而在辩证逻辑意义上揭示海洋经济的外延。比如，以存在层次为标准，海洋经济可分为微观海洋经济、中观海洋经济、宏观海洋经济、区域海洋经济、世界（或全球）海洋经济；以存续或考察时间为标准，海洋经济可分为短期海洋经济、中期海洋经济、长期海洋经济、远期海洋经济；以发展阶段为标准，海洋经济可分为原始海洋经济、初级海洋经济、高级海洋经济。具体划分标准可依理论研究或政策操作的实际需要而设定。明显地，基于辩证逻辑对海洋经济所做的划分，子项之间并非互斥关系，从中体现了海洋经济的自我发展进程。这有别于基于形式逻辑对海洋经济所做的划分，也反映着海洋经济整体规律与其局部规律之间的非加和关系。

四、结语

海洋经济概念界定看似简单随意实则深刻复杂，它在一定意义上关乎海洋经济理论建构的方向和进程。本着历史与逻辑相统一的原则方法，以必要的历史事实为依托，我们可在形式逻辑与辩证逻辑意义上分别明确海洋经济的定义和外延。值得注意的是，两类界定并非截然对立或存在简单的层次之别、高下之判，而是各有所长且彼此相互交融、相辅相成。在尊重历史的前提下，辩证逻辑意义上的海洋经济概念界定可以形式逻辑意义上的海洋经济概念界定为基点，通过解析后者的外部条件、内部矛盾及两者间联系，不仅可突出海洋经济的存在性与具体性，亦可说明海洋经济形态更替、层次转换和动态演进等的规律性，以致全面且深入地反映海洋经济的发展过程，避免海洋经济研究在纯粹线性推理意义上陷入“二律背反”式的窘境。这寓示着在未来海洋经济理论（尤其是海洋经济发展理论）研究中创新范式、主动融入唯物辩证法精神的可能，由此或可增强海洋经济相关理论与政策研究的中国特色，对探索及构建海洋命运共同体亦不乏积极意义。

Marine Economy: Historical Basis, Logical Basis and Concept Definition

Qiao Xiang
(Dalian Ocean University, Dalian, China)

Abstract: Based on the principle and method of the unity of historical basis and logical basis, it can be inferred that marine economy is the sum of economic foundation and superstructure formed by the close interaction of people's sea economy, and it is an economic category that mainly reflects the material interests between people's sea. Its core feature lies in the dynamic unity of derivation, locality, openness, structure and risk. It is based on the interaction and relationship between human and sea material interests, and has a certain scale, structure, trend and self-development mechanism. Its basic contradiction lies in the contradiction between productivity and production relations, and the contradiction between economic base and superstructure, which is based on the interaction between human and sea economy. Its main contradiction is the contradiction between ocean supply and demand, which is related to the contradiction between land supply and demand.

Keywords: Marine economy; Historical basis; Logical basis

[illegible]

1 [illegible]第126—127[illegible]

2 Charles S. Colgan, "The changing ocean and coastal economy of the [illegible]: a brief paper for governors", in Report prepared for National Governors Association, [illegible] 25, 2004, www.seagrant.umaine.edu/files/pdf-global.

3 J. T. Kildow, A. McIlgorm, "The importance of estimating the contribution of the oceans to national economies", *Marine Policy*, No.34, 2010, pp.367-374.

4 Juan C. Surís-Regueiro, M. Dolores Garza-Gil, Manuel M. [illegible], "Marine economy: A proposal for its definition [illegible]", *Marine Policy*, No.42, 2013, pp.111-124.

海上丝路与航海文化

早期海上丝绸之路：从中原到北部湾[1]

古小松[2]

【内容提要】秦平岭南后，中国多个朝代都重视岭南地区的开发，修建了湘漓、萧贺等通道，大大促进了中原与中国最南部大陆地区的交流，推动了岭南特别是西部地区政治社会与经济文化的发展，维护了国家的统一。同时，岭南西部的北部湾地区，拥有天然的良港，开通与中原联系的大通道后，这里成为当时中国对外交流的最前沿。由于海上交通的便利，这里成为中国沟通西域的早期海上丝绸之路的起发港，为促进中华文明与西域文明的交流做出了历史的贡献。

【关键词】早期海丝；中原；北部湾

古代的海上丝绸之路从中国东南沿海到西域的情况人们关注得比较多，而从内地到沿海是如何衔接的则比较少人了解，尤其是早期的海上丝绸之路处于秦汉时期，当时的交通道路运输还很不发达。早期的海上丝绸之路出发港位于北部湾沿岸地区，早年从中原到北部湾是如何走的呢？位于中国大陆最南端的北部湾地区当时的开发情况又如何呢？探讨这些问题，不仅有助于人们对早期的海上丝绸之路有一个更全面的了解，也可以帮助人们了解秦汉时期岭南西部的开发情况。

---

① 拙文为笔者参加中山大学 2017 年 12 月 18—20 日在珠海举行的“海上丝绸之路”与南中国海历史文化学术研讨会论文。

② 作者简介：古小松，海南热带海洋学院东盟研究院院长、广西社会科学院研究员，研究领域包括国际关系、东南亚与华南历史文化，近期出版了《从交趾到越南》（世界知识出版社 2022 年版）、《越南：历史国情前瞻》（中国社会科学出版社 2016 年版）、《越汉关系研究》（社会科学文献出版社 2015 年版）、《东南亚文化》（中国社会科学出版社 2015 年版）等。

一、秦汉开拓岭南

岭南是指五岭之南。五岭由越城岭、都庞岭、萌渚岭、骑田岭、大庾岭五座山脉组成。历史上，岭南包括现在广东、广西、海南全境和湖南、江西等省的部分地区，以及曾属中国封建王朝统治的越南中北部地区[①]。由于行政区划的变动，如今提到“岭南”，一般是狭义的，指广东、广西和海南三省区。

公元前221年，秦始皇灭六国，统一中原，建立了中央集权的封建国家，分天下为36郡。此时包括岭南在内的中国南方很多地区尚未进入中国版图。

秦朝建立了中央集权的国家后，继续往南推进，先后平定了东越和闽越（即今天江西、浙江、福建一带）。《淮南子·人间训》说：“又利越之犀角、象齿、翡翠、珠玑，乃使尉屠睢发卒五十万，为五军，一军塞镡城之岭，一军守九嶷之塞，一军处番禺之都，一军守南野之界，一军结余干之水。三年不解甲驰弩，使临禄无以转饷。又以卒凿渠而通粮道，以与越人战，杀西呕君译吁宋。而越人皆入丛薄中，与禽兽处，莫肯为秦虏。相置桀骏以为将，而夜攻秦人，大破之。杀尉屠睢，伏尸流血数十万，乃发谪戍以备之。”[②]经过7年的苦战，到公元前214年，秦军终于打败了越人，平定了岭南，在这里设置了南海、桂林、象郡。

南海郡大体上是今天的广东，而桂林郡则大体上是今天的广西，象郡包括今广西西南部以及越南北部和中部地区。对于象郡的位置和范围，《汉书·地理志》和《水经注》记载：“日南郡，故象郡。”

岭南在进入中国版图之前是百越部落居住的地区，尚处于部落原始社会，还未有文字，人们很难了解该地区秦朝以前的历史。今天人们还能看到该地区的史前记录符号之一很有可能就是位于左江流域的宁明花山岩画。但是，花山岩画形成的确切年代、由谁来完成、表达何主题至今仍是

---

① 至今从两广到越南中北部地区还有很多岭南特有的风情民俗，如米粉就是该区域非常普遍的主食，尤其是早餐。

②《淮南子》卷18《人间训》，转引自中国社会科学院历史研究所《古代中越关系史资料选编》，北京：中国社会科学出版社，1982年，第24页。

一个谜。不过，从后来的族群变迁情况看，大体上可以知道如今的广东地域大部是南越，广西大部是西瓯越。西瓯越的后裔主要是今日之壮族以及后来迁徙到云南南部及越南、老挝、泰国、缅甸的傣泰老侬掸族群。红河三角洲及周边地区和今广西西南部是雒越。

岭南平定后，为了开发该地区，加强对该新开拓之疆土的治理，秦王朝把南下的50万大军，除战死和病死外，全部留下“谪戍”。在当时人口稀少的年代，这是一个很大的数量。甚至为了让这些士兵安居乐业，留守边疆，秦始皇又从内地征调一万五千名未婚女子，送到岭南，充当戍兵的妻子。从此，中原人源源不断地移居岭南，“与越杂处”。可见，后来不少包括今日中国广东、广西、海南以及越南人是中原移民与当地百越部族通婚繁衍的后裔。

秦朝末年，陈胜、吴广起义，天下大乱。公元前208年秦朝灭亡，南海郡龙川令赵佗[①]乘机割据岭南，于公元前207年“击并桂林、象郡”，建立了以番禺（即今广州）为中心的割据政权“南越国”，自立为“南越武王”。南越国大体包括今广东、广西、海南以及越南中北部地区，也就是历史上的岭南地域。

公元前204年，刘邦统一中国，建立了强大的汉朝。西汉王朝于公元前196年和公元前183年两次派使臣陆贾出使南越，册封赵佗为南越王，并说服赵佗称臣，这样，使南越大部分时间成为西汉王朝的一个诸侯国而已。赵佗取消了国号，接受汉朝的封号，称臣于汉。古籍载，赵佗割据岭南称王至公元前137年去世，在位70年。

南越奉行秦汉政治制度，“南北交欢”。经济上，输入中原的先进技术，发展与中原的贸易，引进了铁器农具和牛、马、羊等畜牧品种，“教民耕种”；文化上，推广先进的汉文化，“以诗书而化训国俗”，尤其是实施保护中原移民，“合辑百越”，“汉越杂处”，加速民族融合的政策，促进了当地的经济、社会、文化的全面发展。

公元前113年，汉武帝趁南越国内乱，派伏波将军路博德率军于公元前111年灭掉了南越国，在岭南设置了南海、苍梧、郁林、合浦、交趾、

① 河北正定人。

九真、日南、珠崖、儋耳等9郡。[①]

二、从中原到岭南西部

战国时期，中原人往南拓展到了今湖南一带，由于五岭的阻隔，交通不便，岭北与岭南交流不多。秦汉时期岭南纳入中国版图后，岭南岭北开展了密切的交流。沟通中原与岭南的通道主要有五条，这些通道基本上是利用了南岭山脉中五座著名山岭之间交汇处的狭隘通道作为基础开发而成。大庾岭在今江西大余与广东南雄交界处；骑田岭在湖南东南宜章与郴州之间，为湘江支流耒水和北江西源武水的分水岭；都庞岭在今湖南与广西交界处；萌渚岭在今湖南江华西南与广西边境，为湘江支流潇水和西江支流贺江的分水岭；越城岭在今广西东北和湖南交界处，与都庞岭间有湘桂谷地。

秦王朝统一岭南后，沿着当年进军岭南的路线修筑南下道路。汉代在秦朝古道的基础上，将五岭古道进一步拓展，包括始安的越城岭道、临贺的萌渚岭道、桂阳的都庞岭道、骑田岭道以及大庾岭道等。

跨越五岭的多条古通道中，湘江—灵渠—漓江通道和潇水—贺江通道是两条中原沟通岭南西部的最古老而又最重要的通道，可以说中原与岭南联系的这两条通道成为当时的“高速公路”。湘漓古道由湘水经灵渠，由漓江到苍梧，也就是湘桂走廊线；潇贺古道则是由潇水经过一段陆路到贺江，最后同样到达苍梧，使当时的苍梧成为岭南重要的枢纽。

由于在今广西的兴安湘江和漓江两河道距离很近，凿通两江可以比开辟陆路的工程量要小得多，于是秦朝的史禄选定了这一地方，开凿了著名的灵渠，沟通了湘江和漓江。自秦朝凿通灵渠后，大大改善了中原与岭南的交通，湘桂走廊也就成为秦汉之际中原沟通岭南的主要交通道路。湘漓之间最近的直线距离仅2.5千米，修通全程运河也不过34千米，秦军动用了近10万人，花去数年时间开凿，足可证明该工程是当时的能工巧匠精心建造而成。灵渠的设计巧夺天工，如以铧嘴分湘水，七分湘水三分漓

① 古小松等：《越汉关系研究》，北京：社会科学文献出版社，2015年。

水，减缓了水流；将渠道修成弯曲形状，以降低湘漓间的水位落差等等，这在今天看来都是如此科学、合理。灵渠在沟通湘漓之后，中原与岭南的水路交通已完全贯通，由湘江下漓江，可达苍梧，再溯浔江入北流江，经“桂门关”，转南流江则可到达合浦。其间除了桂门关有短程数公里陆路外，完全由水路构成。人们曾根据灵渠陡门高度推算出秦汉时期航行在灵渠中船只规格约在20×5米左右，载重量可达20—30吨，可见灵渠通航量之大。①

灵渠修通，沟通湘漓，形成湘漓通道，成为当时从中原到岭南西部的“高速公路”，这大大帮助了秦军南下运输，不但加快了秦朝平定岭南的进程，也为后来岭南地区的开发与国家的统一做出了巨大的贡献。

据《后汉书》记载：建武十六年（公元40年），“交趾女子征侧及其女弟征贰反，攻没其郡，九真、日南、合浦蛮夷，皆应之。”于是第二年，光武帝就“玺书拜援伏波将军，以扶乐侯刘隆为副，督楼船将军段志等南击交趾”。又“发长沙、桂阳、零陵、苍陵、苍梧兵万余人讨之”②。从当时的交通状况和其兵源征集的地区布局来看，马援所走的路线是由湘江入灵渠，下漓江至西江，再经北流江、南流江到合浦等地。如今在连接北流江与南流江陆上运输的玉林还遗存有当年驻扎军队的马援营，可见马援部队是以玉林为大本营，再出击收复合浦、交趾等被二征起事占据的地区。

如果说从中原下岭南，湘漓古道是水路，那么潇贺古道则是水陆联运。潇贺古道（又称萌渚岭道、桂岭道、谢沐关道）连接潇水和贺江之间的陆路相当平坦，由两个盆地相连，中间只有一个小小的谢沐关口，根本不需翻山越岭，可以说是连接中原和岭南的一条天然通道。

潇贺古道之西线于秦始皇三十四年（公元前213年）扩建岭口古道成为一条水陆兼程、以水路为主的“新道”，它“起于湖南道县双屋凉亭，经江永县进入广西富川县境内，经麦岭、青山口、黄龙至古城止。古道全

① 参见黎文宗等：《略论秦汉时期灵渠与潇贺古道在岭南交通中的作用》，网址https://wenku.baidu.com/view/3fd03648be1e650e52ea99df.html。

②《后汉书》卷86《南蛮传》，转引自中国社会科学院历史研究所《古代中越关系史资料选编》，北京：中国社会科学出版社，1982年，第39页。

程为 170 公里，湖南境内 65 公里。路宽 1—1.5 米，多为鹅卵石路面，也有用青石块铺成的。道路蜿蜒于萌渚岭、都庞岭山脉丘陵间，北联潇水、湘江，南接富江、贺江和西江，使长江水系和珠江水系通过‘新道’紧密连接，为楚越交往打开通道”[①]。秦汉及其后数百年间，潇贺古道是岭南岭北最主要的通道之一。潇贺古道到苍梧的距离较短，适合中原王朝直接出兵控制岭南交通枢纽苍梧郡，因此其人员陆路通过的意义远大于水路交通的意义。

上述可见，湘漓古道与潇贺古道各有优势和不足。潇贺古道有较长的一段陆路要走，“桂岭（按《通志》言‘出桂岭者临水’）江水浅，滩高，仅容小舠”，不适合大船通航，不利于大宗货物的运输。秦军在攻打岭南时没有选择沟通潇贺间的水道或者扩建潇贺古道陆路，而是花费大量人力物力开凿了灵渠，在秦人看来，灵渠较潇贺古道更适合于粮草运输。秦军在平定岭南后，则扩建了自湖南道县经江永、富川、钟山、贺街、信都到苍梧的驿道，人马往来较为快捷[②]。

灵渠作为汉代岭南沟通中原的重要水道，是当时“海上丝绸之路”最重要的内陆航线。它便利的交通，以及相对较大的运输能力使其在中原与岭南的交通中扮演了至关重要的角色，尤其是由中原往合浦的货物，多数依赖该通道运输。当时的合浦作为“海上丝绸之路”最重要的始发和进口港，通过该港口进出口的货物多经过此运抵中原和输往海外。

湘漓古道和潇贺古道的修建可以使人们轻易地跨越南岭，从秦汉时期就已经使用，直至唐开元十七年（729 年），张九龄开辟了梅关新道后，才逐渐衰落。

---

① 张镇洪等：《潇贺古道（北段）调查的启发》，网址 http://www.crntt.com/crn-webapp/cbspub/secDetail.jsp?bookid=3415&secid=3445。

② 黎文宗等：《略论秦汉时期灵渠与潇贺古道在岭南交通中的作用》，网址 https://wenku.baidu.com/view/3fd03648be1e650e52ea99df.html。

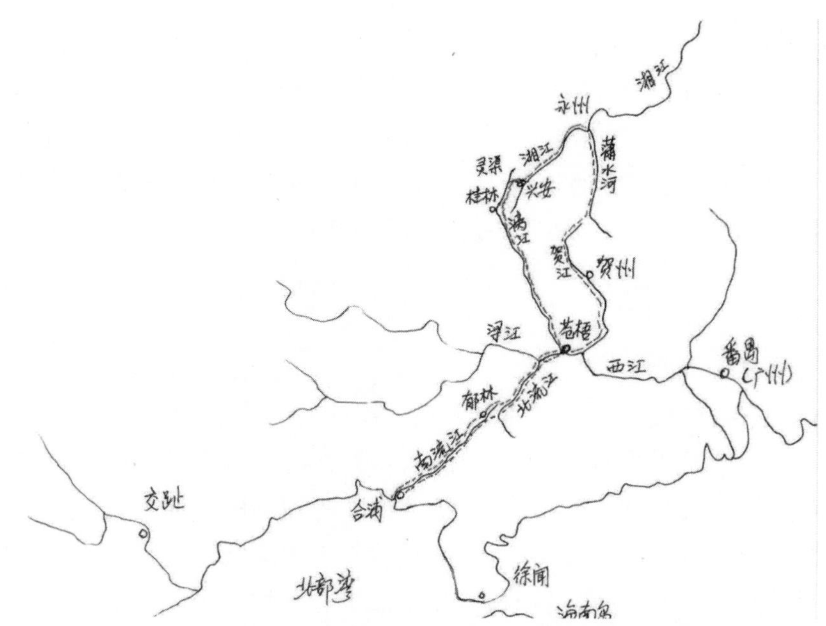

图1　从中原到北部湾之古通道（两条古道在苍梧汇合后经北流江、郁林、南流江下至合浦）

资料来源：古小松2017年12月1日绘。

三、连通海上丝绸之路

随着经济和文化的发展，华夏对外交流的需要，尤其是对南中国海和印度洋沿岸国家的交流不断扩大，这必然促成人们对捷径的要求。岭南地区不仅是一块富饶的土地也是中原地区通向和连接中印半岛、印度洋、波斯湾的捷径，所以中国历代王朝的统治者都十分重视对岭南的开拓和利用。在汉朝，岭南沿海地区的不少地方如合浦、徐闻、日南等地就已成为对外贸易的重要港口，是通向西域的海上丝绸之路的起点。

一般认为，海上丝绸之路形成于秦汉，繁荣于唐宋，衰落于明清。秦朝汉初，随着经济社会的发展，岭南地区与邻近的东南亚在海上的交流不断增加，甚至从东南亚延伸到印度和更远的西域，渐渐就形成了早期的海上丝绸之路。

公元纪年前后，由于中国、印度、罗马三个强国经济繁荣兴盛，彼此间需要建立联系，发展交流，满足生产和消费要求。这样，从中国到罗马，陆上丝绸之路开通的同时，海上丝路也逐步连通。中国的丝织品、漆器、陶器、青铜器及其他产品销往印度、罗马等地，罗马、印度、东南亚等地的珠玑、犀角、玳瑁、乳香等产品也卖到中国来。

秦朝汉初，岭南与东南亚地区之间的海上交往已很频繁活跃。到西汉年间，汉武帝平定南越国后，即派出使者从岭南地区出发，沿着当地越人开辟的航线，率领船队往西航行。这样，海上丝绸之路从民间发展到官方的利用。

东汉人班固撰写的《汉书·地理志》是记载海上丝绸之路最早、最详细的史籍文献。"自日南障塞、徐闻、合浦航行可五月，有都元国；又船行可四月，有邑卢没国；又船行可二十余日，有谌离国；步行可十余日，有夫甘都卢国；自夫甘都卢国船行可二月余，有黄支国；民俗略与珠崖相类。其州广大，户口多，多异物。自武帝以来皆献见。有译长，属黄门，与应募者俱入海，市明珠、壁流离、奇石异物、赍黄金杂缯而往。所至，国皆禀食为耦，蛮夷贾船，转送致之，亦利交易，剽杀人，又苦逢风波溺死，不者数年来还。大珠至围二寸以下，平帝元始，王莽辅政，欲耀威德，厚遗黄支王，令遣使献生犀牛。自黄支船行可八月，到皮宗；船行可二月，到日南、象林界云。黄支之南有已程不国，汉之译使自此还矣。"①

后人对《汉书》这一段文字进行了深入解读，可以知道当时从岭南到西域的很多重要信息。当时的路程大体上是岭南，即今中国广东、广西和越南中北部到今日印度、斯里兰卡。这是比较确定的路程，而对路程经过的地点则有很多的解读。笔者认为，从中国岭南到古印度，按韩振华先生的考证是比较符合历史实际的。从当时的中国徐闻、合浦一带出发，以当时的船速，约 5 个月到都元国。都元国很可能是今湄公河三角洲一带。然后从都元国到邑卢没国要 4 个月。邑卢没国即今湄南河下游地区。再从湄南河下游乘船上溯到谌离国约要 2 个月。谌离国即今湄南河中上游地区。再从谌离国步行 10 多天到印度洋沿岸的夫甘都卢国。夫甘都卢国就是今

①《后汉书》卷 28 下《地理志》，转引自中国社会科学院历史研究所《古代中越关系史资料选编》，北京：中国社会科学出版社，1982 年，第 37 页。

日的缅甸。从东往西路程的最后一段是从夫甘都卢国乘船2个多月即到黄支国。黄支国即是今日的印度[①]。

从印度返程回中国与去程是不一样的，先是乘船约8个月从黄支国到皮宗。皮宗即今马来半岛北面的克拉地峡地区。从陆上翻过克拉地峡后，再航行约2个月就到中国的日南郡，即今越南的中部。很有可能是由于气候风向的缘故，所以去程与回程的路线和所用的时间都有较大的差异。

由于当时的生产力还不发达，古人为了节省时间，早期的海上丝绸之路与内陆连接段是水陆联运的。秦朝凿通灵渠后，沟通了长江水系与珠江水系。中原很多货物运输是经过长江水系之湘江，从湘江南下经漓江到岭南沿海地区。两汉时期交趾刺史部以及苍梧郡的治所在较长时间内是设在广信，即今广西梧州，这里一度是岭南交通、政治、经济、文化中心。如果从广信出珠江口，沿海绕过雷州半岛到合浦则很远，而在苍梧与合浦之间则有两条河流——北流江与南流江是可以利用的。

北流江蜿蜒五百余里，曾是南方古代的“丝绸之路”的始发段。秦朝开凿灵渠，沟通湘江和漓江后，古人又拓通“桂门关”，陆路连通北流江与南流江。当时南流江与北流江分水坳——桂门关地势很低，由北流江经一小段陆路可进入南流江。南流江全长287千米，出海口是北部湾畔的合浦。这样，中原地区的丝绸等货物，从长江、湘江，进入漓江、西江，再经北流江、南流江水路到达合浦，然后沿海转运海外了。

秦汉时期，北部湾地区尤其是合浦不仅是岭南地区的重要对外贸易港口，也是当时中国通往西域最重要的门户，通过海上丝绸之路连接东西方，经济文化交流活跃和繁荣，其历史地位和作用为其他地方所无法替代。

公元220年汉朝结束，中国进入三国两晋南北朝时期。三国两晋处在海上丝绸之路从中西部转向东南沿海的承前启后与繁荣发展的关键时期。过去汉朝的都城是在长安、洛阳，主要是经长江之湘江下珠江之漓江、北流江、南流江，到合浦港，然后由此出海。六朝政权位于江南，因而通往

① 韩振华：《中国与东南亚关系史研究》，南宁：广西人民出版社，1992年，第1—41页。

海外的通道也逐步发生了变化。公元264年，东吴政权分高凉、苍梧、郁林、南海四郡为广州，州治番禺，其余五郡仍称交州，州治龙编，自此交广分治。孙权任命吕岱为第一任广州刺史，戴良为第一任交州刺史。晋朝以后，由于造船和航海技术的发展、航路的改变，中国东南沿海的船只不再入北部湾，而是从海南岛东面海域南下，经西沙海域，到占婆（今越南中部），然后直接往南，穿过马六甲海峡到印度洋。

从公元3世纪30年代起，广州港日臻繁荣，逐步取代北部湾沿岸的合浦、徐闻等港口，成为海上丝绸之路的主要出发港。[①]

四、北部湾地区的开拓与对外交流

在地理上，北部湾位于北回归线以南，日照充足，雨量充沛，气候温和，属于亚热带季风气候，很有利于农业生产的发展。它地处中国的南疆，面向南洋，地理位置优越，区位优势非常突出。中原到岭南的道路修建后，北部湾地区腹地辽阔，交通便利，海陆兼备，北上可溯南流江进入珠江流域，进而到达中原广大地区，往南通过海路与东南亚、南亚，乃至西亚、欧洲各国往来。到秦汉时期，北部湾已成为中国从中原南下到西域的最便捷通道和贸易驿站，是早期海上丝绸之路的最佳起点。

（一）北部湾地区的开拓

公元前221年，列国纷争结束，秦始皇统一中原，建立了中央集权的封建国家。秦朝拥有了黄河流域、长江流域后，仍然没有停止扩张的脚步，继续往南推进，先后平定了东越、闽越、南越、西瓯越、雒越等百越部落地区，把版图扩张到了北部湾沿岸地区，包括今两广、海南、越南中北部地区。北部湾地区成为中国大陆最南面的领土。

秦朝存在的时间不长，公元前208年灭亡。南海龙川令赵佗趁陈胜、吴广起义，天下大乱之机，于公元前207年击并桂林郡、象郡，建立了南

① 古小松：《早期海上丝绸之路与中南半岛国家的建立》，载《云南社会科学》，2017年第3期。

越国。当时赵佗在岭南西部的北部湾地区设立了交趾、九真二郡。交趾、九真作为郡县首次设立。“交趾”作行政区域之名始于此。北魏郦道元《水经注·叶榆河》:“《交州外域记》曰：越王令二使者，典主交趾、九真二郡民。”这里的越王即南越国王赵佗。南越奉行秦汉政治制度，“南北交欢”，实施保护中原移民、“合辑百越”、“汉越杂处”、加速民族融合的政策，促进了当地经济、社会、文化一定程度的发展。

刘邦统一中国后，建立的汉朝逐步强大，统治也日益稳固。公元前113年，汉武帝趁南越国内乱，派伏波将军路博德率军于公元前111年灭掉了南越国，在岭南设置了9个郡，其中合浦、珠崖、儋耳、交趾、九真、日南6郡在北部湾沿岸地区。9郡之上设交趾部，委派刺史统管，可见北部湾地区在中国地位之重要。从此，该区域由中央王朝派员直接管辖。

六郡中，合浦郡管辖合浦、徐闻、荡昌、朱官、朱卢、晋始、新安6县。合浦南面隔海的海南岛有儋耳、珠崖，两郡孤悬海外，中原管辖鞭长莫及，曾一度并入合浦郡辖地。交趾郡位于红河三角洲及中越边境一带，共有麊泠、羸𨻻、西于、龙编等10县；九真郡位于宁平、清化、义安一带，有居风、无编等7县；日南是一新设立郡，位于今广平、广治、顺化一带，共有西卷、比景、朱吾、卢容、象林等5县。

从象郡到南越国，对北部湾地区一般都是采取羁縻政策，由原有的部落首领来管理。总的来说，汉朝最初也是对该地区采取“与民生息”“以其故俗治”的政策，各县“诸雒将主民如故”。一直到汉朝前期，北部湾地区还是一片莽荒之地。古籍记载:“凡交趾所统，虽置郡县，而语言各异，重译乃通。人如禽兽，长幼无别。项髻徒徙，以布贯头而著之。”“九真俗以射猎为业，不知牛耕，民常告籴交趾，每致困乏。”[1]

汉武帝平定南越国后，对岭南的治理重点放在了西部，尤其是从苍梧到合浦、交趾一带。其中北部湾地区地理位置优越，既是沿海地区，有天然良港，又有鱼米之乡的红河三角洲，中央派官员日益加强对其治理。来自中原的官员把内地先进的铁器农具、农业生产技术和生产经验传授给当

---

①《后汉书·南蛮传》。

地百姓，提高了农业产量，粮食丰收，人民生活得到很大改善。他们还在当地设立学校，推行儒家礼教，婚嫁有度，社会文明大大进步。尤其是一些循吏，如锡光、任延等一些来自中原的大员，积极推动地方的发展。《后汉书》卷八十六记载："锡光为交趾，任延守九真。于是教其耕稼，制为冠履，初设媒娉，始知姻聚。建立学校，导之礼义。"

锡光是东汉西城人，汉哀帝刘欣时被派到交趾任太守。锡光的"教化"加速了交趾文明发展进程。

与锡光同时代的还有一名循吏为任延。汉朝刘秀即位时，听说任延是一位能臣，把所任职的地区治理得夜不闭户，路不拾遗，就重用他，任命他为九真太守。当时九真不如相邻的交趾，当地百姓生活贫困，要从交趾运进粮食来度日。任延到任后，"乃令铸作田器，教之垦辟"，使九真"田畴岁岁开广，百姓充给"。古籍记载："九真太守任延始教耕犁，俗化交土，风行象林。知耕以来六百余年，火耨耕艺法与华同，名白田种白谷，七月火作，十月登熟。名赤田种赤谷，十二月作，四月登熟，所谓两熟之稻也。"[①]司马光对此评价说："故岭南华风始于二守焉。"[②]

人口是一个地区发展的重要标志。随着经济文化的发展，北部湾地区人口快速增加。据《汉书・地理志》记载，西汉后期岭南各郡中，人口数最多的是交趾郡，为 92,447 户，746,237 人，排第一位；合浦郡 15,398 户，78,980 人。可见，西汉时期北部湾地区经济社会已有相当的发展。

表 1　西汉岭南各郡情况

郡名	领县数	户数	人口数
南海	6	19,613	94,253
苍梧	10	24,379	146,160
郁林	12	12,415	71,162
合浦	5	15,398	78,980
交趾	10	92,447	746,237

①《水经注・温水》。

② 二守指九真太守任延、交趾太守锡光。

（续表）

郡名	领县数	户数	人口数
九真	7	35,743	166,013
日南	5	15,460	69,485

注：多种来源的数据，仅供参考。儋耳、珠崖没有统计数。

（二）中国对外交流的前沿

由于北部湾地区位于中国的最南面，从海上对外交流很便利，秦汉时期是中国到南洋乃至西域的海上必经之地，所以这里成了中国对外交往的前沿和南大门，是中外海上贸易的集散地，也是中西方海上文化交流的重要驿站。此后，东南亚、印度，远至罗马的使节便络绎不绝地往来于北部湾地区，有的经由此北上来到中原。

在古代，合浦地理位置十分优越，背靠中原，面向海外，内陆通过水路连接珠江水系、长江水系，对外通往西域。合浦港位于南流江出海口，水深、避风，便于船只停靠。西汉在此设置了关塞。《汉书·地理志》“合浦郡”条记载：“合浦，有关，莽曰桓亭。”①

古时候包括合浦在内的北部湾地区的居民为百越先民，他们熟习水性，善于用舟，正如《淮南子·齐俗训》所说，“胡人便于马，越人便于舟”。秦汉以前，当地越人就与东南亚地区开始了短程的、小规模的海上贸易活动。

汉武帝时，由于北方匈奴边患严重，陆上丝路容易受到侵扰，所以西汉朝廷就开拓南方前往西域的海上通道。公元前111年，西汉王朝灭南越国，直接治理岭南，随着经济文化的发展和合浦郡的设置，合浦港等就成为海上丝绸之路最早的始发港。

西汉时期，北部湾沿岸的合浦港是一个枢纽港，其他还有徐闻、日南等。西汉朝廷的使者，率领通晓沿途部族语言的翻译者以及被招募参加海上航行的人，携带黄金、丝绸等，从徐闻、合浦和日南起航，沿中南半岛海岸航行，跨过中南半岛西部、马来半岛北部，前往印度洋沿岸地区。外

①《汉书》卷二十八《地理志》。

国的珍宝、象牙、犀角以及香料等产品也经由北部湾地区，源源不断地输往中原地区，北部湾地区成为中国与外国经济交流的重要纽带。

东汉以后，这条航线进一步延伸到了中东、欧洲的罗马，东南亚、南亚甚至罗马帝国的使者、商人纷纷沿着这条航线来到北部湾沿岸地区，从日南、合浦等地上岸，前往中原地区朝贡和进行贸易。公元 166 年，“大秦王安敦遣使自日南徼外献象牙、犀角、玳瑁，始乃一通焉。”①这是史籍有关罗马首次派出使者来中国的记录，万里之外的罗马帝国通过海上丝绸之路与汉朝建立了直接联系。

近年来，合浦等地许多考古出土实物材料充分印证了早期海上丝绸之路的繁荣景象。今广西合浦县“发现了迄今为止国内规模最大、连片的保存最为完整的古汉墓群”②，数量多达上万座。合浦这些汉墓挖掘出土物品超过万件，其中部分是舶来品，包括琉璃杯、琥珀、玛瑙、水晶等，这些物品与《汉书》中记载的舶来品相吻合。

除了合浦、徐闻，位于南面的日南郡更是中国对外交流的最前沿。史书记载，孝顺皇帝永建六年（公元 131 年），叶调国曾遣使到东汉③。在汉和帝时，天竺国（今印度）曾多次遣使贡献汉朝。后来，西域反叛，陆路交通断绝，中印交流不得不改由海路。“至桓帝延熹二年（公元 159 年），四年（公元 161 年）频从日南徼外来献”④。“至桓帝延熹九年（公元 166 年），大秦王安敦遣使自日南徼外献象牙、犀角、玳瑁，始乃一通焉”⑤。

上述可见，北部湾地区地理环境优越，汉朝时期农业、手工业、商业发达，远洋贸易规模大、次数频繁，作为海上丝绸之路起点的地位和作用突出，对汉王朝的社会和经济贡献很大。在民间交流的基础上，西汉王朝主动以北部湾为起点，开辟海上丝绸之路对外交流航线，通过海上丝路沟通中华文明与印度文明、阿拉伯文明、罗马文明，相互连接起来往来交

①《后汉书》卷八十八《西域传》。

② 覃主元：《汉代合浦港在南海丝绸之路中的特殊地位和作用》，载《社会科学战线》，2006 年第 1 期。

③《后汉书》卷六。

④《后汉书》卷八十八《西域传》。

⑤ 同上。

流，促进了中华文明与世界文明的交融和发展。

综上所述，秦平岭南后，中国多个朝代都重视岭南地区的开发，修建了湘漓、萧贺等通道，大大促进了中原与中国最南部大陆地区的交流，推动了岭南特别是西部地区政治社会与经济文化的发展，维护了国家的统一。同时，岭南西部的北部湾地区，拥有天然的良港，开通与中原联系的大通道后，这里成为当时中国对外交流的最前沿。由于海上交通的便利，这里成为中国沟通西域的早期海上丝绸之路的起发港，为促进中华文明与西域文明的交流做出了历史的贡献。在进入21世纪的时候，我们重走湘漓、潇贺古道，看到这里的很多古迹需要维护，很多优良传统需要发扬光大。近年中国提出了建设新的海上丝绸之路倡议。今日北部湾地区的海南、广东雷州半岛、广西北部湾沿岸是海上丝绸之路始发地区最南面的前沿，应继承传统，焕发青春，为中华民族的振兴以及世界文明的交流和发展做出新的贡献。

The Early Maritime Silk Road: From the Central Plains to the Beibu Gulf

Gu Xiaosong
(The ASEAN Research Institute of Hainan Tropical Ocean University, Sanya, China)

Abstract: After Qin conquered Lingnan, many dynasties in China attached great importance to the development of Lingnan. They built channels such as the Xiangjiang River and the Lijiang River, the Xiaoshui River and the Hejiang River, which greatly promoted the exchanges between the Central Plains and the southernmost mainland of China, promoted the political, social, economic and cultural development of Lingnan, especially the western region, and maintained the unity of the country. At the same time, the Beibu Gulf region in the west of Lingnan has a natural good port. After the opening of the large channel connecting with the Central Plains, it became the forefront of China's foreign exchanges at that time. Due to the convenience of maritime transportation, it became the starting port of the early Maritime Silk Road connecting China to the Western Regions, and made a historical contribution to promoting the exchanges between Chinese civilization and Western civilization.

Keywords: The Early Maritime Silk Road; Central Plains; Beibu Gulf

浙江与郑和下西洋[1]

孙连娣[2]

【内容提要】郑和下西洋是世界文明交流史上的重大事件，是人类征服海洋的伟大尝试，是中国航海史的巅峰。浙江作为郑和下西洋的重要航线和诸多航行港口所在地，由文献史料记载和古文化遗存可证，浙江段存汤山、青屿、尼山、东霍山、川山等地可考；同时，浙江作为下西洋重要后勤补给基地、货物供给地、随行人员征调地等，为下西洋顺利进行提供重要保障；郑和下西洋也为浙江政治、经济、文化、贸易、外交的发展提供良好契机，两者之间在共存、共生的环境下共同发展。

【关键词】郑和下西洋；海洋性；动机；航行路线；浙江

海洋约占地球表面积的71%，将各个分离的大陆相互联结在一起，促进不同人种、国家间的交流与往来，利用海洋这一纽带搭建起传播世界文明的桥梁，正如约翰·麦克所言："海本身的特性，人与海互动的性质，在海上发生或因海而发生的联盟，那些缔结、巩固或撕毁的和约……所有这些在这种历史著述中都是见不到的。"因此海洋将人类历史推向新的舞台，对世界格局的变迁产生多层次、多角度的影响，为揭示人类历史的发展进程产生重要作用。郑和下西洋是世界文明交流史上的重大事件，出访亚非一百多个国家和地区，"先后七奉使，所历占城、爪哇、真腊、旧港……凡三十余国。"[3]涉沧溟十余万里，互通有无，互惠互利，加强了中

---

① 基金项目：2023年河北省教育科学规划课题"公共考古视角下中华优秀传统文化融入高校思政课创新模式研究"（项目编号2304283）；河北省教育厅科学研究项目资助"河北省革命遗址调查、保护与利用研究"（项目编号QN2025495）。

② 作者简介：孙连娣，历史学博士，河北地质大学马克思主义学院讲师，主要研究方向是明清史。

③〔清〕张廷玉：《明史·郑和传》，北京：中华书局，1974年，第7768页。

国与海外国家之间的政治、经济、文化、贸易的交流与往来。当前，学界对郑和下西洋航海路线及明朝与海外国家关系的研究有较多关注[①]，尤其是《郑和航海图》问世，使对国外地名的考证进入新的高潮，但同时应注意到关于国内航海地点的研究相对较少，浙江地处苏闽之间，至今仍留有诸多古代遗址和遗物，浙江对支撑郑和下西洋起到重要作用，并且分析下西洋与浙江政治、经济发展的相互关系，从而实现“陆地性”向“海洋性”研究的转变。

一、郑和下西洋的动因

有关郑和下西洋动机的看法，学界众说纷纭，不仅有政治、经济贸易目的，如“宣教化于海外诸蕃国，导以礼仪，变其夷习”[②]，同时也掺杂文化传播、军事因素，如“耀兵异域，示中国富强”[③]，甚有认为搜寻建文帝下落，《明史·郑和传》载：“成祖疑惠帝亡海外，欲踪迹之……”[④]。根据当前学术研究成果和明清官方史料记载，可将郑和下西洋动机的辨析分为史料记载、碑文篆刻、近现代学人研究、国外著述四类：

（一）史料记载

官方史料、民间族谱、日记对郑和下西洋记载甚多，对其目的探究不一，但从下西洋所产生的影响及社会见闻，可归纳一二。

其一，郑和下西洋是为抵御倭寇、海盗入侵，以保卫沿海安全。据

① 如向达著《郑和航海图》，国外地点的标注多于国内，国内地名仅以附录出现。关于郑和下西洋与国外关系的论述主要有李新峰：《郑和下西洋与当代中国对非洲政策研究》，载《西亚非洲》，2010年第10期；于民：《郑和下西洋与地理大发现的概念专属性》，载《福建师范大学学报（哲学社会科学版）》，2008年第4期；陈公元：《郑和下“西洋”与中非友谊》，载《海交史研究》，1981年00期。

② 郑鹤声、郑一钧编：《郑和下西洋资料汇编（中册）》，济南：齐鲁书社，1980年，第338页。

③〔清〕张廷玉：《明史·郑和传》，北京：中华书局，1974年，第7766页。

④〔清〕张廷玉：《明史·郑和传》，北京：中华书局，1974年，第7766页。

《皇明大政记》载："西洋之遣，亦因高皇之绪而申之。太仓原有张氏所存海船，兵亦不少，既与海相习，便与海寇相通，倭亦趁之内犯。遂因尽驱之出洋。洋中诸国，与西域相望，陈诚、李达等从陆，郑和等从海。"①从中可知郑和下西洋是为清除周边海寇，具有军事目的。

其二，为寻找建文帝，以保证明成祖皇权不受侵犯。如《明史·郑和传》载："踪迹建文"②，又见《蒲氏家谱·浦和日记》："至永乐十五年，与太监郑和奉诏敕往西域寻玉玺，有功，加封泉州卫镇抚"③，由此可见下西洋也具有搜寻上朝皇帝私人目的。

其三，宣扬国威，耀威中华，如《明史·郑和传》载："耀兵异域"④。

其四，建立友好的外交关系，扩大国际影响力，如（明成祖）诏谕："今遣郑和赍敕谕朕意，尔等祇顺天道、恪守朕言，循理安分，勿得违越。不可欺寡，不可凌弱。庶几共享太平之乐。若有谒诚来朝，咸赐咸赏。"⑤又宣德五年诏书载："……祇嗣……大统，……体祖宗之至仁。……其各顺天道，抚辑人民，以共享太平之福。"⑥

其五，建立朝贡贸易体系，发展赏赐交易，如《明史·郑和传》载："所取无名宝物，不可胜计，而中国耗资亦不赀。"⑦《明成祖实录》载："贡物无论疏数，厚往薄来可也。"⑧宣德年间，"礼部言诸番贡使例由赐予，巫宝赤纳非有贡物，给赏无例。上曰：'远人数万里外来诉不平，岂可不赏？'遂赐纻丝袭衣彩币表里绢布及金织袭衣有差。"⑨故"以重利诱

①〔明〕朱国桢：《皇明大政记》，载陈佳荣《中外交通史》，香港：学津书店，1987年，第443页。

②〔清〕张廷玉：《明史·郑和传》，北京：中华书局，1974年，第7766页。

③ 庄景辉：《泉州港考古与海外交通史研究》，长沙：岳麓书社，2006年，第165—181页。

④〔清〕张廷玉：《明史·郑和传》，北京：中华书局，1974年，第7766页。

⑤ 胡丹：《明代宦官史料长编》，南京：凤凰出版社，2014年，第96页。

⑥ 胡丹：《明代宦官史料长编》，南京：凤凰出版社，2014年，第178页。

⑦〔清〕张廷玉：《明史·郑和传》，北京：中华书局，1974年，第7768页。

⑧《明成祖实录》（影印本）卷九十七，台北："中央研究院"历史语言所校勘影印，1962年。

⑨《明宣宗实录》（影印本）卷七十六，台北："中央研究院"历史语言所校勘影印，1962年。

诸番，故相率而来。”[①]《瀛涯胜览》曰：“永乐十一年癸巳，太宗文皇帝敕命正使太监郑和，统领宝船往西洋诸番开读赏赐。”[②]

其六，树立政治威望，使各国来朝，以显示天朝上国的政治影响力，《明太祖实录》载“诸蛮夷酋长来朝，涉履山海，动经数万里，彼既慕义来归，则赉予之物宜厚，以示朝廷怀柔之意”[③]，使得“四夷君长，执赆献琛，顶踵相望，赐宴之日，有忭舞天日，稽首阙庭，叹未曾有：译鞮之馆，充牣旁皇，奕然壮观矣”[④]，并对于“远人来归者，悉抚绥之，俾各遂所欲”[⑤]，如《明太祖实录》载：“今海外诸番使臣将归，可遣官豫往福建，俟其至，宴饯之，亦戒其毋苟也。”[⑥]

其七，发展对外贸易关系，但不计经济利润，如“成祖永乐元年十月，西洋剌泥国回回哈只马、哈没奇等来朝，因附载胡椒与民互市，有司请征其税，上曰：‘商税者，国家抑逐末之民，岂以为利？今夷人慕义远来，乃侵其利，所得几何？而亏辱大体多矣’，不听。”[⑦]同时输送奇珍异宝，“明月之珠，鸦鹘之石，龙速之香，麟狮、孔雀之奇，梅脑、薇露之珍，珊琛混之美”[⑧]，供皇室贵族所用。

其八，传播中华礼仪文化，弘扬中国文明，如“仰慕中国衣冠礼仪，乞冠带还国”[⑨]，并且“宣教化于海外诸番国，导以礼仪，变其夷

①〔清〕赵翼著、王树民校正：《廿二史札记校正》卷三十三，北京：中华书局，1984年。

②〔明〕马欢著、万明校注：《明抄本〈瀛涯胜览〉校注》，北京：海洋出版社，2005年，第1页。

③《明太祖实录》（影印本）卷一五四，台北：“中央研究院”历史语言所校勘影印，1962年。

④〔明〕何乔远：《名山藏》，载《郑和下西洋资料汇编》，第873页。

⑤《明太祖实录》（影印本）卷二十三，台北：“中央研究院”历史语言所校勘影印，1962年。

⑥《明太祖实录》（影印本）卷七十一，台北：“中央研究院”历史语言所校勘影印，1962年。

⑦〔明〕王圻：《续文献通考》卷三十一，北京：现代出版社，1986年，第456页。

⑧〔明〕黄省曾：《西洋朝贡典录·自序》，北京：中华书局，2000年。

⑨ 王天有、徐凯、万明编：《郑和远航与世界文明——纪念郑和下西洋600周年论文集》，北京：北京大学出版社，2005年，第9页。

习”[1]，从而在海外诸国出现“愿比内郡依华风”[2]，多地建立三保庙、三保城、三保井等建筑，以示对中华文化的敬仰。

其九，出使西域忽鲁谟斯等国，建立军事联盟，“大明皇帝敕谕南京守备……，今遣太监郑和往西域忽鲁谟斯等国公干，合用……，尔等即便照数差拨，勿得稽延。故谕。永乐七年（1409）三月□日”[3]，又见《西洋番国志》载“今命太监郑和等往西洋忽鲁谟斯公干……，敕至，尔等即照数放支于太监郑和，不许稽缓，故敕。宣德五年五月初四日”[4]可证。

（二）近现代国内学人研究

近代以来，尤其是近五六十年，关于郑和下西洋的研究更加趋于全面化、客观性，不仅从国内角度进行探讨，更关注国际关系层面的影响——开启15世纪人类航海帝国的新纪元。近现代学者从不同角度对郑和下西洋目的进行分析，大致可分为以下几种：

第一，政治动机为主动，稳定明初政局，巩固皇权，宣扬国威。如罗仑先生认为郑和下西洋是为了朱棣树立权威，巩固皇权统治，得到海外国家的认可和支持[5]；冯尔康先生认为下西洋是用金钱换取天朝大国的地位，满足皇帝的虚荣心和巩固皇权统治[6]；唐文基先生同样认为郑和下西洋是政治性活动，不计经济利益的得失[7]；时平先生认为郑和下西洋是为了明朝要建立大一统王朝，威震海外[8]；陈尚胜先生也认为朱棣为消除自

---

① 郑鹤声、郑一钧编：《郑和下西洋资料汇编（中册）》，济南：齐鲁书社，1980年，第856页。

② 郑一钧：《论郑和下西洋》，北京：海洋出版社，1985年，第396页。

③ 郑鹤声、郑一钧编：《郑和下西洋资料汇编（中册 下）》，济南：齐鲁书社，1983年，第851页。

④〔明〕巩珍著、向达校注：《西洋番国志》，北京：中华书局，1961年。

⑤ 罗仑：《论朱棣赋予郑和的外交任务》，载《郑和下西洋论文集（第二集）》，南京：南京大学出版社，1985年。

⑥ 冯尔康：《“郑和下西洋”的再认识》，载《南开史学》，1980年第2期。

⑦ 唐文基：《明初的经济外交与郑和下西洋》，载《福建师范大学学报（哲学社会科学版）》，1985年第4期。

⑧ 时平：《从明初“大一统”观看郑和下西洋的动机》，载江苏省郑和研究会编

身“夺权”负面影响，通过郑和下西洋创造四海来归的真命天子形象[①]；陈佳荣先生认为郑和下西洋是为宣扬国威和招徕朝贡[②]。

第二，发展朝贡贸易体系。洪焕椿认为郑和下西洋是为了建立朝贡贸易和建立宗藩关系，保持国家间的良好关系[③]；龚缨晏先生认为郑和下西洋是朝贡贸易巅峰，是国家外交活动的表现，而非市场贸易活动[④]；朱杰勤先生认为郑和下西洋所推行的朝贡贸易，朝贡为政治表象，实质是发展经济[⑤]；周振鹤先生认为郑和下西洋是为了建立朝贡贸易，与发展贸易获利或巩固海权无关[⑥]。

第三，带有殖民活动性质。梁启超先生认为郑和下西洋与西方政治殖民活动类似，是为了西征欧洲[⑦]。

第四，发展友好的国际外交关系。朱晨光认为郑和下西洋是为了发展外交关系，建立有利的外部环境[⑧]；朱江认为郑和下西洋发展外交，振兴汉唐以来的中华盛世伟业[⑨]；李士厚先生认为郑和下西洋是为了建立良好的海外关系，兼有贸易性质[⑩]。

《睦邻友好的使者——郑和》，北京：海潮出版社，2003年。

① 陈尚胜：《中国传统文化与郑和下西洋》，原载《文史哲》，2005年第3期，收入王天有、徐凯、万明编《郑和远航与世界文明——纪念郑和下西洋600周年论文集》，北京：北京大学出版社，2005年。

② 陈佳荣：《中外交通史》，香港：学津书店，1987年，第445页。

③ 洪焕椿：《明初对外友好关系与郑和下西洋》，载《郑和下西洋论文集（第二集）》，南京：南京大学出版社，1985年。

④ 龚缨晏：《西方人东来之后——地理大发现后的中西关系史专题研究》，杭州：浙江大学出版社，2006年，第11页。

⑤ 朱杰勤：《东南亚华侨史》，北京：中华书局，2008年，第41页。

⑥ 周振鹤：《以农为本与以海为田的矛盾——中国古代主流大陆意识与非主流海洋意识的冲突》，载苏纪兰主编《郑和下西洋的回顾与思考》，北京：科学出版社，2006年。

⑦ 梁启超：《祖国大航海家郑和传》，载《新民丛报》，1905年第3卷第21期。

⑧ 朱晨光：《郑和下西洋目的辨析》，载《郑和下西洋论文集（第一集）》，北京：人民交通出版社，1985年。

⑨ 朱江：《论郑和奉使下西洋的实质》，载《郑和下西洋论文集（第一集）》，北京：人民交通出版社，1985年。

⑩ 李士厚：《郑和新传》，昆明：晨光出版社，2005年，第68—85页。

第五，军事上帮助海外番国。李士厚、刘铭恕二先生均认为郑和下西洋是为了帮助满剌加等地建立回教国家以抵抗爪哇帝国的统治[1]；王赓武先生认为郑和下西洋是为了扫除海上匪患，保卫帝国安全而进行的海上势力的扩张，在东南亚扶弱抑强，征服安南势力的军事武装[2]。

第六，剿灭沿海倭寇及匪患。陈佳荣先生认为郑和下西洋是为了剿灭匪患，稳定沿海秩序[3]；范金民先生认为郑和下西洋是基于明初政治不稳，匪患较多，为通好他国，招抚流民，剿灭匪患而进行的[4]；潘群先生认为郑和下西洋是由于明初东南海上势力威胁到明朝统治，为巩固封建统治，打开海上交通线而推行的[5]；施存龙先生认为郑和下西洋是为对抗倭寇，消除匪患。[6]

第七，发展经济贸易。吴晗先生认为郑和下西洋主要是出于经济动机，开展国际贸易，以缓和国内经济危机[7]；童书业先生认为郑和下西洋有贸易性质，但经营贸易并非其主要目的[8]；侯仁之先生认为郑和下西洋是拓展海外贸易，获取海外珍宝的手段[9]；陈得芝先生认为郑和下西洋一方面是为了巩固和发展明朝与海外国家的贸易关系，以外交手段扩大皇权

---

① 李士厚：《郑和家谱考释》，1937年，第51页。刘铭恕：《郑和航海事迹之再探》，原载《中国文化研究汇刊（第3卷）》，1943年，收入《郑和研究资料选编》，北京：人民交通出版社，1985年。

②［澳］王赓武著、姚楠编：《东南亚与华人——王赓武教授论文选集》，北京：中国友谊出版公司，1987年，第29、52、60页。

③ 陈佳荣：《中外交通史》，香港：学津书店，1987年，第443页。

④ 范金民：《郑和下西洋动机新探》，原载《南京大学学报》，1984年第4期，收入纪念伟大航海家郑和下西洋580周年筹备委员会编《郑和下西洋论文集（第二集）》，南京：南京大学出版社，1985年。

⑤ 潘群：《“耀兵异域”为“耀威异域”考》，载《传承文明、走向世界、和平发展：纪念郑和下西洋600周年国际学术论坛论文集》，北京：社会科学文献出版社，2005年。

⑥ 施存龙：《海上示威，意在倭寇》，载《郑和研究》，1994年第1期。

⑦ 吴晗：《十六世纪前之中国与南洋》，载《清华学报》，1936年第11卷第1期。

⑧ 黄慧珍、薛金度：《郑和研究八十年》，载《郑和研究资料选编》，北京：人民交通出版社，1985年。

⑨ 侯仁之：《所谓“新航路的发现”的真相》，原载《人民日报》，1965年3月12日，收入《郑和研究资料选编》，北京：人民交通出版社，1985年。

的权威，另一方面是适应海外贸易的需求，以国家权力专擅利源[①]；郑克晟先生认为郑和下西洋是以国家贸易形式取代私人贸易，打击东南沿海从事私人海外贸易的地主阶级[②]。

第八，具有政治和经济双重目的。韩振华先生认为郑和下西洋具有政治和经济双重目的，且经济利益多于政治目的，西洋航路的开通，推进朝贡贸易的开展，同时也是一场官方贸易与私人贸易的争斗[③]。

第九，具有政治和外交双重目的。徐泓先生认为郑和下西洋是以政治和外交为主导，贸易不是主因[④]。

第十，联合海外势力，抵抗外敌，保卫天朝边疆安全。萧弘德先生认为郑和下西洋是为了政治上联合铁木尔帝国以对抗北元[⑤]；李新峰先生认为郑和下西洋是为了配合军事战争，如第一、二次下西洋是在明进攻安南时，第三次至第七次是配合北征或北巡[⑥]；郑永常先生认为郑和下西洋是为了扫除爪哇的海上霸权，重构亚洲新秩序[⑦]。

第十一，实行海禁政策的需要。施伟青先生认为郑和下西洋是为了顺利推行海禁政策，以国家贸易形式代替私人交易，以巩固封建统治[⑧]。

第十二，搜寻海外珍宝，以满足皇室贵族奢侈欲望。陈国栋先生认为

---

① 陈得芝：《试论郑和“下西洋”的两重任务》，载《历史教学问题》，1959年第3期。

② 郑克晟：《从郑和下西洋看明初海外贸易政策的转变》，载《郑和远航与世界文明——纪念郑和下西洋600周年论文集》，北京：北京大学出版社，2005年。

③ 韩振华：《论郑和下西洋的性质》，载《厦门大学学报》，1958年第1期。

④ 徐泓：《郑和下西洋目的与性质研究的回顾》，载《东吴历史学报》，2006年第16期。

⑤〔澳〕萧弘德：《郑和下西洋动机新证》，载《传承文明、走向世界、和平发展：纪念郑和下西洋600周年国际学术论坛论文集》，北京：社会科学文献出版社，2005年。

⑥ 李新峰：《郑和下西洋的国内军事背景》，载林晓东、巫秋玉主编《郑和下西洋与华侨华人文集》，北京：中国华侨出版社，2005年。

⑦ 郑永常：《海禁的转折：明初东亚沿海国际形势与郑和下西洋》，台北：稻乡出版社，2011年，第62页。

⑧ 施伟青：《郑和下西洋的动机再探》，载《郑和与福建》，福州：福建教育出版社，1988年。

郑和下西洋是为了苏木和胡椒，以及搜寻麒麟[①]；戴闻达先生认为郑和下西洋是为了获取海外奢侈品和奇珍异宝，以满足皇权的欲望[②]。

（三）碑文篆刻

郑和七下西洋途经沿海多个省份，在浙江、广东、福建等省份留下多处古遗址，并建立纪念祠堂等，为下西洋目的探究提供实证材料。如福建泉州灵山回教先贤墓行香碑（图1）记载："钦差总兵太监郑和，前往西洋忽鲁谟斯等国公干，永乐十五年五月十六日于此行香，望圣灵庇佑，镇抚浦和日记立。"[③]此外，在娄东刘家港天妃宫《通番事迹碑》亦载："永乐十二年统领舟师往忽鲁谟斯等国。"[④]以上二例均表明郑和下西洋有通使忽鲁谟斯国的目的，以寻求政治、军事联盟。又如湖南隆回县山界清真南寺碑载："宣德皇五年，帝差太监郑和往天房国备览。"[⑤]由此表明郑和下西洋有发展外交关系，建立友好国际关系的目的。另外福州《天妃灵应之记》碑载道："和等统率官校旗军数万人，乘巨舶百余艘，赍币往赉之，所以宣德化而柔远人也。"[⑥]体现郑和下西洋有传播中华文明，彰显天朝上国权威及文化教化的目的。此外，《长乐文石志》载："文石天妃庙建于永乐七年，太监郑和往西域取宝，后朝廷遣天使封琉球中山王，俱在此设祭开船。"[⑦]可见郑和下西洋也有搜寻海外宝物贪欲之念。

---

① 陈国栋：《东亚海域一千年：历史上的海洋中国与对外贸易》，济南：山东画报出版社，2006年，第81—101页。

②〔荷〕戴闻达：《中国人对非洲的发现》，胡国强、锦显译，北京：商务印书馆，1983年，第27—40页。

③ 庄景辉：《泉州港考古与海外交通史研究》，长沙：岳麓书社，2006年，第165—181页。

④〔明〕巩珍著、向达校注：《西洋番国志》，北京：中华书局，1961年，第54页。

⑤ 余振贵、雷晓静：《中国回族金石录》，银川：宁夏人民出版社，2001年，第218页。

⑥ 福州长乐郑和史迹陈列馆藏《天妃灵应之记》碑刻。

⑦ 廖大珂：《福建海外交通史》，福州：福建人民出版社，2002年，第177页。

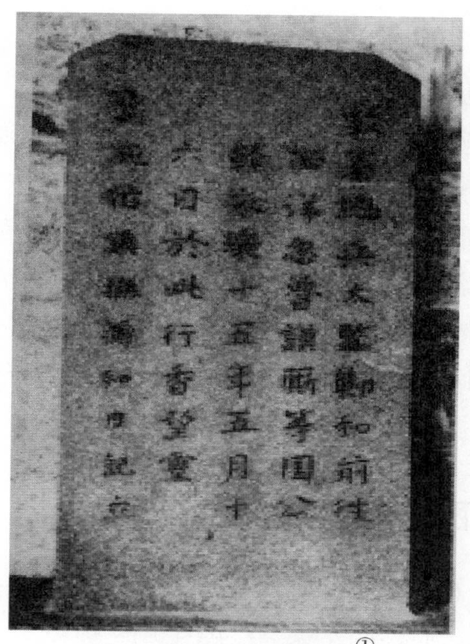

图 1　泉州郑和行香碑[1]

（四）外文记载

近年来，国外学者关于郑和下西洋目的也提出不同意见，如美国学者保罗·肯尼迪言道：“应该特别提到，中国人从不抢劫或屠杀，与葡萄牙人、荷兰人和侵略印度洋的其他欧洲人显然不同。”[2]由此表明下西洋并非为了侵略他国，而是一种以朝贡贸易为基准，彰显天朝大国的世纪航海，这一点在《西洋番国志·古里国》中有明确记载：“中国宝船一到，王即遣头目并哲地及米纳凡来会，其米纳凡乃是本国书算手之名……至期将中国带去各色货物对面议定价值，书左右合契，各收其一，以后哲地并富户各以宝石、珍珠、珊瑚来看。惟是议论价钱最难，疾则一月，徐则两三月方定。”[3]日本学者寺田隆信也认同此点，郑和下西洋是为了开展朝贡贸

① 转引自周运中：《郑和下西洋新考》，北京：中国社会科学出版社，2013 年，第 7 页。

②〔美〕保罗·肯尼迪：《大国的兴衰》，蒋葆英等译，北京：中国经济出版社，1989 年，第 8 页。

③〔明〕巩珍：《西洋番国志·古里国》，北京：中华书局，1961 年。

易，是15世纪东西方政治、经济发展的必然产物[①]。

由上述分析可见，在15世纪航海技术迅猛发展，由陆地向海洋发展的探索，结合明朝政治、经济、文化、外交背景，郑和下西洋目的不仅仅是单一存在的，而是带有多重目的的综合性海洋探索，是受到政治、经济、军事、外交四重目的分阶段共同作用结果，既有政治上的耀国威，也有发展海外贸易因素，也有抵御北元，同时还具有建立海外番国友好关系目的，是朝贡贸易体系的深刻体现。其本质是为了巩固皇权统治，彰显天朝大国综合国力，使四海来朝，扩大明朝的政治影响力，成为海外诸番国名义上的“共主”，推进明朝中国人对海上探索的步伐。

二、郑和下西洋与浙江关系

郑和七下西洋（公元1405—1433年），其船队航行于东南亚、印度、西亚之间，最远到达非洲的东岸[②]（见图2），规模庞大，历时28年之久（见表1），其航程16万海里（折合29.6万公里），使人类在印度洋上的航行达到了前所未有的水平[③]，堪称世界航海史先例。但同时也应看到，郑和下西洋并未给明朝带来巨大的经济利益，反而入不敷出，“三保下西洋费粮钱数十万，军民死且万计，纵得奇宝而回，于国家何益！”[④]造成政府财政严重亏空，最终导致航海活动的终结，缺乏持久生命力。而其之后的葡萄牙、西班牙，通过新航路的开辟，带来巨大的经济利益和财富，开启了西方人主导的全球化航海时代。造成上述原因除了国家体制不同、统制经济及社会文化相异外，在航海装备、技术、人员配备方面（见表2），明朝时中国均强于葡、西等欧洲国家，在此种强大武器装备条件下，郑和下西洋并未以武力侵略、掠夺其他国家，而是奉行和平的外交手段，从国

①〔日〕寺田隆信：《郑和——连接中国与伊斯兰世界的航海家》，庄景辉译，北京：海洋出版社，1988年，第114—120页。

② 张彬村：《从经济发展的角度看郑和下西洋》，载《中国社会经济史研究》，2006年第2期，第24—29页。

③ 胡欣、丛淑媛：《印度洋纵横谈》，福州：福建人民出版社，1982年，第22页。

④ 严从简：《殊域周咨录》，北京：中华书局，1993年，第307页。

际外交角度而论，郑和七下西洋成为国际外交和平发展、独立自主政策的先行者。

表 1　郑和下西洋行程表

次数	时间	航程（历经主要国家）
第一次	永乐三年六月十五日至五年九月二日	占城、古里等国
第二次	永乐五年九月十三日至七年夏	爪哇、古里、柯枝、暹罗等国
第三次	永乐六年九月二十八日至九年六月十六日	锡兰山等国
第四次	永乐十年十一月十五日至十三年七月八日	忽鲁谟斯、苏门答腊等国
第五次	永乐十四年十二月十日至十七年七月十七日	满剌加、古里西域诸国
第六次	永乐十九年一月十三日至二十年八月十八日	忽鲁谟斯等国
第七次	宣德五年六月九日至八年七月六日	忽鲁谟斯等十七国

表 2　郑和下西洋与西方国家航海活动比较一览表

年份	国别	代表人物	航海装备	人数
1405—1433	中国	郑和	200 余艘，最大吨位 1250 吨	27,800
1492—1498	西班牙	哥伦布	3 艘，最大吨位 120 吨	88
1497—1498	葡萄牙	达伽马	4 艘，最大吨位 110 吨	160
1519—1522	葡萄牙	麦哲伦	5 艘，最大吨位 130 吨	265

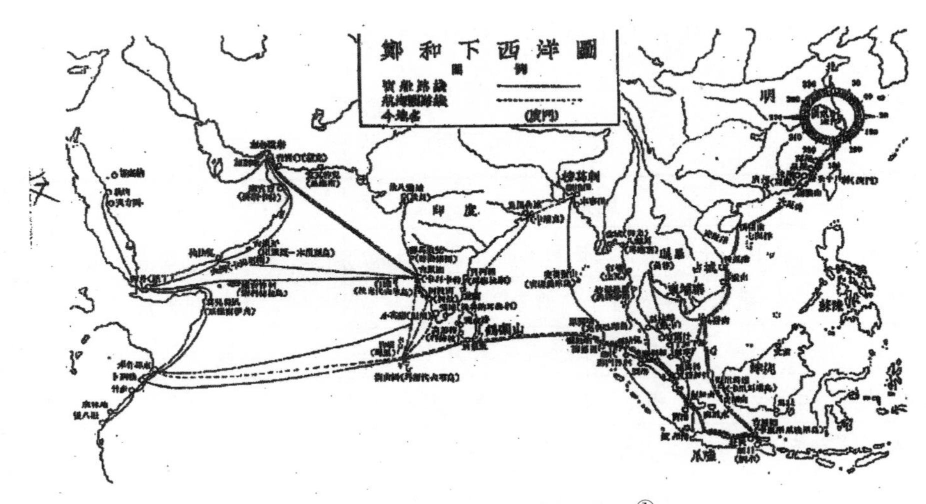

图 2 郑和下西洋航海路线图[①]

郑和七次下西洋所推行的朝贡贸易，需要国内诸多资源领域的支撑和补给，如船厂的建造等，此外在航线选择上主要包括江浙部分和闽粤部分，学界关于闽粤航线的研究已较为成熟，如高蒙河先生《郑和下西洋与福建关系的考古学观察》[②]、冷东先生《郑和下西洋与岭南关系述论》[③]等，皆对郑和下西洋与闽粤航线有了清晰分析，而浙江作为下西洋的重要航线却常被忽视，故对此加以考释。由《郑和航海图》及现存古代遗迹对浙江省部分航道分析，以探究明朝浙江与郑和下西洋关系。

其一，今浙江省嵊泗县东南部汤山为郑和下西洋古航道，其具体位置根据周钰森先生《郑和航路考》“图示地势，汤山应即岱山”[④]，及徐玉虎先生《新编郑和航海图集》载“汤山在大七、小七岛以南，与今海图对

① 转引自辛元欧：《郑和下西洋的重大意义与历史源流》，载《上海造船》，2003年第2期。

② 高蒙河：《郑和下西洋与福建关系的考古学观察》，载《上海大学学报（社会科学版）》，1985年第2期，第93—99页。

③ 冷东：《郑和下西洋与岭南关系述论》，载《广州大学学报（社会科学版）》，2006年第1期，第16—19页。

④ 周钰森：《郑和航路考》，北京：中国航海技术研究会，1959年，第183页。

照，在这一航线上的显著目标为今小戢山西南约8海里的唐脑山”[①]，而在明、清、民国时期，汤山称作羊山。

其二，浙江省定海县青屿，靠近郑和下西洋主航道，据《郑和航路考》载“县东南十二里有龙头山，旁有葫芦桥，其相近者曰竹屿山，又东南三里有青屿山，旧置有青屿隘，为戍守要地”[②]，而在《新编郑和航海图集》又载“青屿在小七山以南，尼山以西，为今之大鱼山。明初置青鱼隘，为戍守要地”[③]，在《定海县志》中“大洋山西侧靠近至上海航线处有二岛名大小青山”[④]，此大小青山即青屿古航线。

其三，浙江岱山县舟山岛之间的尼山，《新编郑和航海图集》载“尼山在昌国所以北，似指今舟山岛以北之岱山岛……今岛上有泥峙镇居民地及泥峙大堤等称谓”[⑤]。

其四，今浙江舟山岛与普陀山之间的东霍山，《新编郑和航海图集》载“今名东福山，曾名外霍山，在今浙江定海县东海中，中街山列岛东南……而《郑和航海图》航行针路中之东霍山，系指今杭州湾外舟山岛西北之东霍山”[⑥]可证。

其五，浙江定海卫附近川山，《新编郑和航海图集》载“川山的位置在金塘海峡以西，甬江口之南，应为今之灵峰山”[⑦]。

其六，浙江舟山西部册子岛西海湾中碗碟屿及大小赤，碗碟屿无考，大小赤在今嵊泗县西北的大戢山、小戢山。

---

① 海洋海军测绘研究所、大连海运学院航海史研究室编：《新编郑和航海图集》，北京：人民交通出版社，1988年，第18页。

② 周钰森：《郑和航路考》，北京：中国航海技术研究会，1959年，第183页。

③ 海洋海军测绘研究所、大连海运学院航海史研究室编：《新编郑和航海图集》，北京：人民交通出版社，1988年，第19页。

④ 民国《定海县志》，载《中国地方志集成·浙江府县志辑》第38册，上海：上海书店出版社，1993年。

⑤ 海洋海军测绘研究所、大连海运学院航海史研究室编：《新编郑和航海图集》，北京：人民交通出版社，1988年，第19页。

⑥ 海洋海军测绘研究所、大连海运学院航海史研究室编：《新编郑和航海图集》，北京：人民交通出版社，1988年，第19页。

⑦ 海洋海军测绘研究所、大连海运学院航海史研究室编：《新编郑和航海图集》，北京：人民交通出版社，1988年，第19页。

其七，浙江台州湾羊琪山，《郑和航路考》载“《浙江通志·海防》，海门卫右营汛七洋面之一，有浪机山，即今台州湾海门卫附近之浪机山也”[①]，此处浪机山即羊琪山，《新编郑和航海图集》载“今台州湾口南岸附近的浪机山为羊琪山”[②]可证。由上述郑和下西洋所在浙江七处航线或海港，可证浙江北部沿海地区在明朝承担航海路线重要任务。

浙江在明朝是重要的海内外贸易基地，外商船舶云集，并且百姓多习水，民间盛行海外异域习俗，对于出海冒险具有探索精神，加之浙江也是郑和下西洋必经之地，使得浙江对于郑和下西洋的顺利进行起到重要作用。首先，浙江为下西洋筹备军需及后勤补给基地。《北轩集·常山县令高公传》载：“时沿海郡县守令，多不事事，上诏吏部选近臣练达者任其寄，公拜浙之常山县令。其邑临浙海，中使下西洋海舶往来必经之地，民以应办为艰。”[③]由此知浙江常山为下西洋重要后勤保障之地，对供给物资起到重要作用。其次，供给宝货等财物，如《绍兴府志》载：“中官郑和下西洋，取宝玉，道所经，辄恣横，室庐不宁。”[④]其三，征调兵丁及各类从业人员，如《都公谈纂》：“太监郑和以朝命将采宝西洋，毛以医士当行。”[⑤]又如《西洋番国志》载：“始则预行福建、广、浙，选取驾船民梢中有经惯下海者称为火长，用作船师。”浙江百姓常年出海，对海洋熟知，故在下西洋中多为征用。其四，作为停靠港口，供船队修整。《王百穀集十九种》：“夜泊宁波西门……包参军庸之来与同饭，闻其家江楼绝胜，出东门，渡江过其家……下俯三江……孺谷指楼下桃花渡为永乐中太监三宝奴出西洋处，海舟征倭时，碇入水不可出。”[⑥]可知宁波曾作为下西

① 周钰森：《郑和航路考》，北京：中国航海技术研究会，1959年，第197页。

② 海洋海军测绘研究所、大连海运学院航海史研究室编：《新编郑和航海图集》，北京：人民交通出版社，1988年，第26页。

③〔明〕余学：《北轩集》，载四库全书未收书辑刊编纂委员会《四库全书未收书辑刊（第5辑）》第17册，第165页。

④ 万历《绍兴府志》，载《四库全书存目丛书·史部》第200册，第224页。

⑤〔明〕都穆撰、陆采辑：《都公谈纂》，载《续修四库全书》第1266册，第659页。

⑥〔明〕王稚登：《王百穀集十九种》，载《四库禁毁书丛刊·集部》第175册，第227页。

洋修整地或起航地。

综上所述，浙江在明时作为郑和下西洋重要的航海路线、港口及后勤物质、人员补充基地，为保证下西洋顺利进行提供重要保障，同时郑和下西洋也为浙江贸易发展提供便利，使得海外奇珍异宝等商品汇聚于此，各番国使船在此云集，促进了浙江经济的迅速发展。由于浙江常年与海外沟通，社会风气也沾有异域风俗，为研究当时的社会风俗提供重要依据。

三、郑和下西洋对浙江社会发展的影响

郑和下西洋是15世纪上半叶人类航海史上最伟大的壮举，比西方国家地理大发现早了一个世纪，对于沟通东西方国家之间的联系，促进政治、经济、文化、风俗等方面交流起到重要作用，浙江作为下西洋重要节点，对它的影响更为显著。

第一，郑和下西洋开创了浙江海外贸易发展的新时期。浙江地处沿海地区，早在唐宋时期，即依靠港口便利发展海洋经济，至明朝由于下西洋契机，促进浙江政治地位提升，贸易成交量提高，商业发达，技术先进，文化开放，使浙江迎来新的发展。

第二，郑和下西洋便于浙江东西方文化交流融合。由于下西洋促进人员之间的互相往来，异域商人、文人等云集浙江，带来海外不同的先进技术和文化，同时浙江作为下西洋人员补给重要基地，也促进了浙江文化“走出去”，两种文化互相碰撞、交融，从而形成开放、包容、大气的社会风气。

第三，为浙江商品贸易发展提供广阔空间，同时扩大市场规模。由于封建国家性质，明实行海禁政策，禁止私人贸易，而郑和下西洋正是以官方贸易代替私人贸易，浙江处于贸易发展的前沿，加之明朝沿海省份最早开始出现资本主义萌芽的“机户”和“机工”，为商品经济发展提供便利，其生产各种丝织品、茶叶等销往海外，同时将海外商品运输到国内，使得浙江商品市场更加广大。

第四，浙江政治地位显著提升。郑和下西洋航行路线使得浙江绍兴、舟山、宁波等地成为重要的航海枢纽或港口，其政治意义更加重大，为保

障航海任务的顺利进行提供了有利支持。

同时我们也应看到郑和下西洋对浙江造成一定负面影响。首先，为保证下西洋人员齐备，强征百姓，“太监郑和以朝命将采宝西洋，毛以医士当行。因献郑此器，欲祈其免”[①]，以及掠夺钱财，“中官郑和下西洋，取宝玉，道所经，辄恣横，室庐不宁”[②]等，造成社会不稳定因素增加。其次，由于下西洋所奉行的朝贡贸易，不计经济利益，发行宝钞，造成浙江货币市场混乱，铜币外流，物价上涨，宝钞贬值。再次，由于明统治者推行“贡使相望于道”，造成一些使者横行乡里，有恃无恐。政府对使臣的特殊优渥，要求“远人来归者，悉抚绥之，俾各遂所欲”[③]，给贫苦农民带来灾难。最后，在海外贸易方面，由于贡赐贸易政策，浙江在外货关税方面给予优惠，对地方经济发展造成负担。

浙江作为郑和下西洋重要航行路线和海港，发挥了重要作用，虽然郑和航行只是中国航海史上昙花一现的奇葩[④]，但它对浙江之后的政治、经济、文化、贸易发展起到延续性影响，在文化交流方面成为一面镜子[⑤]。同时，浙江的发展与郑和下西洋之间是一种互生、互存的关系，不仅影响了浙江人的日常社会生活，而且海洋还成为连接浙江与海外之间的桥梁，是人类征服海洋的伟大尝试。

---

① 万历《绍兴府志》，载《四库全书存目丛书·史部》第200册，第224页。

②〔明〕都穆撰、陆采辑：《都公谈纂》，载《续修四库全书》第1266册，第659页。

③《明宣宗实录》（影印本）卷五十八，台北：“中央研究院”历史语言所校勘影印，1962年。

④ 闫亚平、纪宗安：《郑和下西洋未能带动中国发展原因探究》，载《内蒙古社会科学（汉文版）》，2007年第6期，第112—115页。

⑤ 郑和下西洋停止后，明政府实行海禁政策，禁止私人海外贸易，对浙江经济发展造成阻碍，但其社会底蕴受海外文化影响，这也是明清之后江浙成为经济发展中心的原因。

On Zheng He's Relations between the West and Zhejiang

Sun Liandi
(Hebei GEO University College of Marxism, Shijiazhuang, China)

Abstract: Zheng He's voyages to the western world were a major event in the history of world civilization and a great attempt to conquer the sea, the pinnacle of China's maritime history. Zhejiang is as an important route of Zheng He's voyages and many sailing port location, from the historical records and ancient cultural relics of Tang Shan, Zhejiang deposit, Lantau, hill, East Mount Holyoke, Kawa Yama and so on; At the same time, Zhejiang is as an important supply base under the western logistics, goods supply, entourage Ritchie etc., provide an important guarantee for the smooth voyage; Zheng He's voyages to the West also provided a good opportunity for Zhejiang's political, economic, cultural, trade and diplomatic development. The two countries developed together in a symbiotic and symbiotic environment.

Keywords: Zheng He's voyages to the western world; oceanity; motive; traffic channel; Zhejiang

黎族先民的南海航行文化[①]

陈　强　黎珏辰[②]

【内容提要】海南黎族先民的南海航海文化是新石器时代晚期黎族先民在南海航海活动中创造的蕴含物质成果、精神成果和制度成果的独特的航海文化。这一文化的物质成果体现为黎族先民为进行南海航海和海上捕捞，所发明的竹木筏、独木舟等漂浮工具以及渔网、网坠等捕捞工具，所捕捞的海产品，以及在西沙和南沙群岛上留下的陶罐、陶甑、陶网坠、陶瓮棺、有肩石器、石斧等生产和生活用具的遗物。这一文化的精神成果体现为黎族先民的理性精神、开拓进取精神、探索精神、冒险精神和智慧。这一文化的制度成果体现为黎族先民的渔业生产制度和海洋生活制度。包含了黎族的中华民族最早发现和利用西沙和南沙群岛，这是我国的南海主权形成的肇始，是我国对西沙和南沙群岛拥有所有权的一个重要历史依据，有利于我国南海主权的维护。

【关键词】海南；黎族先民；南海航海文化

笔者发表于《海洋文化研究（第 2 辑）》的文章《海南航海文化史之源头探索》指出，中央民族大学历史系教授、考古学家王恒杰先生 1991 年赴西沙群岛的考古调查[③]以及 1992 年、1995 年两次赴南沙群岛的考古调查[④]的成果证明，早在新石器时代晚期，海南黎族先民就已远航，登上

---

① 基金项目：2023 年度海南省高等学校科学研究项目“海南黎族融入现代社会与发展变迁研究”（项目编号 Hnky2023-38）、2023 年度海南省哲学社会科学规划课题“海南海洋治理现代化与南海开发利用研究”（项目编号 HNSK(YB)23-59）。

② 作者简介：陈强，三亚学院社会学教授，博士；黎珏辰，三亚学院艺术学教授，硕士。

③ 王恒杰：《西沙群岛考古调查》，载《考古》，1992 年第 9 期。

④ 王恒杰：《南沙群岛考古调查》，载《考古》，1997 年第 9 期。

了西沙群岛和南沙群岛。

黎族先民最初应是来到南海海边，浩瀚无垠的蔚蓝海洋让黎族先民感到好奇和激动，于是涉水嬉戏。在发现海洋里丰富的动植物资源后，黎族先民利用自己所发明的各种漂浮工具和渔具，开始在南海近海从事渔业资源捕捞，成了渔民。经过了很长一段时期的近海捕捞，一些黎族先民已不满足于近海捕捞的收获，他们通过理性思考判断远海有数量更多、品种更丰富的渔业资源，从而产生了赴远海进行捕捞的想法。此外，一些黎族先民面对茫茫无际的神秘南海，产生了去探索、去发现、去创造（新生活）的冲动和愿望。于是，一些勇敢的、有冒险精神的黎族先民开始利用漂浮工具（应为独木舟），向远海出发。历经无数次失败和万难，牺牲了众多鲜活生命之后，终于有人成功抵达西沙群岛和南沙群岛（当然这带有一定的偶然性，起初西沙和南沙并非他们的目的地，只是随洋流漂到了那里，自然而然地上岸而已），在那里进行捕捞，甚至定居，成为岛上的居民。王恒杰先生在西沙和南沙群岛考古发现的新石器时代晚期文化遗址和遗物应为这些黎族先民所留。

一、黎族先民南海航海文化包含的内容

新石器时代晚期黎族先民在南海航海活动中创造了蕴含物质成果、精神成果和制度成果的独特的南海航海文化。笔者认为，黎族先民的南海航海文化主要包含以下内容。

（一）物质成果

黎族先民为进行南海航海和海上捕捞，发明了竹木筏、独木舟等漂浮工具以及渔网、网坠等捕捞工具，捕捞了各种各样的海产品。黎族先民登陆和居住于西沙和南沙群岛，在岛礁上留下了陶罐、陶甑（陶制炊器）、陶网坠、陶瓮棺、有肩石器、石斧等生产和生活用具的遗物。这些都属于黎族先民的航海文化的物质成果。其中的黎陶[①]具有几千年的历史和深厚

① 传统的黎陶制作过程非常讲究，包括选土、制坯、晾晒、烧制等多个环节。

的文化内涵。这项技艺不仅承载着黎族人民的智慧与创造力，同时也是海南岛非物质文化遗产的重要组成部分。

图1　海南昌江黎族妇女烧制陶器（笔者摄）

（二）精神成果

黎族先民的南海航海文化的精神成果包括理性精神、开拓进取精神、探索精神、冒险精神和智慧。

1. 理性精神

黎族先民是具有理性精神的一个群体。德国古典哲学家康德认为，理性精神是指人们思考和理解现实世界的能力，以及通过思考来做出合理行动的能力。①生活于南海边的黎族先民首先观察到岸上有很多被海浪冲刷上来的海产品，他们尝试用来充饥，发现味道还不错，而且能补充身体所需的能量。他们进而联想到海洋蕴藏丰富的海产品，于是发明漂浮工具和捕捞工具，展开近海捕捞。而近海捕捞进行了很长一段时间后，他们已不满足于近海捕捞的收获，认为远海的水产资源不论是品种，还是数量，都

黎族人通常会选择优质的黏土作为原料，通过手工搓揉、拍打等方式制作成陶坯。晾晒过程中，需要避免阳光直射和雨水浸泡，以确保陶坯的干燥和坚实。烧制则通常在露天的陶窑中进行，高温烧制后，陶器才会变得坚硬耐用。

① Emmanuel Kant, *Théorie et pratique* (1793), trad. L. Guillermit, Éd. Vrin, 1990, p.39.

会比近海更多，于是产生了前往远海捕捞的想法，并付诸行动。黎族先民的一步步行动，充分体现了人类的理性精神。也正因为理性精神，人类区别于其他动物。要知道，其他动物是不会像人类那样，进行近海航行捕捞乃至远海航行捕捞的，原因在于它们缺乏理性精神，不会思考，只会凭着与生俱来的本能而行动。

此外，黎族先民认为远海世界值得自己去探索和发现，出去闯荡有创造新生活的机会，这也是经过理性思考后做出的判断，体现了一种理性精神。

2. 开拓进取精神

生活于南海边的黎族先民具有很强的开拓进取精神。他们不满足于近海捕捞的收获以及海边的生存空间，进行南海远航，以获得品种更丰富、数量更多的海产品，同时开拓新的生存空间，寻求新的发展机会，创造新的生活。康德认为，人的理性精神会使人意识到自己对自己应尽的责任和义务，促使人自我提高，自我完善，从而开拓进取。①

生活于南海边的黎族先民富有探索精神。在他们眼里南海的无限性让他们认识到了自身的有限性，进而激发出了他们通过航海突破自身的有限性，并探索南海的无限性的欲望。著名德国古典哲学家黑格尔在其著作《历史哲学》中认为："大海给了我们茫茫无定、浩浩无际和渺渺无限的观念；人类在大海的无限里感到自己的无限的时候，他们就被激起了勇气，要去超越那有限的一切。"②

再者，在他们眼里，南海是一个美轮美奂的神秘的蔚蓝存在物，是一个巨大的深藏无穷无尽宝物的蓝色世界，这激起了他们的好奇心和想象力。他们试图通过航海探索南海的奥秘，见证南海的瑰丽。古希腊哲学家亚里士多德提出过一个著名的观点：哲学起源于惊奇③。他认为，人们最

---

① Emmanuel Kant, *Théorie et pratique* (1793), trad. L. Guillermit, Éd. Vrin, 1990, p.41.

②〔德〕黑格尔：《历史哲学》，北京：三联书店，1956 年，第 135 页。

③ Jostein Gaarder, *Le monde de Sophie*, trad. H. Hervieu et M. Laffon, Éd. du Seuil, 1995, p.430.

初开始思考是因为被某些事物所震撼，感到惊讶和不解。这种惊奇可能源于自然现象、人类行为、道德伦理等问题。这个观点揭示了人类思考和探索的本能，以及对未知世界的敬畏和好奇。人类学家认为人有想象力是人区别于其他动物的一个重要原因的说法是正确的。

著名英国人类学家爱德华·泰勒在其著作《原始文化》中提出了“人拥有想象力是人区别于其他动物的一个重要原因”这个观点。①在他看来，人类的想象力使得人类能够超越当下的现实，构建起抽象的概念和符号系统，从而推动文化的发展。通过想象力，人类能够创造出象征、艺术、宗教等抽象的文化形式，并将其传承和传播给后代。这些文化形式和意义的创造不仅是人类的本能，也是人类文化多样性的来源。②

3. 冒险精神

生活于南海边的黎族先民具备冒险精神。南海航海，天气变化莫测，经常有极端天气，随时遭遇狂风巨浪，而黎族先民的漂浮工具（竹木筏或独木舟）较为简陋，容易被巨浪打翻，茫茫大海上人容易迷失方向，此外，长途航行，饮水和食物都难以保证，很容易生病。这些因素叠加起来，意味着南海航海是危险之旅，很可能是夺命之旅。然而，黎族先民毫不畏惧，毅然决然地开启了南海航海，驶向远方。其中，应该有不少人发生不测，葬身海底，而其他人没有退缩，而是化悲痛为力量，继续前行。黑格尔在《历史哲学》中认为：海洋“这片横无边际的水面是绝对地柔顺的——它对于任何压力，即使一丝的风息，也是不抵抗的。它表面上看起来是十分无邪、驯服、和蔼、可亲；然而正是这种驯服的性质，将海变作了最危险、最激烈的元素。人类……所依靠的完全是他的勇敢和沉着。”③

4. 智慧

生活于南海边的黎族先民具有非凡的智慧。他们知道远海比近海有品

①〔英〕爱德华·泰勒：《原始文化》，连树声译，桂林：广西师范大学出版社，2005年，第428页。

② 同上，第429页。

③〔德〕黑格尔：《历史哲学》，北京：三联书店，1956年，第135页。

种更丰富、数量更多的海产品，制造了适于远航的漂浮工具（竹木筏或独木舟）和捕捞工具，掌握了海上导航技术（包括星星导航、星座导航、太阳导航，以及观察风力、海流、鸟类飞行、树枝漂流等自然现象的变化，用于导航），学会解决远航过程中的各种难题（恶劣天气、迷航、食物和淡水紧张、生病、晕船、生活不便等）。登陆西沙和南沙群岛以后，他们的聪明才智也帮助他们解决了岛上居住遇到的各种问题，建了住所，寻找淡水，植树绿化，使他们顺利地从事渔业生产。黑格尔在《历史哲学》中指出：人类“仅仅靠着一叶扁舟……便是这样从一片巩固的陆地上，移到一片不稳的海面上，随身带着他那人造的地盘——船——这个海上的天鹅，它以敏捷而巧妙的动作，破浪而前，凌波以行。这一种工具的发明，是人类胆力和理智最大的光荣。”[①]

（三）制度成果

黎族先民的南海航海文化的制度成果包括渔业生产制度和海洋生活制度。

1. 渔业生产制度

生活于南海边的黎族先民靠海吃海，形成了一套渔业生产的制度。他们首先在近海捕捞，后不满足于近海捕捞的收获，进行远航，到远海捕捞，登陆西沙和南沙群岛之后，在岛上从事渔业生产。我们可将黎族先民的渔业生产视为一种海洋经济。

美国经济学家查尔斯·科尔根认为海洋经济是“生产过程依靠海洋为投入的经济活动，或在地理位置上发生于海上或海面以下的经济活动”[②]。美国经济学家朱迪斯·卡尔豆则认为“海洋经济是指提供产品和服务的经济活动，而这些产品和服务的部分价值是由海洋或其资源决定

---

①〔德〕黑格尔：《历史哲学》，北京：三联书店，1956 年，第 135 页。

② Charles S. Colgan, *A Paper from National Governors Association Center for Best Practices Conference, Waves of Change: Examining the Role of States in Emerging Ocean Policy*, Oct. 22, 2003.

的”[①]。而美国海洋政策委员会的《美国海洋政策要点与海洋价值评价》将海洋经济定义为“直接依赖于海洋属性的经济活动，或在生产过程中依赖海洋作为投入，或利用地理位置优势，在海面或海底发生的经济活动”[②]。

杨金森研究员是中国较早界定海洋经济概念的学者之一，他在1984年发表的论文《发展海洋经济必须实行统筹兼顾的方针》中提出：“海洋经济是以海洋为活动场所和以海洋资源为开发对象的各种经济活动的总和。”[③]经济学者杨克平在其1985年发表的论文《试论海洋经济学的研究对象与基本内容》中认为：“海洋经济活动是指人类以大海及其资源为劳动对象，通过一定形式的劳动支出来获取产品和效益的经济活动。”[④]经济学者权锡鉴则在其1986年发表的论文《海洋经济学初探》中认为：“海洋经济活动是人们为了满足社会经济生活的需要，以海洋及其资源为劳动对象，通过一定的劳动投入而获取物质财富的劳动过程，亦即人与海洋自然之间所实现的物质变换的过程。”[⑤]

从以上论述可知，海洋经济的本质是人类为了满足自身需要，利用海洋空间和海洋资源，通过劳动获取物质产品的生产活动。黎族先民的渔业生产完全符合海洋经济的本质。不过，黎族先民的渔业生产属于远古海洋经济。范英、江立平主编的《海洋社会学》指出：“在人类历史长河的早期阶段，人类逐水而居，海洋成为人类的必然选择之一。生活在沿海地区的原始人，很早就开始和海洋发生着种种密切的联系。他们或者下海捕鱼，或者沿着海滩采拾海贝，以便从大海中汲取一切可以利用的资源”[⑥]，远古“海洋经济的基本特征是：人们依赖简陋的工具，向海洋夺

① 范英、江立平主编：《海洋社会学》，广州：世界图书出版广东有限公司，2012年，第235页。

② 同上，第235页。

③ 同上，第235页。

④ 杨克平：《试论海洋经济学的研究对象与基本内容》，载《中国经济问题》，1985年第1期。

⑤ 权锡鉴：《海洋经济学初探》，载《东岳论丛》，1986年第4期。

⑥ 范英、江立平主编：《海洋社会学》，广州：世界图书出版广东有限公司，2012年，第244页。

取鱼、盐等基本生活资料，活动范围限于近岸和浅海水域”①。远古人类涉海捕捞的范围确实一般局限于近岸和浅海水域，而黎族先民则突破了这一范围，达到了远海水域，这体现了他们的智慧、胆魄和勇气。

需要指出的是，黎族先民的海洋经济是比较简单的，只是为了满足生活所需，而不涉及海洋贸易和获取利润。

2. 海洋生活制度

生活于南海边的黎族先民热爱生活，形成了一套海洋生活制度。在渔业生产之余，他们以海为家，享受临海而居的生活，欣赏滨海美景和大海的浩瀚，对大海充满好奇心和想象力，大海的无限性也让他们感受到自身的有限性，于是萌生了通过航海探索南海奥秘，开拓新的生存空间，寻找新的发展机会，创造新的生活的愿望，并付诸实施。登陆西沙和南沙群岛之后，他们克服了各种困难，过上了岛民的另一种生活。

曾在太平洋诸岛进行长期田野调查的汤加人类学家埃佩利·霍法这样描述了太平洋诸岛原始土著的生活：“大洋洲由一大群海洋中的岛屿及其居民组成。我们祖先生活的世界是一大片海域，其中有许多地方可供他们探索、定居、繁衍后代，培养出一代又一代像他们一样的航海者。在这种环境下长大的人们无不以海为家。刚学会走路，就在海中玩耍，长大后则在海里谋生，在海上战斗。他们在自己熟悉的水域练就了高超的航海技能，培养了跨越宽阔海上鸿沟的勇气。”②埃佩利·霍法描述的太平洋诸岛原始土著的生活也基本适合于描述黎族先民的海边生活。

此外，他们有扩大社会交往网络的愿望，试图通过航海去结识更多的人群，拓宽自己的社交网。这也可以被视为一种生活制度。

二、黎族先民南海航海文化的性质特征

（一）黎族先民南海航海文化的性质

黎族先民生活于原始社会发展阶段，黎族先民的航海文化当属于原始

① 范英、江立平主编：《海洋社会学》，第245页。

② Epeli Hau’ofa, “The Sea of Islands”, *The Contemporary Pacific*, No.6, 1994, p.147.

社会发展阶段的航海文化，它是新石器时代晚期黎族先民在南海航海活动中创造的文化。它体现了原始先民的理性精神、对更好的生存发展方式和生活方式的追求、精神追求（探索新世界、发现新鲜事物、开阔眼界、增长见识）、精神特质（开拓进取、敢于冒险、勇敢、坚韧不拔、拼搏、奋斗、团结互助等）、聪明才智，以及较低的物质生产水平（制造简易的漂浮工具，将陶器、石器等初级简单的生产和生活用具带到西沙和南沙群岛使用，建造简易住所等）。

在太平洋诸岛进行了长期田野调查的澳大利亚人类学家、历史学教授尼古拉斯·托马斯（Nicholes Thomas）在其著作《航海者：太平洋上的人类迁徙壮举与岛屿文明》中指出："20世纪70年代在新几内亚高地发现的早期农业中心（以及世界其他地方的类似发现），对我们真正以多元化的视角理解人类历史上的经济、社会和文化创新具有决定性意义。大洋洲独特的生活方式（靠水而居，以海为家、跨海谋生）进一步强化了这种观点。威廉·丹彼尔等人认为岛民取得了惊人的航海成就，他们完全有资格如此评价。岛民尽管缺乏金属工具，却造出了'全世界最好的船'。大洋洲不但意味着一个独特的文明，它还作为一个有人定居的区域，体现了人类文化的多元性和多样性。"①黎族先民的航海文化与尼古拉斯·托马斯所讨论的大洋洲土著居民的航海文化类似，它们都是人类文化的重要组成部分，体现了人类文化的多元性和多样性。

（二）黎族先民南海航海文化的特征

黎族先民的南海航海文化具有以下四个特征。

1. 新石器时代晚期原始人类的航海探索

黎族先民的南海航海文化属于新石器时代晚期原始人类的航海探索。黎族先民使用了简单的船只（独木舟），进行南海航海。他们利用了季风和洋流作为动力，主要利用星象来导航。黎族先民具有很强的冒险精神，

①〔澳〕尼古拉斯·托马斯：《航海者：太平洋上的人类迁徙壮举与岛屿文明》，谢琨译，北京：北京燕山出版社，2022年，第195页。

不畏惧海洋上的各种风险和危险，在付出了许多代价之后，最终征服了南海，到达了西沙和南沙群岛。

2. 以海上捕捞、谋生为主要目的

黎族先民的南海航海活动以海上捕捞和谋生为主要目的。南海为黎族先民提供了丰富的食物资源（包括各种鱼类、贝类、海藻等），成了黎族先民的天然食物仓库。黎族先民使用船只进行海上捕捞，可以远离海岸线，深入海洋去捕捞更多的海产品。海上捕捞对于黎族先民的谋生非常重要。通过海上捕捞，黎族先民也积累了海洋知识和经验，熟悉了海洋环境和气候条件，掌握了判断鱼群迁徙和捕捞时机的技巧，进一步完善了捕捞技术，提高了谋生能力。

3. 以探索海洋世界为次要目的

黎族先民的南海航海活动以探索海洋世界为次要目的。在那个时代，南海对黎族先民来说是未知而神秘的领域，航海提供了一种探索和发现新领域的机会。黎族先民通过航海探索，可以发现新的岛屿、海岸线等地理特征。这为他们提供了新的定居点和资源采集地的可能性，丰富了他们的生活领域。航海探索还有助于黎族先民了解海洋的生态系统、动植物物种和海洋气候等方面的知识。他们观察和记录海洋中的各种生物、海流、潮汐等现象，不断积累关于海洋世界的经验和知识。此外，黎族先民的航海探索给他们提供了接触其他地区的人群及其文化，进行交往和交流的机会。

4. 与中国的南海主权的起源密切相关

黎族先民的南海航海与中国的南海主权的起源密切相关。黎族是中国南方的一个民族，其传统的南海航海文化与中国在南海地区的主权和历史联系有深厚的渊源。黎族先民通过南海航海，发现了西沙和南沙群岛，并登岛居住，从事渔业生产，成为这两个群岛的最早主人。黎族先民的南海航海活动以及黎族先民在西沙和南沙群岛的存在和活动，为中国对南海的主权主张提供了历史依据。

三、黎族先民的南海航海文化的现实意义

考古学家王恒杰教授的西沙和南沙群岛考古调查成果，证明了新石器时代晚期海南岛黎族先民最先发现、最早来到和居住于西沙和南沙群岛，是这些群岛的最早的主人。他的考古成果得到了我国政界、军界和学界的认可和赞誉，获得了“南沙考古第一人”的美誉和“南沙卫士”的称号。

最早发现和利用西沙和南沙群岛是黎族先民的航海文化的重要内容。它说明了包含了黎族的中华民族最早发现和利用西沙和南沙群岛。这是我国的南海主权形成的肇始，是我国对西沙和南沙群岛拥有所有权的一个重要历史依据，有利于我国南海主权的维护。根据国际法，确定一个地方的主权归属需要根据四个要素：最早发现、最早命名、最早开发、历史上曾持续进行行政管辖。黎族先民最早发现、最早开发西沙和南沙群岛，这就满足了四个要素中的两个。

1980年我国外交部发布了题为《中国对西沙群岛和南沙群岛的主权无可争辩》的文件，其中提到：“西沙群岛和南沙群岛，是中国南海诸岛中两个较大的岛群，它们和东沙群岛、中沙群岛一样，自古以来就是中国的领土”[①]，“早在公元前两世纪的汉武帝时代，中国人民就开始在南海航行。中国人民通过长期的航海实践，先后发现了西沙群岛和南沙群岛”[②]。1988年我国外交部发布了《关于西沙群岛、南沙群岛问题的备忘录》，其中提到：“早在公元前二世纪的汉武帝时代，中国人民就先后发现了西沙群岛和南沙群岛，并陆续来到这两个群岛，辛勤开发和经营”[③]。2016年中国政府发布了《关于在南海的领土主权和海洋权益的声明》，其中提到：“中国南海诸岛包括东沙群岛、西沙群岛、中沙群岛和南沙群岛。中国人民在南海的活动已有2000多年历史。中国最早发现、命名和开发利用南海诸岛及相关海域，最早并持续、和平、有效地对南海诸岛及

---

① 中华人民共和国外交部文件《中国对西沙群岛和南沙群岛的主权无可争辩》，1980年1月30日。

② 同上。

③ 中华人民共和国外交部文件《关于西沙群岛、南沙群岛问题的备忘录》，1988年5月12日。

相关海域行使主权和管辖，确立了在南海的领土主权和相关权益。”①

1980年和1988年外交部先后发布两个文件时，王恒杰先生尚未前往西沙和南沙群岛进行考古调查并发表考古成果，因此“早在公元前两世纪的汉武帝时代，中国人民就开始在南海航行，先后发现了西沙群岛和南沙群岛”这样的说法是可以理解的。而王恒杰1991年赴西沙群岛考古，1992年、1995年先后两次赴南沙群岛考古，1992年、1997年在考古界权威刊物《考古》先后发表论文《西沙群岛的考古调查》《南沙群岛考古调查》之后，我国政府理应吸纳王恒杰的考古成果，更新关于我国人民发现、开发和利用西沙和南沙群岛的最早时间的说法。也就是说，我国人民发现、开发和利用西沙和南沙群岛的最早时间是新石器时代晚期黎族先民发现、登陆和居住于西沙和南沙群岛的时间。这显然更有利于我国南海主权的维护。

结语

海南黎族先民的南海航海文化包含了丰富的物质财富、精神财富和制度财富，是我国海洋文明的瑰宝和重要组成部分。黎族先民在南海的航海活动见证了我国海洋文化的源远流长，展现了黎族先民与海洋的紧密联系。这一航海文化为我国南海主权提供了有力的历史证据，对于当前南海领土争端的解决具有重要的史料价值。这一航海文化也为我国海洋事业的发展提供了丰富的精神资源。在新时代背景下，弘扬这一文化，有助于提升全民族的海洋意识，推动海洋经济的繁荣发展。

① 中华人民共和国政府《关于在南海的领土主权和海洋权益的声明》，2016年7月12日。

The South China Sea Maritime Culture and Practical Significance of the Ancestors of the Li People in Hainan

Chen Qiang Li Juechen

(School of Sociology, Sanya College, Sanya, China)

Abstract: The South China Sea navigation culture of the ancestors of the Li people of Hainan is a unique maritime culture containing material, spiritual and institutional achievements created in the late Neolithic period in the South China Sea navigation activities. The material achievements of this culture are embodied in the bamboo rafts, canoes and other floating tools invented by the Li ancestors for navigation and sea fishing in the South China Sea, as well as fishing tools such as fishing nets and net sinkers, and the seafood fished, as well as the relics of production and living utensils such as clay pots, pottery retorts, pottery net pendants, pottery urn coffins, shoulder stone tools, stone axes and other production and living utensils left on the Xisha and Nansha Islands. The spiritual achievements of this culture are embodied in the rational spirit, pioneering spirit, exploration spirit, adventurous spirit and wisdom of the Li ancestors. The institutional achievements of this culture are embodied in the fishery production system and marine life system of the Li ancestors. The Chinese nation, which includes the Li nationality, was the first to discover and use the Xisha and Nansha Islands, which is the origin of the formation of China's sovereignty in the South China Sea, and is an important historical basis for China's ownership of the Xisha and Nansha Islands, which was conducive to the maintenance of China's sovereignty in the South China Sea.

Keywords: Hainan; ancestors of the Li people; South China Sea maritime culture

近代西欧船医的医疗物资准备论略[①]

张兰星　曾祥敏[②]

【内容提要】近代西方兴起大航海活动，在远洋船舰起航前，船医们的重要工作之一就是做好医疗物资的准备。在当时经费有限、管理落后的情况下，西欧船医尽量克服困难，认真准备各种医疗器械及必备药品，这为远洋航行的顺利开展提供了必要保障，也为史学者还原当时的航海活动及医疗情况提供了参考。

【关键词】近代；西欧；船医；医疗；准备

船医即船舰上的医生，近代西欧船医以外科医生为多。上古、中古时期的西欧可能已经出现船医，但相关证据偏少，尚待探讨。随着地理大发现、大航海活动开展，西欧远洋风帆船上开始配备专业船医，他们不但要照顾船舰上的病患，还要与航海疾病、热带病、流行病博弈，他们是近代航海活动的主体之一，为海洋史、医学史上的特殊人群。为了保障航海活动正常开展，以及获得航行成功，船医们必须在起航前做好各种医疗物资准备（包括药箱、药具、药品等）。相关问题国内外史学界均缺乏专门论述，遂值得整理、归纳和探讨[③]。

---

① 项目基金：2023年国家社科基金一般项目“近代西欧船医研究”（项目编号23BSS028）；四川师范大学南亚人文研究中心2024年度项目“近代葡属印度贸易研究”（项目编号2024NYYB001）。

② 作者简介：张兰星，历史学博士、博士后，四川师范大学历史文化与旅游学院副教授，川师大世界发达国家历史研究中心主任，川师大区域国别研究院客座研究员；曾祥敏，历史学博士，西南交通大学外国语学院教授。

③ 中文学术圈缺乏世界船医史、近代航海医学发展的相关研究。国外史学界，特别是英国、荷兰等近代海洋强国对此问题有所研究，但专门阐述、系统归纳西方船医史发展的论著仍然比较少，相关探究还可以深入下去，比较有代表性的著作有：R.

一、近代船医的采买费与相关规定

在近代，如果要为远航医疗做准备，船医就需要一定费用，然后进行采购，将相关物品整理好，存放于船上医疗室或随身医药箱中。

最初，荷东公司仅向船医提供药品，不提供医疗器械。1630 年，“十七人委员会”提出，船医可以自己准备器械。一般来说，荷东公司在起航前会提前向船员支付薪酬（前两个月），对于船医，公司更是提前支付前三个月工资，目的就是补助他们购买药具的费用。到了 1656 年，“十七人委员会”又规定，公司应该为船医准备更多器械，供其赴亚洲前租用或购买。

从英王查理一世（1600—1649 年）起，英国官方都拨款给外科医生，用于配备医疗箱。1781 年，高级外科医生可获 62 英镑的采购费。但对于船医来说，这笔采购费绝对不充裕，难以购买足够的药具药品（供远航使用）。有些时候，船医还得不到这笔采购费。鉴于此，船医只能买些便宜药品，甚至有些是低劣用品。总的来说，英国海军拨付给船医的经费比较少。在 18 世纪，一套外科用具的价格为 18—25 几尼（1 几尼约为 1 英镑）。一名船医的月薪为 5 英镑，船助的月薪为 2—5 英镑，如果要自己掏钱准备用具用品，确实比较昂贵。1805 年以后，英海军开始负担航行中的药品开支，但船医仍然需要自己买药具（医疗器械）。与此相对，英国陆军当时已经为军医负担所有开支。

在 18 世纪的英国，药剂师行会（行会药店）基本承包了海军药具药品的供应，船医必须到药店买器具买药。一些外科医生抱怨，他们可以在其他地方以更低价格买到这些东西，为什么上级必须指定地方。在行会药

S. Allison, *Sea Diseases: The Story of A Great Natural Experiment in Preventive Medicine in the Royal Navy*, London: John Bale and Staples Limited, 1943; Joan Druett, *Rough Medicine: Surgeons at Sea in the Age of Sail*, New York: Routledge, 2000; D. Schoute, *Occidental therapeutics in the Netherlands East Indies during Three Centuries of Netherlands Settlement (1600-1900)*, Batavia: Netherlands Indian Public Health Service, 1937; Iris Bruijn, *Ship's Surgeon of the Dutch East India Company: Commerce and the Progress of Medicine in the Eighteenth Century*, Leiden: Leiden University Press, 2009 等。

店，相关药品的价格很高，比如“耶稣会树皮”（Jesuit's bark[①]）这种药的进价只有3先令，行会药店就要卖20先令。

行会药店不但垄断供应，还控制回购（收）业务。有船医提到，出发前他们在药店高价买药，归航后未使用的药品还被药店低价回购，药剂师们从中获利不少。18世纪末，军舰“埃德加号”（Edgar）的船医谈到，其出发前买药用了302英镑，航行过程中仅使用了价值148英镑的药品，还剩余价值153英镑的药品。接着他又强调，剩余的医疗用具价值17英镑，药品价值64英镑，共81英镑。于是有学者猜测，或许该船医将剩余药具药品退给药店后，只收回81英镑，损失了72英镑，或者说被药店赚走72英镑[②]。

荷东公司在少数大型船舰上设有医务室，并在房间中配备医疗用具、药剂、药草、处方单等物件。船医抵达好望角、巴达维亚以及返回欧洲后，都要整理、清理医务室，记下并报告其使用情况。荷东公司各分部也要检查相关汇报。1784年，霍恩分部一级船医约翰内斯·威尔沃尔特（Johannes Verwoert）提到，他对公司提供的医务室非常满意。

在近代，有医务室的船舰着实不多，更多船医仅是随身携带医疗箱（或称急救包），遂准备、保管、整理医疗箱成为他们最重要的任务之一。1682年，荷东公司“十七人委员会”规定，船医必须认真打理自己的医疗箱，以便随时治病救人。1798年7月，美国国会曾通过一项法案，规定：凡属于美国公民的、150吨吨位及以上的及载有10人及以上的船舰，必须配备医药箱，箱中应该有常见急救药物药具；每年，药剂师都要定时检查这些药物药具，及时更换过期的药品；如果船主、船长不清楚这些药品的服用须知，则需要花钱咨询医生，以获得这些急救药的使用方法。1805年，该法案被修订，其规定：凡属美国（公民）的、75吨吨位及以上的、载有6人及以上的且在西印度海域活动的船舰，都要准备医药

① 产于南美洲秘鲁，由金鸡纳皮制成，可以治疗热病。1632年，由耶稣会传教士带回欧洲。参见 John Scoffern, *Chemistry No Mystery*, London: Arthur Hall, 1853, p.277.

② R. S. Allison, *Sea Diseases: The Story of A Great Natural Experiment in Preventive Medicine in the Royal Navy*, London: John Bale and Staples Limited, 1943, p.122.

箱[①]。也即是说，美国人认为，即便船舰上没有船医，也必须要有医药箱。1874 年，美国相关法案再次被修改，明确规定船舰医药箱应该准备哪些东西，比如纱布、牙钳、止血带、导管、剪刀、针线、绷带等[②]。

就保管医疗箱而言，情况分两种：其一，船医始终自己准备、保管医疗箱；其二，船医登船前收拾好医疗箱，然后进行封存，登船后再次打开。据 1731 年英海军规定，船医准备好医疗箱后，就上交给海军，由理发师外科医生行会[③]封存，登船后方可打开[④]。荷东公司则规定，医疗箱由船医保管，但箱子钥匙由船长保管，起锚后，在大副和相关人员的监督下，共同打开医疗箱。在起航前，有些地区的专业机构还要检查（抽查）医疗箱。其目的有两个：确保船医带上足够的药具药品；防止船医在登船前将药具、药品卖掉赚钱。曾经有船医在登船前私自打开医药箱，将其中贵重药品卖掉，换成便宜的替代品。法国东印度公司的船医经常这么干。后来，法国船长干脆自己保管医疗箱（及钥匙），直到船舰起航后才将其移交给船医。在 19 世纪以前的英国，理外行会负责检查船医的药箱。1715、1795 年，该监督工作曾两度由格林威治医院承担。1800 年，英国皇家外科医学院负责检查船医的药箱。

二、船医们准备的医疗器械

无论医务室还是医疗箱，船医在登船起航前，都要做足准备，不然将造成严重后果。这些准备包括医疗器械及各种药品两大类。船医伍德沃尔认为，船舶医务室或随身医药箱的用途可以用多个动词来描述，包括干燥、浸润、冷却、温暖、舒缓、摩擦、疏通等，具体地说："医务室、医

① Isaac Ridler Butts, *The U.S. Law Cabinet*, New York: H. Long & Brother, 1852, p.16.

② W. C. Rucker, "The Relation of the United States Public Health Service to First Aid", in Edward L. Munson, *The Military Surgeon*, Washington, D. C.: The Association of Military Surgeons of the United States, 1916, p.640.

③ 这两类人在漫长的中世纪及近代早期属于同一种行会。

④ Jose M. Gonzalez-Darder, *Trepanation, Trephining and Craniotomy: History and Stories*, Valencia: Springer, 2019, p.272.

药箱（船医）可以帮助船员去除不干净的体液；缓解不舒服的症状；去除内脏中的杂质；消融冰冷的体液；驱散脓包；清洁腐化的骨头；缓解牙齿疼痛等。”[①]1705 年 10 月，某船医记载船舶医务室中有如下这些物品：9 种软膏、13 瓶油酸、3 瓶鸦片酊、7 瓶泻药、2 瓶蜜剂、5 瓶蒸馏水、8 种草药、3 瓶散剂、15 瓶松脂、15 种矿物。另外还有各种药纸、灰浆、测量器械、药匙、（调配草药）平底锅、药品、灌肠用具、海绵、绳子、针头、亚麻布等工具[②]。

当现代考古学者打捞 16 世纪英国沉船“玛丽·罗斯号”（Mary Rose）的时候，发现了一个医疗箱，箱中有剃须盆、剃须刀、梳子、放血盆、木制软膏罐、锡制小罐、玻璃瓶、研钵、磨刀石、炭盆等物件。伍德沃尔谈到，船医应该随时检查手术器械：“如果要远航去东方，外科医生最好带 12 把手术用具，即 6 把普通用具、6 把特殊（功能）用具……。包括：剃须刀、环锯、锯子、镊子、木槌、镜子、各类治疗牙病的器械、蜡灯、探针、手术刀、药勺、玻璃杯、煎锅、漏斗、天平、甲板、火柴、空罐子等。”[③]伍德沃尔描述的不少器械沿用至今，只是材质有所改变。当然，也有器械已经过时，比如放血器械基本被淘汰。1779 年，圣·文森特爵士建议，外科军医（船医）应该随身携带一些（小）器械，以应对突发情况。后来，这逐渐变成一种行规，直到一战时期。1812 年，船医梅斯尔斯·伊万斯（Messrs Evans）的医疗箱中含以下器械：

截肢器械：2 把截肢刀、1 把弓形截肢锯、1 把掌骨锯、1 把双刃柳叶刀、动脉钳（数量不详）、2 打注射针、2 把持钩、6 捆螺旋止血带、1 对骨钳、1 对螺丝钉；

① 参见 John Woodall, *The Surgeons Mate*, Cham: Springer International Publishing Switzerland, 2016. 约翰·伍德沃尔（John Woodall，1570—1643 年）被称为英国近代船医之父。

② D. Schoute, *Occidental therapeutics in the Netherlands East Indies during Three Centuries of Netherlands Settlement (1600-1900)*, Batavia: Netherlands Indian Public Health Service, 1937, p.18.

③ John Woodall, *The Surgeons Mate*, Cham: Springer International Publishing Switzerland, 2016, p.34.

穿颅器械：3把环锯、锉刀（数量不详）、一对镊子、刷子（数量不详）；

引流器械：2把套管针、2根银制导管、2根橡皮导管；

牙科器械：牙龈切除刀（数量不详）、2把拔牙钳、穿孔器（数量不详）；

探查及小器械：1对探针剪、6把手术刀、长探针（数量不详）、2把取弹钳、取球勺（数量不详）、1把剃刀、1磅结扎线、1包针头；

放血器械：6把柳叶刀、串线针（数量不详）；

其他器械：2个灌肠注射器、1套铁夹板（用于脚伤）、12捆亚麻布、12捆绷带、20码止血带；

……[①]

1863年，海军外科船医J. 维斯（J. Weiss）及宋（Son）提到，他们随时携带以下医疗器械：弧形手术刀、普通手术刀、小手术刀、双刃柳叶刀、持钩、针、直剪、弹簧钳、动脉瘤针、探针、槽针、试管、女性导尿管、缝合针、丝线、银丝（针）等。

荷东公司为船医提供的器械包括：厚纸板、缝合线（丝制）、膀胱灌肠管、海绵、医用皮革、杵及研钵、注射器及针头、医用饮水杯、油杯、白锡杯（盛血及其他体液）、漏斗、（小）烧水壶、栓剂匙、平底锅、医用榔头、亚麻布等。一般来说，船医自己准备手术刀，公司不提供外科柳叶刀和剃胡刀。出于节省，绝大多数船医都去（荷东）公司仓库租借器械，待航行结束后再归还。泽兰的仓库总管提供了相关记载："'佩特罗勒纳·阿里达号'（Petronella Alida）的船医皮特·胡伊卡斯（Pieter Hooijkaas）完成远航后，归还了1个蒸馏器、一大一小平底锅、一大一小（号）注射器、1把公司专用比例尺。"[②] 1732年，约翰内斯·温克拉尔（Winkelaar）归还了1个蒸馏器、1个栓剂匙、1个带盖的平底锅、1把

① Jonathan Charles Goddard, "The Navy Surgeon's Chest: Surgical Instruments of the Royal Navy during the Napoleonic War", *Journal of the Royal Society of Medicine*, Volume 97, April 2004, p.191.

② Iris Bruijn, *Ship's Surgeon of the Dutch East India Company: Commerce and the Progress of Medicine in the Eighteenth Century*, Leiden: Leiden University Press, 2009, p.70.

杵、1 套研钵、1 个剃须盆、1 个漏斗、一大一小注射器、2 把医用锯子、5 个药罐、2 把柳叶刀、1 个一品脱的壶、1 个半品脱的壶、1 把比例尺、1 个滤网。“威廉·德·维夫德号”（Willem de Vijfde）的一级船医威尔赫尔梅斯·卡勒菲尔斯（Wilhelmes Callenfels）从仓库（租）借走 1 个蒸馏器、2 个平底锅、2 个盆子、1 个大注射器、1 个小工具箱（内有比例尺及秤）、2 个漏勺、3 个疝带、2 个剃须盆、6 个药罐、1 个一品脱烧杯、1 个半品脱壶、3 个马克杯、3 个石制研钵、3 把木杵、1 个铁匙。1767 年，“威尔曾号”（Velzen）的一级船医归还以下器械：1 个铜制蒸馏器、1 盒称量工具（比例尺及秤）、1 个锡制注射器、2 个锡制伤口注射器、1 个锡镴盆、6 个锡制杯、2 个锡壶、1 个 150 厘升的壶、1 个 75 厘升的锡壶、1 个锡漏斗、1 个铁制栓剂匙、1 个漏斗、3 个疝带、1 个医疗箱、1 把铁锁①。相比荷东公司，荷兰海军提供的医疗器械更多更复杂。1792 年 11 月，荷海军规定，向船医提供各种重要的医疗器械，包括弯剪、剃刀、柳叶刀、细长刀、探针、截肢钳、截肢锯、套管针、尿液管、环锯、止血带、动脉钳、针头、医用钩等。

总之，各时期西欧诸国船医准备的医疗用具不尽相同。尽管如此，仍然可以对其进行粗略分类。就用具形态而言，可分为针（比如：探针、注射针、缝合线）、管（导尿管）、罐、带、刀（手术刀、剪刀）、钻（环钻②）、盆、勺、锯、线（缝合线）、钳（拔牙钳）、钩、杯（吸疗杯）、布等。就用途而言，可分为手术器械（工具）、普通外科用具、内科器具等几类。除了要准备器械，船医还要随时为（某些）器械擦油，保证其不生锈，保持其锋利。由于中世纪外科医生与理发师同属一个行会，所以外科船医还必须准备理发剃须用具，包括梳子、剃须刀、围裙、剃须布、水壶、洗头盆等③。

---

① Iris Bruijn, *Ship's Surgeon of the Dutch East India Company: Commerce and the Progress of Medicine in the Eighteenth Century*, Leiden: Leiden University Press, 2009, p.70.

② 用在头盖骨上开圆洞。

③ John Woodall, *The Surgeons Mate*, Cham: Springer International Publishing Switzerland, 2016, p.38.

三、船医准备的药品

不管是医疗室还是医疗箱中，船医都必须准备各种药品（物）。据荷东公司相关资料反映，在其运作的200多年中（17—19世纪），基本药品变化不大（130多种），船医在这些药品的基础上开处方，进行治疗。其他西欧国家的情况也大致类似。船医准备的药品可分原料及成药两大类。

（一）原料

药品的原料又可以分为有机与无机两大类。有机药品包括草药、蜂蜜、各种有机粉末、蒸馏水、果酱、水果、浓缩果汁、树胶、树脂等。伍德沃尔在其著作《船医助手》中，列举了281种药物，其中有145种为草药，204种含有有机物。伍德沃尔承认，远航中很难保证有机药物的新鲜和有效，他列举了14种适宜携带的草药，包括迷迭香、薄荷、三叶草、鼠尾草、百里香、苦艾（酒）、水飞蓟、香蜂草、刺柏、蜀葵、辣根、除虫菊、白芷、聚合草等。19世纪的船医约翰·金（John King）携带的草药没有那么多，只有7种，它们为：甘菊、蓖麻（油）、亚麻籽、橄榄（油）、薄荷（香精）、大黄、没药。

表1　船医准备的（部分）有机原料

品种	当时的功用及其他
蓖麻油	蓖麻油可以用作轻泻剂[①]。
大黄（根）	大黄（根）用来治疗船员的肠胃病。
海葱（浆）	海葱（浆）用来祛痰和利尿。古希腊著名军医迪奥斯克里德斯（Dioscorides）曾经记载过这种草药[②]。

① Roberts Bartholow, *A Practical Treatise on Materia Medica and Therapeutics*, New York: D. Appleton and Company, 1879, p.469.

② G. P. Andrews, E. W. Jenks, eds., *Review of Medicine and Pharmacy, Vol.III*, Detroit: The Free Press, 1868, p.69.

（续表）

品种	当时的功用及其他
吉纳紫檀（kino）	吉纳紫檀是一种止血剂，有人患比较严重的痢疾时，可以使用该药[①]。
加拉藤（jalap）	加拉藤是一种比较安全的泻药，直到今天都在使用[②]。16 世纪，这种药草尚未传入英国。
苦艾（酒）	苦艾（酒）可以治疗胃病和头痛。后来，苦艾酒被证明有毒，有人认为著名画家梵·高可能就是喝了这种酒以后，导致精神错乱，割掉自己耳朵，寄给朋友[③]。
奎宁	奎宁提炼自秘鲁的金鸡纳树。1640 年，耶稣会传教士将其带回欧洲，用来治疗疟疾[④]。船医金提到："奎宁可以治疟疾。一般来说，遇到发热、腹泻等症状，我们首先让病患服用甘汞或吉纳紫檀，没有效果，便服用奎宁。此外，奎宁还可以治其他发热病、天花、斑疹伤寒等。该药的副作用是造成腹部疼痛，如果需要继续服用，可以加入一些鸦片酊。"[⑤]
没药	没药用来治疗口腔溃疡。
吐根（ipecac）	吐根的主要作用是催吐。16 世纪，吐根尚未被介绍到欧洲，当时催吐普遍用大戟属植物。1672 年，吐根由巴西引入到欧洲。1680 年，法国内科医生赫尔维休斯（Helvetius）用吐根制成药，来治疗痢疾，还申请了专利。1688 年，该药的配方被公开。有些船医用其治疗船员的胃痛、头痛。托马斯·多弗尔（Thomas Dover）是英国著名的"水银医生"（擅长用水银治病），他曾在布里斯托尔当了多年郎中。1708 年，当其 48 岁时，海盗船长伍德斯·罗杰尔斯（Woodes Rogers）邀请他登船担任船医。1709 年，海盗们袭击了瓜亚基尔港（Guayaquil），抢劫了一艘西班牙船。随后，他们遭遇瘟疫。多弗尔使出浑身解数（主要是为船员放血），拯救了 172 名船员（仅 8 人死去）。结束海盗生涯时，他发了一笔财。回到英国后，他继续研究秘密配方药，主治感

① Henry Beasley, *The Book of Prescriptions Containing 2900 Prescriptions*, Philadelphia: Lindsay & Blakiston, 1855, p.221.

② D. Chas. O'Connor, "Cathartic Drugs, Cough Syrup Drugs, Stomach Drugs...", *The National Druggist*, Vol.48, 1918, St. Louis: Henry R. Strong Publisher, 1918, p.488.

③ Kathleen Stokker, *Remedies and Rituals: Folk Medicine in Norway and the New Land*, St. Paul: Minnesota Historical Society Press, 2007, p.196.

④ George D. Crothers, *Elements of Latin for Students of Medicine and Pharmacy*, Philadelphia: F. A. Davis Company, 1907, p.105.

⑤ Joan Druett, *Rough Medicine: Surgeons at Sea in the Age of Sail*, New York: Routledge, 2000, p.61.

（续表）

品种	当时的功用及其他
	冒、咳嗽、失眠、风湿、胸膜炎、痢疾等，当时很多船医都认为他的药有效果，且购买它们。20世纪中期抗生素被发现后，医生们才逐渐弃用多弗尔的药剂。后来发现，其药剂中的主要成分就是吐根和鸦片。[①]
鸦片	很早以前，人们就知道鸦片有催眠和激发性欲的功效。大约公元前3400年，苏美尔人将罂粟称作Hul Gil，意思是“令人快乐的植物”[②]。公元前4世纪，希波克拉底留意到罂粟花的危险性，他提出，在用其治疗睡眠、止血、止痛或妇科病的时候，要谨慎使用。荷马描写了一种名叫“忘忧药”的药物，极有可能是以鸦片为原型的。另外，毒芹和鸦片被用在一种致命的药剂中，用来处决犯人[③]。公元前3世纪，古希腊植物学家特奥弗拉斯图斯（Theophrastus）就将罂粟提炼出来的物质称为“奥皮昂”（opion），也就是鸦片。公元前2世纪，（希腊化）本都王国（Pontus）国王米特里达特斯四世（Mithridates）就利用鸦片，发明了一种万能药，称“米特里达特”，由50多种原料配制而成，其中便有鸦片[④]。船医伍德沃尔也提到，“米特里达特”可以治疗恐水症（估计就是现在的狂犬病），肠胃不适，口腔溃疡，胃酸过重，肠梗阻，以及各种癣菌病。简言之，只要身体不适，都可以服用该药。船医托马斯·罗伯特森在其日记中提到：“鸦片可以减轻痛苦。”[⑤]
愈创木（树脂）	愈创木（树脂）可以用来治疗风湿。
樟脑（胶）	樟脑（胶）是一种麻醉剂，可以用来治疗感冒（鼻子吸入）。船医金提到，将鸦片与其混用，效果更好。船医托马斯·罗伯特森记载道：“樟脑丸和硝石混用，可以治疗慢性溃疡。”[⑥]

① William Osler, *Thomas Dover (of Dover's Powder) Physician and Buccaneer*, Baltimore: The Friedenwald Company, 1896, pp.1-18.

② Merrill Singer, *Something Dangerous: Emergent and Changing Illicit Drug Use and Community Health*, Long Grove: Waveland Press, 2006, p.36.

③〔美〕莉迪亚·康、内特·彼得森：《荒诞医学史》，王秀莉、赵一杰译，南昌：江西科学技术出版社，2018年，第58—59页。

④ Vasanth Kumar, *Handbook on Opium: History and Basis of Opioids in Therapeutics*, London: Academic Press, 2022, p.28.

⑤ William N. Boog Watson, “Thomas Robertson, Naval Surgeon, 1793-1828”, *Bulletin of the History of Medicine*, Vol.46, No.2, Mar 1, 1972, p.136.

⑥ William N. Boog Watson, “Thomas Robertson, Naval Surgeon, 1793-1828”, *Bulletin of the History of Medicine*, Vol.46, No.2, Mar 1, 1972, p.136.

（续表）

品种	当时的功用及其他
……	……

注：自制表。资料来源见表中注释。

表 2　船医准备的（部分）无机原料

品种	成分、当时的功用及其他
阿托品	阿托品中含有颠茄碱，用于镇痛、缓解平滑肌痉挛和散瞳等[①]。
甘汞	16 世纪，欧洲出现了一种盐，叫氯化亚汞，也称甘汞。氯化亚汞能溶于水，容易被身体吸收，因而会产生更多中毒反应，这在当时却被当作是产生了更多疗效[②]。人服用甘汞后，皮肤受到刺激，且大量分泌唾液，这被看作是成功排出毒素[③]。19 世纪上半叶，甘汞被广泛应用，医生用其治疗梅毒、打嗝、腹泻、口臭、消化不良、发烧等[④]。
硫磺	硫磺可以止痒，将其与猪油混用，可以驱虫。
硫酸根化合物	硫酸铜被用来烧脓包。硫酸铅（又称醋酸铅或铅糖）用于治疗眼部发炎[⑤]。硫酸镁被用来治疗肠胃不适，也有记载，其为泻药[⑥]。硫酸铝可以止血[⑦]。
芒硝	芒硝可以治疗泌尿疾病、水肿、肠胃气胀、感冒等。

① Rustomjee Naserwanjee Khory, *Materia Medica of India and Their Therapeutics*, Bombay: Caxton Works, 1903, p.478.

② Carl Binz, *Lectures on Pharmacology for Practitioners and students, Vol.2*, London: The New Sydenham Society, 1897, p.143.

③〔美〕莉迪亚·康、内特·彼得森：《荒诞医学史》，王秀莉、赵一杰译，南昌：江西科学技术出版社，2018 年，第 10 页。

④ Richard M. Swiderski, *Calomel in America: Mercurial Panacea, War, Song and Ghosts*, Boca Raton: Brown Walker Press, 2008, pp.169-170.

⑤ S. H. Burt, *The Universal Household Assistant: A Cyclopedia of What Every One Should Know*, New York: A. L. Burt Publisher, 1884, p.137.

⑥ Johannes P. Schade, *The Complete Encyclopedia of Medicine & Health*, Amsterdam: Foreign Media Books, 2006, p.893.

⑦ G. J. Meyer, *The Borgias: The Hidden History*, New York: Bantam Books, 2013, p.110.

（续表）

品种	成分、当时的功用及其他
漂白粉（chloride of lime）	漂白粉可用来除臭，船医们建议用其来对船上清洁，可以一天使用 2—3 次，加一点醋，效果更好[①]。
水银	与当时大部分医生一样，船医们也承认水银用途广泛，可以制作多种药物，包括用来发汗、催吐、利尿、轻泻等[②]。不过，船医伍德沃尔认为水银也是一种致命药剂，不主张过量使用。他谈到："水银是一位可以奉承病人和会说谎的'朋友'。"[③]几百年来，水银和梅毒一直有着千丝万缕的联系。15 世纪，在法国占领了那不勒斯后，这种疾病便一路进入欧洲。从 16 世纪起，欧洲人就已经用水银治疗梅毒了[④]。
乙基氧化物	乙基氧化物可以治疗晕船。
……	……

注：自制表。资料来源见表中注释。

（二）成药

就船医准备的成药来说，可以分药膏、药剂以及其他。16—18 世纪，船医们通常要自己熬制药膏。到了 19 世纪，船医的医疗箱中已经准备好了一些药膏成品，使用时，只需加入一些辅助药品。伦敦捕鲸船"吉普斯号"（Gipsy）的船医约翰·威尔森（Wilson）提到，登船时，他已经准备好发疱药膏、松脂药膏以及其他药物。船医的止血布和药膏贴由亚麻制成，将亚麻布放到由药草、蜂蜜、酒、蘑菇等制成的浸泡液中后，就能一直保持湿润。伍德沃尔为远航准备了 21 种软膏，虽然品种多，却很少用它们，他认为这些软膏通常有毒，使用起来有一定风险，必须慎重。在

① William Burnett, *Reports and Testimonials Respecting the Solution of Chloride of Zinc*, London: S. Mills, 1850, p.38.

② John Woodall, *The Surgeons Mate*, Cham: Springer International Publishing Switzerland, 2016, p.225.

③ John Woodall, *The Surgeons Mate*, Cham: Springer International Publishing Switzerland, 2016, pp.225-226.

④ Francis R. Packard, "The Earlier Methods Employed in the Treatment of Syphilis", *Annals of Medical History*, Vol.5, 1923, p.228.

船医金的药单中，也有 3 种原创软膏。简易软膏（simple ointment）由黄蜡、猪油、石蜡、植物油制成，也可以用蜂蜡、植物油制作，此膏用来混合各种药物，是各类药膏的基本构成。

表 3　船医准备的（部分）药膏

品种	成分、当时的功用及其他
埃及伊蚊膏	埃及伊蚊膏由醋酸铜、醋、蜂蜜制成。
发疱药膏	发疱疗法在近代西方很流行。发疱之目的就是治疗局部疾病，在有病部位附近发疱，以便将疾病吸到皮肤表面。所以，如果肚子痛，就在腹部发疱。如果痛风，就在小腿上发疱。如果病人精神错乱，那么就在头上发疱[①]。金曾经记载："先用温白醋清洗要发疱的部位。然后准备好用来发疱的药膏。药膏要保持一定湿度温度，这样才能成功发疱。通常来说，8—12 小时便可发出疱，然后用松脂蜡膏敷在发疱处。"[②]发疱药膏的成分通常有一氧化铅、猪油、橄榄油。制作时，将它们混在一起，一边搅拌，一边加热至沸腾，然后将其敷在木板上，等待其冷却。待医生需要时，再次混入特别药物，进行第二次加热。药膏具有很强黏性，加入药品后，让药物直达患处。有些船医还准备了一种含有松脂的药膏，黏性更强。为确保发疱成功，还需加入其他药物，比如干斑蝥（粉状，有人说其提炼自西班牙苍蝇[③]）。如果没有干斑蝥，可以用云山树脂代替。
肥皂膏	肥皂膏由蜂蜡、松香、松脂、氨水、番红花制成。
铅膏（lead plaster）	由煮沸的油、猪油和铅调和而成。
杨树膏	杨树膏被用来缓解由坏血病造成的疼痛，其成分有散沫花、玫瑰油、石蜡、猪油等物。
樟脑膏	樟脑膏由樟脑、白蜡、猪油、杏仁油制成，主治皮肤疼痛（涂抹于男

① 但对某些人来说，不幸的是，水疱会引起坏疽，这些地方的皮肤下面的血肉组织会死亡变黑。参见〔美〕莉迪亚·康、内特·彼得森：《荒诞医学史》，王秀莉、赵一杰译，南昌：江西科学技术出版社，2018 年，第 148 页。

② Joan Druett, *Rough Medicine: Surgeons at Sea in the Age of Sail*, New York: Routledge, 2000, p.67.

③ 西班牙苍蝇作为壮阳药广为人知。它还有一个功用就是引发水疱。参见〔美〕莉迪亚·康、内特·彼得森：《荒诞医学史》，王秀莉、赵一杰译，南昌：江西科学技术出版社，2018 年，第 147 页。

（续表）

品种	成分、当时的功用及其他
	性阴茎上）。
……	还有一种无名药膏用来治疗男性隐私部位的疾病，由一氧化铅、颠茄植物的根制成。特纳（Turner）医生发明了一种药膏，由石蜡、橄榄油、黄油、炉甘石制成，用来治疗溃疡性伤口。

注：自制表。资料来源见表中注释。

船医还用各种有机、无机药物调配成药剂（液体）。比如船医金记载的23种药剂中，有8种是药草药剂，其余14种为有机无机药物混合制成的药剂[①]。每次出行，船医准备的药剂都不一样，原液原浆一定要准备好，其他药剂则视具体情况来制作。

表4　船医准备的（部分）药剂

品种	成分、当时的功用及其他
氨水擦剂（linimentum ammoniatum forte）	氨水擦剂由樟脑、酒精、薰衣草油制成，用来治疗精索收缩。
肥皂樟脑搽剂（opodeldoc）	肥皂樟脑搽剂由钾肥皂、氨水、迷迭香油、百里香油制成。18世纪末19世纪初，欧洲人用它治疗瘀伤、扭伤、烧伤、割伤、冻疮、头痛、风湿病等[②]。
胡椒碱（piperine）	胡椒碱由黑胡椒粉和水调和制成，欧洲人用它来治疗尿道炎，以及缓解发热症状[③]。
痢疾根（dysentery root）	痢疾根或称呕吐根（vomiting root），可以治疗胃病。

① Joan Druett, *Rough Medicine: Surgeons at Sea in the Age of Sail*, New York: Routledge, 2000, p.56.

② George B. Griffenhagen, James Harvey Young, "Old English Patent Medicines in America", in John S. Lea et al., *United States National Museum Bulletin 218*, Washington D. C.: Smithsonian Institution, 1959, p.161.

③ Benjamin Silliman, *The American Journal of Science and Arts, Vol.13*, New Haven: Hezekiah Howe, 1828, p.331.

（续表）

品种	成分、当时的功用及其他
硫酸长生酊	硫酸长生酊剂的配料为酒精、硫酸、姜酊、肉桂精。
某长寿酊剂（elixir ad longam vitam）	其配料有芦荟、龙胆、大黄、藏红花提取物及酒精，用于治疗胃痛和坐骨神经痛[①]。
薰衣草菊科酊剂（tinctura lavandulae composita）	薰衣草菊科酊剂由薰衣草油、迷迭香油、肉桂皮、豆蔻、酒精制成。
鸦片酊	15世纪，鸦片在欧洲迅速传播。16世纪初，瑞士医生特奥弗拉斯图斯·帕拉塞尔苏斯（Theophrastus Paracelsus）提到，基于古罗马万用药“底野迦”的制作方法，可制成鸦片药剂[②]。其中除了含鸦片（占25%），还有珊瑚、麝香、珍珠粉、鹿茸、牛黄、茴芹籽、丁香、肉桂、琥珀粉等配料。17世纪，医生托马斯·西德尼汉（Thomas Sydenham）打算推广其独家配制的鸦片酊，这种药物以帕拉塞尔苏斯的药方为基础，去除其中华而不实的物质，加入了另一种关键物质酒精。此药问世后，还被宣传成治疗黑死病的良药。不幸的是，鸦片酊并不能治疗黑死病，它可能会在疾病无情地杀死病患的过程中令病患感觉好一些[③]。船医伍德沃尔还谈到：“如果我明天要去登船航行，什么药都可以忘记，唯独鸦片酊不能忘带。”[④]
英国油（British oil）	英国油就是将热砖侵入一种混合油中（甚至含石油）。“英国油”被用来治疗风湿病、神经挫伤、胸膜炎、溃疡、佝偻病等，甚至被用来消炎、止血[⑤]。

① Barbara Theiss, Peter Theiss, *The Family Herbal: A Guide to Natural Health Care for Yourself and Your Children from Europe's Leading Herbalists*, Rochester: Healing Arts Press, 1993, p.96.

② The Editing Committee of the Canadian Institute, *The Canadian Journal of Science, Literature, and History, Vol.12*, Toronto: Canadian Institute, 1870, p.43.

③〔美〕莉迪亚·康、内特·彼得森：《荒诞医学史》，王秀莉、赵一杰译，南昌：江西科学技术出版社，2018年，第59—60页。

④ Joan Druett, *Rough Medicine: Surgeons at Sea in the Age of Sail*, New York: Routledge, 2000, p.65.

⑤ James Joseph Walsh, *History of Medicine in New York, Vol.1*, New York: National Americana Society, 1919, p.90.

（续表）

品种	成分、当时的功用及其他
……	另有一种药剂含有酒精、酒石酸锑钾等无机物，它能治疗咳嗽，与复方樟脑酊配合使用，效果更好。还有一种药剂，荷兰语称 De ranis cum 4 drup: merc，由煮好的青蛙、一氧化铅、水银制成。另有一种由甘菊、威尼斯肥皂、食盐、蒸馏海水制成的药剂，用来为病人灌肠[①]。

注：自制表。资料来源见表中注释。

还有一些成药的形态成粉状，灌肠粉就是这类粉状成药[②]。塔塔粉由红酒当中的酒石酸制成，为一种泻药[③]。

限于近代西医的水平不高，以上各种药物药品不一定能达到药到病除的功效，但近代船舰上配备了医生，船医做好了准备，相比古代的航行活动，这就是一种进步，或许医学（科学）就是如此一步步向前发展，过程虽然曲折，却始终有进展。

四、结语

总的来说，准备医疗物资是近代船医的重要工作内容之一，从中可以窥视近代航海医学的发展演变。就相关经费来说，其从最初的（船医）个人出资到后来的公费报销，已经说明船医工作得到初步认可，航海医学得到一定程度重视，不过最开始相关经费偏少，无论是海军还是公司，资助都不足。

从医疗器械的准备可以看出几个问题：当时，西欧船医中外科医生的数量比较多，船员经常遭受外伤，医疗器械的准备就显得重要；由于准备的器械中有理发用具，说明外科医生仍然承担理发师（行会）的任务，这

① Adriaan Wor, *Ordre en Instructie Voor de Chirurgyns*, Amsterdam: Vereenigde Oost-Indische Compagnie, 1739, p.7.

② Joan Druett, *Rough Medicine: Surgeons at Sea in the Age of Sail*, New York: Routledge, 2000, pp.73-74.

③ Iris Bruijn, *Ship's Surgeon of the Dutch East India Company: Commerce and the Progress of Medicine in the Eighteenth Century*, Leiden: Leiden University Press, 2009, p.67.

是西欧历史发展之特殊性决定的；随着时代发展，船医准备的相关器械越来越复杂，说明航海医学在进步。

就船医准备的药品来说，有原料和成品两大类，含有机与无机成分，其品种复杂，表明西方药学也在发展，不过有时用药需要现场制作，略显麻烦。

总之，要开展远洋航行，船医必须做足医疗物资方面的准备，但在近代由于经费有限、管理不力等因素，船医难以充分预备。尽管如此，他们克服种种困难，尽可能多地、精心地筹备各种器械及药材，尽量保障即将开始的航行、冒险，他们是帆船时代大航海活动得以开展的幕后英雄之一。

The Preparation of Medical Materials by Ship Doctors in the Early Modern Times

Zhang Lanxing[1] Zeng Xiangming[2]
(1. Sichuan Normal University, Chengdu, China; 2. Southwest Jiaotong Univesity, Chengdu, China)

Abstract: In the early modern time, the Great Navigation rose in the West countries. Before the sailing of oceanic ships, one of the important tasks of ship doctors was to prepare medical materials. In spite of the limitation of funding and backwardness of medicines, ship doctors also carefully prepared various medical devices and essential drugs, which guaranteed the health of the crew on ships and ensured the success of voyages. For historians, ship doctors and their medical chests were significant parts of navigation activities on that time.

Keywords: Early Modern Times; West Europe; ship doctors; medical; preparation

海洋治理与海洋观念

论南海区域安全治理的多重意义

吕吉海[①]

【内容提要】 南海区域安全秩序正处于剧烈演化进程之中，既关系到域内各国的安全利益和安全环境，影响中国与东盟及其成员间的安全关系，也是全球海洋安全格局变化的缩影。南海区域安全治理关涉中国国土安全、经济安全和海洋生态安全，联结着区域各国的共同命运，有助于区域共同体意识的培育，蕴藏着区域一体化的期待，推动国际安全合作打开新的局面，为和平解决国际争端积累经验，有助于新的海洋观和海洋秩序的形成，对国际安全具有全局性影响。

【关键词】 南海区域安全；海洋治理；区域一体化；南海秩序；安全合作

巴里·布赞（Barry Buzan）和琳娜·汉森（Lene Hansen）指出，对安全的认识存在三个不同的维度，即从物质方面界定是否存在确切的“客观安全”，由主体的感知来决定存在何种性质的威胁和多大程度的威胁的“主观安全”以及主体间互动中被呈现为政治议题的“话语安全”。[②]因此，在探讨海洋安全问题时，必须确定“谁的安全”，才能真正展开分析。南海区域安全涉及三重主体，即国家安全、区域安全与全球安全。南海区域安全秩序正处于剧烈演化进程之中，既关系到域内各国的安全利益和安全环境，影响中国与东盟及其成员间的安全关系，也是全球海洋安全格局变化的缩影，关乎世界长久和平和发展前景。

---

① 作者简介：吕吉海，法学博士，武警海警学院维权执法系副教授，研究方向为国际法。

②〔英〕巴里·布赞、〔丹麦〕琳娜·汉森：《国际安全研究的演化》，余潇枫译，杭州：浙江大学出版社，2011 年，第 35—37 页。

一、南海区域安全治理是中国国家安全的基本保证

中国陆海兼备，东部和东南部濒临太平洋，海岸线漫长，岛屿众多，海洋资源（包括能源）蕴藏量丰富，海上和陆上邻国众多，“安全剩余”不足，安全形势极为复杂。[①]南海区域安全是中国国家安全的重心之一。无论是维护国内经济社会和生态环境可持续发展，还是维护能源安全和国家海外利益，中国都离不开对南海区域安全治理的参与。[②]

（一）南海区域安全直接关涉中国国土安全

中国明代航海家郑和断言：“国家欲富强，不可置海洋于不顾，财富取之于海，危险亦来自海上。”明代嘉靖年间，公元1553年，葡萄牙船队来到中国，以晾晒货物为理由通过贿赂手段占领了今澳门地区。1840年鸦片战争，中国海疆门户洞开，传统的政治经济秩序走向解体，中国海洋安全屏障彻底瓦解。中国近代史正是始于遭受海上侵略的衰败史。近代百余年间，中国实际上处于“有海无防”的状态，受尽来自海上的侵略。外国独占中国航海利权，“查各口通商以来，轮船之利，为外国所独擅，华人无敢过问者”。[③]毛泽东在谈及中国近代百年历史教训时指出，过去帝国主义侵略中国大都是从海上来的。[④]

二十大报告明确指出，维护海洋权益，坚定捍卫国家主权、安全、发展利益。当前，中国南海国土安全形势严峻，面临着“岛礁被侵占，海域被瓜分，资源被掠夺，信息被盗取，开发受阻挠”的残酷局面，长期处于“有海无洋”的地缘战略限制状态之下，海上战略通道非常狭窄，被岛链

---

① 王玮：《地缘政治与中国国家安全》，北京：军事谊文出版社，2009年，第40页。

② 何政泉、杨莉、袁秋珊：《“搁置争议”视野下中国海权战略的选择》，载《西南石油大学学报（社会科学版）》，2014年第6期，第70页。

③ 中国史学会：《洋务运动（六）》，上海：上海人民出版社，1962年，第12页。

④ 毛泽东：《毛泽东军事文集（第六卷）》，北京：军事科学出版社、中央文献出版社，1993年，第67页。

环绕，南向出海受制于东南亚国家。美国战略重心东移，在南海区域不断扩大与新加坡、泰国、菲律宾和越南等国的军事合作，加强对关岛基地等西太平洋前沿的经营和先进武备的部署，扩大与中国周边国家联合军演。中国国土安全和南海岛礁主权均面临巨大的战略压力。[①]

（二）中国的经济安全有赖于南海区域安全环境

中国南部沿海经济带置身于南海区域安全环境。对于中国而言，南海区域安全关系到南部沿海地区经济和海洋经济发展的可持续性。经过40余年的改革开放，中国经济形成了滨海外向型的新格局。南部沿海形成了以粤港澳大湾区为代表的城市群和被寄予厚望的海南自由贸易港，成为中国经济发展的最前沿，持续领跑中国经济，是推动中国经济高速发展的重要区域。同时，这些区域也是发展海洋经济的聚集地。海洋经济逐渐成为新的经济增长点，在国内生产总值的比重不断提升。这些区域对于中国迈向海洋经济大国行列具有举足轻重的作用。南部沿海经济带和海洋经济是南海区域安全的前沿地带。南海区域安全一旦发生危机，南部沿海经济带和海洋经济最先受到冲击。

南海区域安全是“21世纪海上丝绸之路”合作建设的重要基础。随着海洋强国战略和“一带一路”倡议的推进，中国对保持和平、安宁、有序的海洋秩序的需求更加强烈。[②]南海是“21世纪海上丝绸之路”建设的起点，是衡量“21世纪海上丝绸之路”建设成效的重要区域。[③]南海区域海洋争端涉及的国家数量多、利益复杂。该区域海洋争端危机的管控和解决状况直接影响“21世纪海上丝绸之路”框架下中国与东盟正常合作进程的推进。同时，南海区域海洋争端持续存在，投资者对域内相关合作项

---

① 范少言：《中国的海疆与海洋权益》，西安：陕西科学技术出版社，2018年，第170—178页。

② 孙婵、冯梁：《海洋安全战略的主要影响因素探析》，载《世界经济与政治论坛》，2019年第1期，第56页。

③ 唐代兴、陈彦军：《构筑南海地缘政治安全的世界远见与实践智慧——“中国海洋安全与南海社会治理学术研讨会”综述》，载《齐鲁学刊》，2017年第1期，第155—156页。

目的未来前景充满担忧，不利于沿线经济的快速发展。此外，“21世纪海上丝绸之路”重点发展方向所覆盖的南海区域是地震、海啸、台风和洪涝等自然灾害高发的地区，也是多种传染性疾病等公共卫生安全事件的重灾区，域内国家人民生命财产安全风险居高不下，还可能造成人文交流和物流中断、互联互通受阻的情形，进而损害投资者信心。①

南海区域海洋空间和海洋资源是支撑中国经济可持续发展和缓解资源瓶颈压力的重要物质基础。中国战略能源供应离不开南海战略通道安全畅通。南海拥有丰富的海洋资源，又是通往中东的重要通道。马六甲海峡是中国的海上生命线，是中国绝大部分原油进口运输的必经之地。东南亚水域是中国西行航线不得不面对的海盗多发带之一。全球海盗攻击数量排名前十名的地区中有四个位于东南亚海域，分别是马六甲海峡、印尼海域、菲律宾海域和马来西亚海域。近年来，尽管全球海盗和武装抢劫事件数量呈现逐步下降趋势，东南亚海域仍是海盗袭击事件发生密度最高的区域之一。②确保马六甲海峡、巴士海峡等险关要隘以及南海能源航线的安顺通达是中国经济持续发展的重中之重。③

（三）中国的海洋生态安全与南海区域安全密不可分

南海呈现半封闭状态，总体自我调节能力相对较弱。近海环境恶化已经成为严重威胁南海区域发展中国家生态安全的共同问题。沿海工业和旅游业开发、城镇化建设、生物和非生物资源粗放式开采以及人口聚集，导致陆源污染成为南海生态安全的重要威胁。④菲律宾的马坦加斯与马尼拉

---

① 李骁、薛力：《21世纪海上丝绸之路：安全风险及其应对》，载《太平洋学报》，2015年第7期，第50—64页。

② Neslihan Küçük, Serdar Yildiz, Özkan Uğurlu, Jin Wang, “Hotspot Analysis of Global Piracy and Armed Robbery Incidents at Sea: a Decadal Review of Regional Vulnerabilities and Security Strategies”, *Ocean & Coastal Management*, Vol.260, 2025, p.107480.

③ 李海清：《我国东亚海地区海洋发展战略的思考》，载《海洋开发与管理》，2005年第1期，第9页。

④ 戈华清、宋晓丹、史军：《东亚海陆源污染防治区域合作机制探讨及启示》，载《中国软科学》，2016年第8期，第63页。

湾、泰国的泰国湾、印尼的雅加达湾、越南胡志明市近海海域等生态环境状况令人担忧。其中，以雅加达湾为最，渔业体系遭到根本性破坏，一直未有较大改观。①海洋生态环境由于海水的异质性和污染流动性在治理上具有跨越国界的特点，②南海区域内国家都难以单个应对，也不可能独善其身。

南海在保障全球生态系统平衡与食物供应安全方面发挥着极为重要的作用。南海一直被视为亚洲乃至世界的重要渔区，年渔获量约为1000万吨，占据着世界总渔获量的12%。③南海渔业过度捕捞会加速中国优质渔业资源严重衰退，生物群体组成低龄化，海区生物资源急剧退化。④南海海水酸化和海水氧含量的降低，加速了海底沙漠化趋势和海洋生物多样性的破坏。南海局部近海开发强度已经接近极限，甚至超过了海洋的环境承载能力。石油泄漏、赤潮、滩涂退化、红树林生态系统破坏、海草床退化、海洋生物种类减少等问题严重威胁南海生态环境安全。中国海洋生态安全风险不断放大。此外，南海海难事故也是波及中国海洋生态环境安全的重要威胁来源。

二、南海区域安全治理蕴藏着区域一体化的期待

南海位于西太平洋，域内包括众多沿海国或群岛国，国家间的交往历史绵长。地理位置相近毗连是东南亚合作的先天优势，也是南海区域一体化的前提条件。中国与东盟各成员共同经济利益多，文化相似或者相通度

① Andi Muhammad Yuslim Patawari, Zuzy Anna, Purna Hindayani, Yayat Dhahiyat, Zahidah Hasan, “Intan Adhi Perdana Putri. Sustainability Status of Small-scale Fisheries Resources in Jakarta Bay, Indonesia after Reclamation”, *Biodiversitas: Journal of Biological Diversity*, No.4, 2022, pp.1715-1725.

② 全永波、史宸昊、于霄：《海洋生态环境跨界治理合作机制：对东亚海的启示》，载《浙江海洋大学学报（人文科学版）》，2020年第6期，第25—26页。

③ Daniel Pauly, Cui Liang, “The Fisheries of the South China Sea: Major Trends since 1950”, *Marine Policy*, No.11, 2020, p.103584.

④ 季国兴：《中国的海洋安全和海域管辖》，上海：上海人民出版社，2009年，第84页。

高。在全球化和区域化趋势不断加深的今天，南海区域一体化意义非凡。海洋的流通性和整体性为中国与东盟国家的未来发展变化提供了想象空间。

（一）海洋安全是南海区域一体化的基础议题

南海区域安全治理有利于进一步促进区域经济融合。回顾过去 20 年的历史，中国与东盟国家间总体上呈现出“政冷经热”的局面。中国与东盟国家加强贸易关系的意愿强烈，经济依存度不断加深，对于改善区域国际政治关系发挥了一定作用。《区域全面经济伙伴关系协定》（RCEP）的签订和生效使区域经济一体化看到更大希望，区域内经贸合作进一步深化，投资和金融市场进一步融合。但海洋安全是该区域繁荣和稳定的巨大挑战。在地缘政治因素的影响下，经济合作的进程和广度都受到钳制。南海区域各国经济发展离不开安定的政治环境和充足的资源能源。各国积极推进南海安全治理，有利于创造良好的发展环境，也有利于在经济领域，尤其是海洋经济领域，加强共同开发，获得更为充足的资源能源支持。

南海区域安全治理是消除政治壁垒的突破口。南海区域潜藏着国家与民族利益的冲突。国际经济关系的热络并不能完全带动国际政治关系的改善。历史遗留下来的问题和政治制度差异一直困扰和左右着南海区域各国国际关系。海洋争端是直接阻碍南海区域各国深化合作的绊脚石和拦路虎。解决海洋争端和加强海洋安全治理是南海区域各国化解民族心结、消除疑虑的一把钥匙。只有成功避开这些问题或者使这些问题不再成为问题，才能打开政治领域合作的新局面。

南海区域安全治理有助于带动全方位合作。南海是区域内各国西出马六甲海峡进入世界海权体系核心——印度洋的战略通道，是中国及东盟国家与世界联结的地理媒介。[①]通过马六甲海峡连接中国南海与印度洋的西行海上战略通道是域内各国的“海上生命线”。着眼亚太地缘大格局来维护西行海上战略通道安全尤为重要。南海区域安全治理符合区域双边和多

① 杨震、蔡亮：《“海洋命运共同体”视域下的海洋合作和海上公共产品》，载《亚太安全与海洋研究》，2020 年第 4 期，第 71 页。

边安全理念，有利于建立和完善区域安全机制，打造更为有效的安全合作模式，从而推动各国在其他领域的合作。

（二）海洋安全联结着南海区域各国的共同命运

海洋安全集中体现了南海区域各国的共同基本需求。按照马斯洛的需求层次理论，安全需求是仅高于生理需求的人的基本需求。对于组织体而言，安全也同样是基本需求。共同体是获得安全的基本形式。组织体的分化分散不仅会造成安全能力不足，同时其本身还可能制造不安全因素。南海区域安全面临的危机是现实的，也是长远的。南海区域安全治理显然不是任何单一国家可以独立完成的。南海区域各国长期不能形成合力，大大地延误了化解危机的最佳时机。由于合作和互信的缺失，区域各国在安全领域反过来还造成了诸多政治误解和行为误判，使得以海洋争端为核心的安全困境泛化。南海区域安全治理有利于加强中国与东盟国家睦邻友好关系的建设，促进更加紧密的合作。

南海区域非传统安全威胁的跨国性与本土性互为表里。安全的影响具有“跨国性”，而溯其根源体现为“本土性”。诸多安全威胁起源于国内治理不力。反过来，本土安全问题既与一国政治经济制度和运行有关，也与国际秩序相关，跨国因素也脱不了干系，且外溢为国际影响甚至危机。在海洋非传统安全领域，海盗、海上恐怖活动、海洋生态恶化等问题都与国内治理关系紧密。海盗和反政府恐怖组织产生和存在的根源主要在于国内经济持续衰退或长期落后、政府腐败、政局动荡、社会无序、贫富分化以及司法不公等问题的泛滥。单个国家的海洋安全治理会放大到区域安全范围。这些安全威胁蔓延至海上成为威胁地区和全球安全的毒瘤。一国国内的安全治理在主权国家范围内，国际社会往往鞭长莫及。只有形成共同体，才能通过共同体规则设定成员国义务对国家提出相应的要求。

海洋安全治理符合南海区域秩序愿景。区域秩序建构是超越现有的经济合作范畴、能够容纳各种因素的战略框架的搭建。伴随冷战的结束，区域主义浪潮席卷全球，不仅为区域经济一体化开辟了广阔的通道，也为区域政治对话和安全合作提供了新的动力。受到区域主义的影响，南海安全秩序处于剧烈变动乃至重构之中。未来南海秩序建构不应依靠对抗和战争，而应基于共同利益，以国际制度为主要的国际协调方式。[①]南海区域安全治理正是通过一系列双边同盟、多边论坛、安全对话、部长级会议、第二轨道接触等方式构建国际海洋安全制度和机制阻止区域政治分离主义倾向，构建东南亚和平秩序。

（三）海洋安全有助于“东亚共同体”的培育

南海区域安全治理促使东亚共同体意识的复归。南海区域安全治理是东亚区域主义进程的重要组成部分。2020 年 11 月《区域全面经济伙伴关系协定》（RCEP）的签署，进一步将东亚各国经济紧密联系起来，东亚区域主义踏上新征程。东亚各国在合作中培育地区意识和共同利益，进而淡化主权之争，实现经济和社会合作效果的外溢。[②]安全与发展彼此消长。东亚经济融合与安全蛰伏并存。只有最大限度地降低安全威胁要素的负向影响，才能强化经济上的共识和合作。南海区域安全治理正是降低东亚安全威胁的主阵地。

南海区域安全治理有利于锻造东亚共同体能力。南海区域国家大部分属于发展中国家，长期以来在国际社会保持团结。海洋争端的激化可能造成国家间的分化，在不同议题上出现立场的不同。东亚共同体能力首先体现为持续化解内部矛盾冲突的能力。海洋争端具有“危”和“机”的两面性。化危为机，从彼此争夺到共同开发、共同守护是化敌为友的重要议题和契机。除了海洋争端外，共同安全风险是任何国家都无法单独应对的。安全压力不足够高的情况下，更多国家陷于争端，但安全压力一旦升高，南海区域各国就会不由得联合起来。在处理共同安全危机的过程中，东亚共同体的一致性就会逐步建立，共同体能力的效果也会不断彰显出来。随着时间的推移，各国就会对区域产生融入和依赖。

南海区域安全治理有利于形成东亚共同体责任。海洋的互联互通将东

---

① 代帆、周聿峨：《走向统一的东亚秩序？》，载《太平洋学报》，2005 年第 12 期，第 20—27 页。

② 李大陆：《海权演变与国际制度的运用》，载《太平洋学报》，2014 年第 1 期，第 87 页。

亚各国纳入了相互依存的共生性全球体系。各国需要共同面对的诸如海洋生态环境恶化、海盗和其他海上跨国犯罪猖獗等问题，不仅数量惊人而且性质严重，事关全人类的生死存亡。[①]海洋安全治理已经从海洋资源占有控制以及权利分配发展到责任治理阶段，倡导“共同但有区别的责任”，是协调不同发展水平、地理区位国家应对海上非传统安全挑战的重要准则，有利于形成以联合国为主导、主权国家为主体、多边合作共赢为依托和平等伙伴关系为轴心的多元协调治理模式，为海洋合作治理的规则和机制的建构提供方向，为海洋的持久安全形成有效的制度保障。[②]南海区域如何在世界海洋安全秩序深刻变革之中找准定位、维护区域海洋安全、加强与域内外国家的海洋合作与保护，是当前和今后必须把握的问题。

三、南海区域安全治理对国际安全具有全局性影响

亚太地区是全球稳定之锚、世界繁荣之基、人类不同文明对话的平台，也是国家间矛盾最突出、博弈最集中、形势最严峻的地区。[③]回溯南海区域的变迁史可以发现，南海区域安全治理问题在空间上位于西太平洋地区，但其影响力是全球的。南海区域安全治理须放眼未来和长远加以审视，充分考虑其意义的广度和深度。

（一）推动国际安全合作打开新的局面

南海区域安全治理可能会改变国际安全中“重博弈轻合作”的倾向。中国提出的海洋命运共同体理念对全球海洋治理具有重大影响，将会成为南海治理的重要价值支柱。根据现代国际法所确立的国际合作原则，各沿海国有义务善意进行谈判、协商和参与协作，相互克制并禁止采取单边行

① 杨震、蔡亮：《“海洋命运共同体”视域下的海洋合作和海上公共产品》，载《亚太安全与海洋研究》，2020年第4期，第72页。

② 刘惠荣、齐雪薇：《BBNJ国际协定中人类共同继承财产原则的去留探析》，载《法学论坛》，2022年第1期，第160页。

③ 朱锋：《南海周边安全形势分析（上）》，南京：南京大学出版社，2021年，第4—6页。

为。南海区域如果能建立开放、透明的被普遍接受的区域安全框架，充分实现包容性和代表性，在维护各自安全时兼顾各方正当合理的安全关切，则为国际安全合作困局打开重要突破口。

南海区域安全治理有助于打破民族主义情绪和保守思想，缓和和消除矛盾冲突，为区域和平打造坚实基础。全球化时代，努力构建持久、普遍安全的世界是每个国家应承担的基本义务。建立一个负责任的核行为、军备控制和裁军全球框架仍需作为各国的优先事项加以考虑和安排。[①]在生态环境危机、气候变化、核危机、自然灾害、恐怖袭击等具有人类毁灭性的重大共同风险面前，南海区域各国有责任放弃嫌隙，与世界一道投入到海洋安全治理之中。推进区域海洋安全治理，化解区域内部争端，应对区域共同安全危机，是南海区域各国的共同使命和担当，也是其国际责任和义务。

南海区域安全治理可能会摸索出国际安全的新模式。近年来，虽然海洋安全治理成为国际社会关注的热点，但海洋安全治理的全球机制欠缺、规范安排碎片化、规范执行失衡，国际立法动力不足。《联合国海洋法公约》确立迄今 40 年，缔约方对于一些敏感性强的、涉及切身利益的问题仍未能达成一致，遑论对海洋安全新情况、新变化的应对。[②]世界范围内区域海洋安全治理积累了一些经验、形成了一些模式。这些经验和模式对于南海区域安全治理具有一定的借鉴价值。《联合国海洋法公约》设计的闭海或半闭海沿岸国合作机制与东亚区域海洋地理和法律特征吻合度高，南海区域安全合作是极为理想的试验场，完全有可能经过长期的摸索形成新的合作模式。

（二）为和平解决国际争端积累经验

南海区域安全治理可以巩固和平解决国际争端的制度成果。从 1648

① 文贵：《动机·前景·理路：人类命运共同体理念的国外认知与评价》，载《云南民族大学学报（哲学社会科学版）》，2020 年第 2 期，第 25 页。

② 何志鹏：《海洋法自由理论的发展、困境与路径选择》，载《社会科学辑刊》，2018 年第 5 期，第 117 页。

年威斯特伐利亚体系的形成至今，海洋秩序的法律规范经历了从海战规范到和平规范的实质转变。从 1899 年《海牙国际争端和平解决公约》到 1945 年《联合国宪章》，直至《联合国海洋法公约》无不寄托着人类消除战争、和平利用海洋的美好愿望。《联合国宪章》第 2 条第 3 项规定："各会员国应以和平方法解决其国际争端，避免危及国际和平、安全和正义。"南海区域海洋争端难免会造成摩擦或矛盾，关键在于用和平的方法加以解决。坚持和平解决海洋争端可以强化南海区域各国的义务，有利于保障亚太乃至全球的安全稳定。

南海区域安全治理可以为和平解决争端探索新的模式。南海位于西太平洋区域，是大国集聚区和利益交汇区，属于世界战略力量最集中的区域。南海是爆发安全冲突的热点区域之一，世界地缘战略"塑造"活动在该区域最为剧烈。《联合国海洋法公约》第 74 条和第 83 条明确规定，在达成划界协议前，有关各国应基于谅解和合作的精神，尽一切努力做出实际性的临时安排，并在此过渡期间内，不危害或阻碍最后协议的达成。南海区域安全治理面临的问题极为复杂，这些问题的解决必将为全球安全问题的解决提供宝贵经验。南海区域各国间的海洋争端是在民族国家建设进程中外来因素所造成的，与因殖民扩张获得新的领土所引发的争端性质不同。过去几十年南海区域总体安全状况说明，域内各国在海洋争端和平解决方面形成了基本共识，保持了搁置争议的局面。

南海区域安全治理可以为和平解决争端争取时间。南海区域各国的核心任务是寻求共同发展，在各国人民获得发展红利的前提下解决历史遗留问题。域内各国需要的是共享安全，而非夸大安全威胁，更不应该过度追求所谓"绝对安全"，避免将安全问题转化为金融、投资等经济风险，从而偏离核心任务。南海区域民族国家建设进程相对较短，存在领土争端不足为奇，在国际交往中发生分歧在所难免，关键在于各国坚持对话协商与和平谈判，善于利用矛盾中积极的一面，维护好共同发展的大局。

（三）有助于新的海洋观和海洋秩序的形成

南海区域安全治理会带动海洋地缘战略调整。区域海洋安全治理，尤其是区域海洋安全组织的构建和发展，通常会使域内国家的共同利益扩大，冲突利益降低，使各国对其海洋安全的评判和海洋地缘环境评估产生新的认识，同时对域外国家产生影响，使其重新考虑与域内国家的关系，并对自身的海洋安全战略做出调整。南海地缘环境复杂，区域安全治理有助于理清影响因素和判明海上威胁的性质和程度，科学制定和及时调整海洋安全战略。

新的海洋观的形成离不开南海共识。根据张蕴岭教授的研究，海洋观经历了三个发展阶段，其中，海洋观 1.0 阶段，海洋是便捷的大通道，利用海洋，发展海上运输，扩大对外贸易，国家大力支持远航，发现财富，拓展殖民；海洋观 2.0 阶段，海洋不仅是大通道，还是拥有丰富资源的储藏地，其中最为重要的是油气资源和稀有矿产资源；海洋观 3.0 阶段则从海洋生态环境的灾难性影响出发提出，人类必须维护海洋、治理海洋。海洋观 1.0 和 2.0 是一种赶超和争雄的思维。海洋观 3.0 还在发育期，正在形成国际共识。[①]海洋治理关系到人类生存的根本利益，南海区域各国义不容辞。南海区域安全治理就是要承担起相应的责任，促使海洋回归正向运行状态。

南海区域安全治理有助于缩短全球秩序转型的阵痛期。百年未有之大变局加速演变，全球海洋治理的时空背景、地缘秩序及能力视野迎来深刻变化，大国博弈在海上持续上演，全球海洋治理的理念与实践持续承压，安全问题不断凸显。[②]全球海洋秩序正处于酝酿渐变的形成期，也是百舸争流的博弈期。[③]人类社会的发展必将与海洋社会的进一步构建紧密联系在一起。随着人类对海洋认识的不断深入、海上活动的不断增加，海洋不再是一种元素，而变成一种人类统治的空间，而海洋空间下的国际社会的构建，会引起人类社会组织形式的划时代变化。[④]南海区域国家大量人口

① 张蕴岭：《对海洋观和海洋秩序的思考》，载《东亚评论》，2020 年第 1 期，第 2—4 页。

② 傅梦孜、陈旸：《大变局下的全球海洋治理与中国》，载《现代国际关系》，2021 年第 4 期，第 1 页。

③ 傅梦孜、陈旸：《对新时期中国参与全球海洋治理的思考》，载《太平洋学报》，2018 年第 11 期，第 46—55 页。

④ 杨国桢等：《中国海洋权益空间》，北京：海洋出版社，2019 年，第 11—12 页。

生活在海岸带地区，是全球历史、地理、信仰、贫富状况和生态最为丰富的区域之一。南海区域安全治理为人类社会探索新的组织形式提供了重要舞台。

综上所述，南海区域安全秩序的剧变期与全球海洋治理的形成期重叠。南海区域安全治理的目标是努力让海洋为区域各国和世界人民提供“公共产品”，意味着南海区域各国确立和执行更有效的规范，承担的国际法义务增加和变化。因此，南海区域安全治理从国家、区域和全球三个维度都具有重要而深远的意义。

On the Multiple Significance of Regional Security Governance in the South China Sea

Lü Jihai
(China Coast Guard College, Ningbo, China)

Abstract: The regional security order in the South China Sea is undergoing a drastic evolution, which not only concerns the security interests and security environment of the countries in the region, but also affects the security relations between China, ASEAN and its members, it is also a microcosm of the changing pattern of global maritime security. Regional Security Governance in the South China Sea concerns China's territorial security, economic security and marine ecological security. It links the common destiny of all countries in the region, helps to foster a sense of regional community and embodies the expectation of regional integration, promoting international security cooperation to open up new prospects and accumulate experience for the peaceful settlement of international disputes will contribute to the formation of a new maritime outlook and order, and will have an overall impact on international security.

Keywords: Regional Security in the South China Sea; maritime governance; regional integration; order in the South China Sea; security cooperation

塞尔登的海疆观：近代早期英国经略海疆的认知基础①

陈　剑②

【内容提要】 近代早期是海疆观念在欧洲勃兴的时代，英国人约翰·塞尔登的海疆观便是典型案例。塞尔登的海疆观集中体现在1635年出版的《海洋闭锁论》一书中，此著出版的主要目的是为英国“海洋主权”提供合法性依据。《海洋闭锁论》分为两个部分。在第一部分，塞尔登集中讨论了海疆的存在之所以成立的法学基础及历史依据。在第二部分，塞尔登以“四海”为格局，以历史材料搭建证据链，依照单边主义的原则，为英国海疆构建提供了理论方案。《海洋闭锁论》一经出版，便将塞尔登的海疆理念推向了权威地位，深刻影响了近代早期英国政府的海疆治理。但是，塞尔登的海疆观内含多方面的缺陷，这为其海疆观在后世的失势埋下了伏笔。

【关键词】 英国；约翰·塞尔登；海疆观；《海洋闭锁论》；海疆经略

近代早期，随着大航海时代的降临，海洋成为影响欧洲国家与帝国事务的一个关键因素，继而掀起了列强争夺与瓜分海洋的浪潮。正是在此背景下，海疆观念在欧洲骤然兴起。作为欧洲大西洋一侧的海岛型国家，英国所在的不列颠群岛为海洋所包围；同时，英国地处新兴的欧洲大西洋航线的关隘要冲。英国外交家菲利普·梅多斯（Philip Meadows）就指出，英国所在海域拥有独特的自然条件，它的四周是开放的，并且构成了所有

① 基金项目：上海市哲学社会科学规划项目“17世纪英国海洋主权问题研究”（2023ZLS001）；中国博士后科学基金第75批面上资助项目“近代早期英国海军全球供应网络构建研究”（2024M751930）；国家资助博士后研究人员计划（GZC20231532）。

② 作者简介：陈剑，上海大学历史学系助理研究员，研究方向为海洋史。

北方与南方国家之间交通的中途。[①]这一独特的地理位置，塑造了英国人独特的海疆认知。

约翰·塞尔登（John Selden）的海疆观正是海疆观念在英国的典型表现，这一观念主要体现在其所著的《海洋闭锁论》一书中。17世纪初，苏格兰的斯图亚特王朝入主英国后，开始大力主张英国拥有周边海域的"海洋主权"，这些海域也被称作"四海"，它们被视为英国的海疆。《海洋闭锁论》的初创是为了反驳荷兰人雨果·格劳秀斯（Hugo Grotius）的"海洋自由论"，并且最终作为英国"海洋主权"的证明文本而得以出版，在英国具有相当高的权威性。国内外学术界对于这部著作不乏研究，但是主要是被作为法学文本进行考察，学者们关注的焦点集中于塞尔登与格劳秀斯关于海洋法律地位的争论；[②]相较而言，这部著作所反映的海疆观尚未得到充分的关注。

---

① Philp Medows, *Observations concerning the Dominion and Sovereignty of the Seas: Being an Abstract of the Marine Affairs of England*, London: Savor, 1689, p.3.

② 国外研究成果参见 Johnson Theutenberg, "Mare Clausum et Mare Liberum", *Arctic*, Vol.37, No.4, 1984, pp.481-492; Abraham Berkowitz, "John Selden and the Biblical Origins of the Modern International Political System", *Jewish Political Studies Review*, Vol.6, No.1/2, 1994, pp.27-47; Mónica B. Vieira, "Mare Liberum vs. Mare Clausum: Grotius, Freitas, and Selden's Debate on Dominion over the Seas", *Journal of the History of Ideas*, Vol.64, No.3, 2003, pp.361-377; Helen Thornton, "John Selden's Response to Hugo Grotius: The Argument for Closed Seas", *International Journal of Maritime History*, Vol.18, No.2, 2006, pp.105-127; Mark Somos, "Selden's Mare Clausum: The Secularisation of International Law and the Rise of Soft Imperialism", *Journal of the History of International Law*, Vol.14, No.2, 2012, pp.287-330; Martin J. van Ittersum, "Debating the Free Sea in London, Paris, the Hague and Venice: The Publication of John Selden's Mare Clausum (1635) and Its Diplomatic Repercussions in Western Europe", *History of European Ideas*, Vol.47, No.8, 2021, pp.1-18. 国内研究成果参见林国华：《封闭海洋——约翰·塞尔登的海权论证及其问题》，载林国基、林国华主编《自由海洋及其敌人》，上海：上海人民出版社，2012年，第1—12页；计秋枫：《格老秀斯〈海洋自由论〉与17世纪初关于海洋法律地位的争论》，载《史学月刊》，2013年第10期，第96—106页；白佳玉：《论海洋自由理论的来源与挑战》，载《东岳论坛》，2017年第9期，第41—46页；朱剑：《"自由海洋"VS."封闭海洋"：分歧与妥协》，载《学术探索》，2019年第6期，第28—38页。

海疆观是在一定历史条件下形成的，是一个国家开展海疆经略的认知基础。塞尔登的海疆观的形成受到国家政策因素的影响，其《海洋闭锁论》出版之后也深刻影响了英国政治精英的海疆认知与政策选择。鉴于此，本文将基于对《海洋闭锁论》的文本分析，深入探析塞尔登的海疆观。本文首先讨论塞尔登的生平及《海洋闭锁论》的成书史，随后讨论塞尔登对于海疆法理基础的认识与构建，最后探析塞尔登如何为英国构建其海洋疆域。透过这几方面的讨论，笔者希望有助于弥补现有研究的不足之处，推动学界关注和认识塞尔登的海疆观。

一、塞尔登与《海洋闭锁论》成书史

1584 年 12 月 16 日，约翰·塞尔登降生在英国东南沿海苏萨克斯郡萨尔文顿的一个约曼农家庭。塞尔登聪颖好学，16 岁考上牛津大学的哈特·霍尔学院。1602 年，他从牛津毕业，旋赴伦敦的克利福德法学院进修，次年转入内殿法学院。在伦敦期间，塞尔登广交好友，与伦敦古物学界建立了密切联系，并得到肯特伯爵亨利·格雷（Henry Grey）的赏识与庇护。1612 年，塞尔登在取得律师资格后，便开始从事律师职业。17 世纪 20 年代，塞尔登步入政坛，在 1624、1626、1628、1629 等年份担任议会下院议员。议会生涯将塞尔登塑造成下院反对派的活跃分子。他在 1626 年参与了议会对白金汉公爵乔治·维利尔斯（George Villiers）的弹劾，[①]还是 1628 年《权利请愿书》的起草者之一。1629 年议会解散后，塞尔登被国王查理一世监禁，直到 17 世纪 30 年代中期才重获自由。内战期间，塞尔登再度步入政坛，出任长期议会议员。17 世纪 50 年代初，塞尔登身体状况逐渐恶化，卒于 1654 年。塞尔登一生收藏颇丰，他在遗嘱中

---

① 1626 年议会召开后，时任海军大臣的白金汉公爵乔治·维利尔斯因维护英国海疆安全不力等原因遭到议会弹劾。弹劾书指出，他玩忽职守，未尽守卫海洋的职责。其中一条写道，在其任上不仅海外贸易与海军实力大为衰退，而且海域安全得不到保障，导致英王正面临丧失海洋主权的风险。塞尔登扩充了这一条，他追溯海军大臣职务的历史，指出海洋安全乃其职责所系。参见 John Rushworth, *Historical Collections of Private Passages of State*, Vol.1, London, 1721, pp.310-311.

将所藏书籍、地图等赠予牛津大学，其中包括举世闻名的《塞尔登中国地图》（*Selden's Map of China*）。

除了律师、政治家等身份，塞尔登还是一名十分出色的学者。塞尔登拥有无与伦比的语言天赋与素养，其著作所引材料的语言包括法语、德语、西班牙语、意大利语、拉丁语、希腊语、古英语、希伯来语、迦勒底语、撒玛利亚语、亚姆语、阿拉伯语、波斯语和埃塞俄比亚语等多种语言。塞尔登涉猎广泛，涵盖古今内外，而法律与宗教问题则是他最为关注的两大主题。1610 年，他的第一部著作《决斗或双人格斗》①出版，他在此书中讨论了司法决斗的起源与方式等问题，此后又出版了诸如《荣誉头衔》②《什一税史》③等一系列有影响力的作品。在研究方法上，塞尔登深受古物学影响，克拉伦登伯爵爱德华·海德（Edward Hyde）称他是“一名律师，对古物很有研究”。④他善于搜寻各类史料证据，强调以史为据、论从史出的研究方法。他出色的语言能力使他能够对相关议题进行国家与区域之间的横向比较。他的著述具有强烈的现实色彩，强调古为今用、以古鉴今。早在 1621 年，他便以法律史专家的身份受聘于议会上院，将其学术能力应用于实践之中，其职责是为上议院的特定议题寻找历史依据。

他的海洋研究反映了他为现实服务的取向，集中反映于 1635 年出版的《海洋闭锁论》（*Mare Clausum*）。该书最初成稿于 17 世纪 10 年代，其创作受到格劳秀斯影响。1609 年，格劳秀斯出版了《论海洋自由或荷兰参与东印度贸易的权利》，提出了著名的“海洋自由论”。1613 年与 1615 年，他作为荷兰代表先后造访伦敦，就英荷贸易等事务进行谈判。塞尔登由此知晓格劳秀斯，还设法得到了一本《论海洋自由》，阅后便决定撰文反驳。1618 年，在初稿完成后，塞尔登将之上呈国王詹姆斯一世，当时

① John Selden, *The Duello or Single Combat from Antiquitie Deriued into This Kingdome of England, with Seuerall Kindes, and Ceremonious Formes Thereof from Good Authority Described*, London, 1610.

② John Selden, *Titles of Honor*, London, 1614.

③ John Selden, *The Historie of Tithes: That is, the Practice of Payment of Them, the Positiue Laws Made for Them, the Opinions Touching the Right of Them*, London, 1618.

④ SP 14/221 f. 227.

英荷两国正在针对海洋事务进行谈判。詹姆斯一世阅读后，将之交由时任海军大臣的白金汉公爵与海事法庭首席法官亨利·马腾（Henry Marten）审阅。审稿的结果是，此著的观点可能损坏英国与丹麦的关系，詹姆斯一世遂命塞尔登删改相关内容。①然而，当塞尔登提交修改的版本之后，却再无回音。当时英国政府的注意力已经转移到其他议题，出版一事因此被搁置。

直到17世纪30年代，《海洋闭锁论》才重获出版机会。时值英王查理一世推行积极的海洋政策，他重提詹姆斯一世的"海洋主权"主张，并将这项权力推向一个新的高度，大力扩张英国的海疆范围。为了维护"海洋主权"，查理一世还向全国征收"船税"（Ship Money）来发展海军，②命造船师彼得·佩特（Peter Pett）建造当时欧洲最大规模的战舰"海洋主权"号，以塑造英国的海上权威地位。与此同时，查理一世还希望在理论层面巩固英国的"海洋主权"。在1632年，他便表达了以"公开的创作"来证明英国"海洋主权"的愿望。③正是在此背景下，塞尔登对《海洋闭锁论》做了进一步的修改，并于1635年8月将之提交给查理一世。查理一世阅后，随即下令出版，于1635年底正式印出。④次年3月，查理一世命令在枢密院、海事法庭和财政法庭分别放置一本《海洋闭锁论》，作为英国"海洋主权"的依据。⑤

1635年版的《海洋闭锁论》是由拉丁文创作的，分上下两册。第一

① 詹姆斯一世时期英国与丹麦建立了紧密的关系，丹麦国王克里斯蒂安四世是詹姆斯一世的内弟，并为詹姆斯一世提供贷款。彼时丹麦也是"海洋主权"声索国，詹姆斯一世担心塞尔登的《海洋闭锁论》可能冒犯丹麦国王，损害两国关系，因此要求他删改不利于两国关系的内容。

② 陈剑：《英国查理一世时期的"船税"征收与海军建设》，载《世界历史评论》，2023年春季号，第25—46页；陈剑：《英国查理一世时期的"海洋主权"与海疆治理》，载《西南大学学报（社会科学版）》，2024年第6期，第285—296页。

③ Thomas W. Fulton, *The Sovereignty of the Sea*, Edinburgh and London: William Blackwood and Sons, 1911, p.364.

④ John Selden, *Mare Clausum*, Londini, 1635.

⑤ John Rushworth, *Historical Collections of Private Passages of State*, Vol.2, London, 1721, p.326.

册论证一个国家占有海洋的合法性。塞尔登从法学层面的论证着手，指出国家占有海洋不违反自然法原则，并从《圣经》记述着手，追溯财产所有权的渊源，指出占有土地的规则同样适用于海洋。随后转入事实层面，列举东西方古今国家占有海洋的事实作为证据，所涉包括希腊、罗马、波斯、葡萄牙、西班牙、法国、丹麦、波兰、挪威、瑞典、土耳其等。在此基础之上，塞尔登对海洋不可占有的论点进行了批判。在确立了核心观点后，塞尔登在第二册集中讨论了英国对“不列颠海”的占有。塞尔登通过历史溯源，表明“无论是不列颠人、撒克逊人、丹麦人、诺曼人，及后来的英国诸王都以永久占有的方式保有海洋的所有权”。[①]塞尔登将海洋所有权与英国的土地进行绑定，而非某一种族、王朝或政权，因此统治者的更替并不影响英国对海洋的占有。经由此卷的论证，塞尔登为查理一世声索“海洋主权”提供了依据。

1635年的初版并非《海洋闭锁论》唯一版本。17世纪50年代，经由马查蒙特·尼德姆的翻译，此著英文版面世，冠名《论海洋的统治权或所有权》。[②]此番出版受多方因素影响。当时正值第一次英荷战争爆发，主政的英吉利共和国政府重申英国的“海洋主权”，同荷兰的海洋自由主张抗衡；同时，由于政权更迭，共和国政府将此著改换面目，从而为当政者服务，因此将献词从查理一世改为共和国议会；此外，英译本有利于此书的传播，正如尼德姆指出，翻译此书一个重要目的就是为了要让英国人民了解“海洋主权”对他们切身利益的重要性。[③]而随着1660年斯图亚特王朝复辟之后，此书的第三个版本问世。这一版本出版于1663年，语言仍为英文，由J. H. 金特加以完善，重新使用了拉丁文名称《海洋闭锁论》。由于此时正值复辟时期，其献词对象自然重新改回了查理一世，以为王室政府服务。塞尔登的著作在国内具有高度的权威性，菲利普·梅多斯称：“此书对其论点的论证如此全面，以至于现在写作同样题材的人必将如同

① John Selden, *Of the Dominion, or, Ownership of the Sea*, Two Books, trans. by Marchamont Nedham, London: William Du-Gard, 1652, p.182.

② John Selden, *Of the Dominion, or, Ownership of the Sea*.

③ John Selden, *Of the Dominion, or, Ownership of the Sea*, p.a.

在荷马之后撰写《伊利亚特》那样招致古老的责难。”[①]总而言之，此著深受近代早期英国精英的关注，其海洋疆域观具有深远的历史影响。

二、“文明等级论”下的英国海疆法理奠基

在《海洋闭锁论》的第一卷，约翰·塞尔登从普适角度讨论了海疆的法理根据。塞尔登所谓的“海洋”既是指整片海域，包括大洋（main ocean）或远洋（out-land seas），也包括内陆海（within land seas），如地中海、亚得里亚海、爱琴海（或称黎凡特海）、不列颠海和波罗的海等。[②]不同于“海洋自由论”主张的海洋不可占有的观点，塞尔登认为海洋是可以被占有的，从而能够作为海疆被纳入一国的领土之中。具体来说，塞尔登着重探讨了以下几方面的问题。

首先，塞尔登通过《圣经》证明海洋可以成为私有财产。对海洋所有权的确定涉及国家间关系的协调，塞尔登在这方面深受《圣经》的影响，正如亚伯拉罕·伯科维茨所言：“塞尔登以《圣经》中各个民族之间的关系来类比欧洲国家之间的关系。”[③]在讨论过程中，塞尔登首先指出，所有权（dominion）是“使用、享受、让与和自由处置的权利，它或为全体所有者无差别地占有，或者只由某些人所特有和私有；也就是说，由任何特定的国家、君主或个人分配和划分，其他人被排除在外，或至少在某种程度上被禁止使用和享受”[④]。塞尔登将所有权的起源追溯到《圣经》中亚当“成为整个世界的主人”[⑤]。大洪水结束后，诺亚在他自己和他的三个儿子闪、含、雅弗之间对地球进行分配之后，私人所有权（private dominion）便产生了。在私人所有权建立后，所有者“可以合法地阻止其

---

① Philp Medows, *Observations concerning the Dominion and Sovereignty of the Seas: Being an Abstract of the Marine Affairs of England*, London: Savor, 1689, preface.

② John Selden, *Of the Dominion, or, Ownership of the Sea*, p.12.

③ Abraham Berkowitz, “John Selden and the Biblical Origins of the Modern International Political System”, *Jewish Political Studies Review*, Vol.6, No.1/2, 1994, p.27.

④ John Selden, *Of the Dominion, or, Ownership of the Sea*, p.16.

⑤ John Selden, *Of the Dominion, or, Ownership of the Sea*, p.20.

他人使用与享用一块土地，任何人未经他的允许不能合法地使用它”[①]。在确定了陆地的分配后，塞尔登认为同样的分配规则适用于海洋。《圣经》对此没有明确的记载，但塞尔登认为可以从相关的记述中推断出海洋的分配规则：“事实上，在大洪水之后的土地分配中……我们没有发现海洋作为被分配的一部分被明确地提及：但有时海洋是作为一种边界附加在分配的土地上。”[②]在塞尔登看来，“海洋的所有权已经通过更著名的时代与国家的同意被引入和承认；那么，（我认为）毫无疑问，根据各种法律，海洋和陆地一样都是可以为私人所占有的”。[③]

其次，塞尔登为国家合法地占有海洋建立了一套法律框架。他首先对法律进行了划分，将之分为“强制的”（Obligatory）与“容许的”（Permissive）两种类别。前者是通过“被命令或禁止的事物来体现”，后者是通过“既不被命令也不被禁止，但被允许使用的事物来体现”[④]。这两种法律“要么关乎全人类，也即全体国家，要么并非全体国家”[⑤]，而涉及全人类的则“要么是自然法，要么是神圣法”[⑥]。它们就被称作“万国普遍法，或人类普通法”[⑦]。据此，“强制法”被认为是不可改变的，而“容许法”则可根据当权者的判断与喜好加以改变。塞尔登的理论意味着，即使是上帝与自然的“强制法”也需要人类在将其应用于特定环境时加以解释。故而，当这些所谓的不可改变的法律被纳入特定国家的法律时，它们也是可以被修改的。相比格劳秀斯从自然世界寻找自然法的要求，塞尔登的理论使之能够从实际的国家的法律和习俗中来找寻。[⑧]随之，塞尔登开始对历史上东西方所谓“文明国家”占有海洋证据进行了考察与陈述，也正是在这一论述的过程中，塞尔登展现了他极其渊博的知识

① John Selden, *Of the Dominion, or, Ownership of the Sea*, p.24.

② John Selden, *Of the Dominion, or, Ownership of the Sea*, p.25.

③ John Selden, *Of the Dominion, or, Ownership of the Sea*, p.27.

④ John Selden, *Of the Dominion, or, Ownership of the Sea*, p.12.

⑤ John Selden, *Of the Dominion, or, Ownership of the Sea*, p.12.

⑥ John Selden, *Of the Dominion, or, Ownership of the Sea*, p.12.

⑦ John Selden, *Of the Dominion, or, Ownership of the Sea*, p.13.

⑧ Helen Thornton, “John Selden’s Response to Hugo Grotius: The Argument for Closed Seas”, *International Journal of Maritime History*, Vol.18, No.2, 2006, p.111.

储备。

对历史证据的铺陈，主要是在《海洋闭锁论》第 9 章至第 19 章中完成的。在第 9 章，塞尔登提供了古希腊克里特人建立的米诺斯王朝统治希腊海的证据。[①]在第 10 章，塞尔登指出米诺斯王朝之后，东方的 17 个民族相继占有叙利亚海、埃及海、潘菲利亚海、爱琴海，即吕底亚人、贝拉斯基人、色雷斯人、罗得人、弗里吉亚人、塞浦路斯人、腓尼基人、埃及人、米利都人、卡里亚人、莱斯博斯人、菲西人、科林蒂安斯人、伊奥尼亚人、纳克索斯人、埃雷特里亚人、埃伊纳人。[②]在第 11 章，塞尔登讨论了斯巴达人与雅典人对海洋的统治，并提供证据指出他们的统治不仅受希腊人承认，而且在与波斯的和平条约中得到认可。[③]第 12 章提供了其他东地中海国家占有海洋的证据。[④]第 13 章提供了西地中海的斯宾塞人、托斯卡纳人、迦太基人占有海洋的证据。[⑤]第 14、15 章讨论的是罗马人对海洋的所有权，并提供了东方帝国遵从其习惯的证据。[⑥]在第 16 章，塞尔登讨论了意大利人对海洋的占有，包括威尼斯对亚得里亚海，热那亚人对利古里亚海，托斯卡纳人对第勒尼安海，以及罗马教皇对其周边海域。[⑦]第 17 章提供了葡萄牙与西班牙占有海洋的证据。[⑧]第 18 章提供了法国占有海洋的证据，同时塞尔登也讨论了法国与英国之间海域的归属，明确指出："他们与我们之间那片流动的海洋的主权绝对地属于英国国王。"[⑨]第 19 章分别讨论了丹麦人、挪威人、瑞典人、波兰人与土耳其人占有海洋的证据。[⑩]

最后，塞尔登从海洋特性的角度阐释海疆存在的理由，这一部分是通

① John Selden, *Of the Dominion, or, Ownership of the Sea*, pp.53-56.

② John Selden, *Of the Dominion, or, Ownership of the Sea*, pp.56-65.

③ John Selden, *Of the Dominion, or, Ownership of the Sea*, pp.65-69.

④ John Selden, *Of the Dominion, or, Ownership of the Sea*, pp.69-74.

⑤ John Selden, *Of the Dominion, or, Ownership of the Sea*, pp.74-89.

⑥ John Selden, *Of the Dominion, or, Ownership of the Sea*, pp.89-99.

⑦ John Selden, *Of the Dominion, or, Ownership of the Sea*, pp.99-107.

⑧ John Selden, *Of the Dominion, or, Ownership of the Sea*, pp.107-110.

⑨ John Selden, *Of the Dominion, or, Ownership of the Sea*, pp.111-117.

⑩ John Selden, *Of the Dominion, or, Ownership of the Sea*, pp.118-122.

过批判“海洋自由论”完成的。第一，塞尔登认为海洋的流动性特征不构成海洋不可占有的理由。在持“海洋自由论”者看来，由于海洋永远处于运动之中，而且在任何情况下都不会保持不变，因此无法被私人所占有。塞尔登类比道：“至于海洋的流动性质，难道河流与喷泉不更是处于永恒的流动和运动中吗？”①并且，“即便海洋本身不断地移动与改变，但是水体所流经的水道与地方是永远不变的。”②由此可见，水的流动与变化并不妨碍河流的私人所有权。③继而，他罗列了历史上各个民族与国家对河流实施占有的证据，指出：“既然各个地区都承认河流的私人所有权，为什么不能够以同样的形式承认任何海洋都可能够被占有？”④在塞尔登看来，河流本身就是面积较小的海洋，沼泽与湖泊亦是如此，它们除了大小以外没有本质区别。为了提高论证的力度，塞尔登以更加具有流动性的空气来类比。他指出，海洋的流动性质不是“它不能够被占有与支配的原因，就像空气的流动性质并不是一所房子地基以上的空间不能被占有与支配的原因”⑤。根据民法，谁拥有土地与建筑，谁就是建筑内部流动的空气的所有者。可见，塞尔登论证海洋所有权的立足点在于它拥有固定的边沿与底座，因此流动性不妨碍对海洋施加占有。

第二，塞尔登反对将海洋不能划界作为海洋不可占有的理由。他认为海洋可以划界，无论是在海岸抑或海域内部。针对作为自然边界的海岸，塞尔登质疑道：“我不能完全理解，为什么海岸不能被称作合法的边界，不能作为划定海洋所有权的依据，就像测量员划定陆地边界时使用沟渠、树篱、湖泊、成排树木、土丘及其他东西作为依据。”⑥他认为，相比在陆地，在海域中找出区分私人所有权的边界稍微困难，但并非没有可能，他指出：“我们有高大的岩石、沙洲、彼此相对的海角，以及分散在各处的

① John Selden, *Of the Dominion, or, Ownership of the Sea*, p.127.

② John Selden, *Of the Dominion, or, Ownership of the Sea*, pp.127-128.

③ Helen Thornton, “John Selden’s Response to Hugo Grotius: The Argument for Closed Seas”, *International Journal of Maritime History*, Vol.18, No.2, 2006, p.117.

④ John Selden, *Of the Dominion, or, Ownership of the Sea*, p.130.

⑤ John Selden, *Of the Dominion, or, Ownership of the Sea*, p.130.

⑥ John Selden, *Of the Dominion, or, Ownership of the Sea*, p.135.

岛屿，从这些地方可以用直线、曲线或角来划定海疆的边界。”[①]而且，即便是在开阔的水域，人类也有足够的工具来对其进行划界，包括“水手指南针这一有用发明，经度与纬度的天文度数的帮助，以及由此产生的三角学原理”[②]。随后，塞尔登以一系列条约来说明这些工具对海洋的划界是如何实现的。[③]例如，荷兰与奥地利哈布斯堡家族之间在1608年签订的一项协议，就以北回归线和赤道作为海上边界。[④]划定西班牙与葡萄牙势力范围的“教皇子午线”是更加著名的例子，它以一条连接南极与北极极点的想象线条为界，对海洋进行了分割。[⑤]塞尔登还指出，有的律师热衷于为各片海域划定范围，他们将距离海岸100英里以内海域的管辖权划给海岸的领主，有时则是60英里。[⑥]

第三，塞尔登指出海洋资源取之不尽、用之不竭不是海洋不可占有的理由。塞尔登否认海洋资源的无限性，强调海洋资源是有限的，对资源的获取与使用会造成它们的减损，从而损害所有者的利益，“我们的确经常看到，由于其他人的捕鱼、航海与贸易活动，海洋本身对于那些拥有它和有权享有它的人来说，变得愈发恶劣；这样，由此产生的利润也比原本可能获得的要少。”[⑦]他进一步举例说明：“海洋生产珍珠、珊瑚和其他类似的东西……这类海洋物产的储量每时每刻都在减少，就像金属矿山、采石场或果园的资源储量一样，当它们的矿藏与果实被带走时，其丰富度也会逐渐降低。”[⑧]在举证结束后，塞尔登反问道：“那么，海洋中取之不尽、用之不竭、无可耗损的丰富物产在哪儿呢？”[⑨]基于此，塞尔登认为，不能够以海洋的富饶作为海洋自由的理由，“我们不应该据此反对海洋所有

① John Selden, *Of the Dominion, or, Ownership of the Sea*, p.137.

② John Selden, *Of the Dominion, or, Ownership of the Sea*, p.138.

③ Helen Thornton, “John Selden’s Response to Hugo Grotius: The Argument for Closed Seas”, *International Journal of Maritime History*, Vol.18, No.2, 2006, p.120.

④ John Selden, *Of the Dominion, or, Ownership of the Sea*, p.138.

⑤ John Selden, *Of the Dominion, or, Ownership of the Sea*, p.139.

⑥ John Selden, *Of the Dominion, or, Ownership of the Sea*, p.139.

⑦ John Selden, *Of the Dominion, or, Ownership of the Sea*, p.141.

⑧ John Selden, *Of the Dominion, or, Ownership of the Sea*, p.141.

⑨ John Selden, *Of the Dominion, or, Ownership of the Sea*, p.143.

权，除非我们同样断言，不仅罗马皇帝对世界拥有所有权的说法明显错误，（这是必然的）而且这与自然理性相悖，因为世界异常广阔且资源丰富。”[①]

三、“四海”归一：塞尔登对英国海疆的构建

在《海洋闭锁论》的第二卷，塞尔登开始重点讨论英国海疆问题，主要涉及三个层面，即以“四海”构建海疆的空间格局，以历史经纬叙述“四海”归属，以及遵循英国优先的单边主义原则。接下来，笔者将从这三个层面着手分析塞尔登的英国海疆观。

（一）以“四海”构建海疆的空间格局

塞尔登将环绕大不列颠岛的海洋称为“不列颠海”（British Sea）。他在《海洋闭锁论》一书结尾处概括了这片海域的范围：“海外邻近国家君主的海岸或港口，正是英帝国向南和向东的领海边界；但在北部和西部的辽阔海域，这些边界被划定在那些由英格兰人、苏格兰人和爱尔兰人所占据的最宽广的海洋的最远处，这是由英格兰、苏格兰和爱尔兰拥有的。”[②]对于“不列颠海”，塞尔登根据“世界的四分”，按照东、南、西、北四个方位将之分为四个部分，统称“四海”（four seas）。换句话说，“四海”之内皆为英国领海。“四海”的划分并非塞尔登独创，例如1634年的一份官方文件中就提出，“这些海洋，通常被称作英吉利的四海，如今比任何往昔时代都受到战舰及其他船舶更加严重的侵扰”[③]。不过，塞尔登将之具体化，在新的时代背景下挖掘新的内涵。

塞尔登同时讨论“东海”与“南海”，它们处在英国与欧洲大陆国家之间。塞尔登将“东海”称为“日耳曼海”（German Sea）。他沿用古罗马

① John Selden, *Of the Dominion, or, Ownership of the Sea*, p.143.

② John Selden, *Of the Dominion, or, Ownership of the Sea*, p.459.

③ R. G. Marsden, *Documents relating to the Law and Custom of the Sea, Vol.I, A.D. 1205-1648*, London: Colchester and Eton: Spottiswoode and Co. Ltd., 1915, p.485.

地理学家托勒密的命名，因为“这片海域位于日耳曼海岸之前”。[①]就“南海”而言，托勒密将流经英国南部海岸的海域称为“不列颠海”，这一古代名称与塞尔登对英国海域的整体称呼重叠。至于这片海域的范围，塞尔登指出，它“像一弯半月在法国海岸延伸，穿过阿基坦的海湾与溪流，一直延伸到西班牙北部海岸”[②]。塞尔登进一步解释了西班牙北部海域之所以为英国所有的原因。此处他引用了古罗马地理学家庞波尼乌斯·梅拉（Pomponius Mela）的言论：“比利牛斯山是从这里最先进入不列颠海的；然后转向高地，一直延伸到西班牙。”[③]与此同时，他还引用了阿拉伯地理学家的言论作为佐证：“在北部，安达卢西亚（阿拉伯人对西班牙的称呼）被英格兰人的海洋所环绕，它们属于罗马人，也属于欧洲人”；阿拉伯地理学家还称：“从托莱多到圣詹姆斯有九段路程，它们位于英吉利海”；此外，“他称圣詹姆斯城所在的地方为英吉利海的海角，并且还有其他各种类似的通道”。[④]据此，塞尔登将西班牙北部海域也纳入英国海疆范围。

“西海”包括爱尔兰海及不列颠群岛与美洲之间的广阔海域。塞尔登首先论述位于大不列颠岛与爱尔兰岛之间的海域，他称之为“维吉维安海”（Vergivian Sea）。他指出，这片海域冲刷着苏格兰海岸，与此同时爱尔兰岛也坐落于此，爱尔兰海被视为其中一个部分，在古代被称为“斯基泰谷”（Scythian Vale），后来被称作圣乔治海峡。[⑤]而至于爱尔兰以西海域，塞尔登将之与大不列颠岛和爱尔兰岛之间的海域统称为“不列颠海”[⑥]。因为“不仅这片土地（古代称为大不列颠，有时简称为大岛），还有爱尔兰岛以及其它相邻的岛屿，都被统称为不列颠尼亚”。[⑦]他还援引盎格鲁–撒克逊时代的作家埃塞尔沃德（Æthelweard）的话佐证：“他们到爱

① John Selden, *Of the Dominion, or, Ownership of the Sea*, p.184.
② John Selden, *Of the Dominion, or, Ownership of the Sea*, pp.185-186.
③ John Selden, *Of the Dominion, or, Ownership of the Sea*, p.186.
④ John Selden, *Of the Dominion, or, Ownership of the Sea*, p.186.
⑤ John Selden, *Of the Dominion, or, Ownership of the Sea*, p.182.
⑥ John Selden, *Of the Dominion, or, Ownership of the Sea*, p.183.
⑦ John Selden, *Of the Dominion, or, Ownership of the Sea*, p.183.

尔兰去，伟大的尤利乌斯·恺撒称之为不列颠尼亚”。[①]至于位于更西方的广阔海域，塞尔登指出其范围直达美洲海岸，其间的宽阔海域也为英国所占有。[②]

北部海域则被塞尔登称为“北海”（Northern Sea）、“苏格兰海”（Caledonian Sea）和“德乌加里东尼亚海”（Deucaledonian Sea）。塞尔登指出，在北部海域上坐落着奥克尼群岛、图勒岛及其他岛屿，它们合称为“不列颠群岛”或“阿尔比恩尼亚群岛”。[③]塞尔登着重讨论了图勒岛，以证明英国对北部开放水域的拥有。他指出，图勒岛在古代不仅被视为一个不列颠岛屿，而且一些人明确将其置于不列颠本土之内。随之，他列举阿拉伯作家马哈茂德斯·阿查拉尼德斯（Mahumedes Acharranides）的言论作为依据。后者指出，托勒密及其追随者曾在图勒岛北部画一条边界，并将之作为人居世界的北部极限。[④]除此之外，他还指出一些古人使用图勒的名称来指代不列颠或英格兰，以证明此地与英国的密切关系。由图勒岛推而广之，塞尔登指出位于“北海”的其他已知岛屿最终也被冠以不列颠的名字，并认为它们的北部边界达到了北纬 67 度左右。[⑤]

（二）以历史经纬叙述“四海”归属

《海洋闭锁论》的书写体现了鲜明的历史意识，这一意识贯穿于塞尔登对英国海洋疆域归属问题的讨论。在塞尔登看来，他所论及的“四海”皆为英国海疆，这一归属权建立于英国的历史占有基础之上。

首先，英国对“四海”的统治具有历史连续性。塞尔登不仅指出，英国最先占有了环绕其四周的海洋，而且为之构建了历史的连续性。塞尔登对连续性的构建，并非建立在某一种族、王朝或政权的基础之上，而是与英国的土地进行绑定。他指出：“从古至今从未中断的是，那些因事务状况的频繁变化而统治这里的人，无论是不列颠人、罗马人、撒克逊人、丹

① John Selden, *Of the Dominion, or, Ownership of the Sea*, p.183.

② John Selden, *Of the Dominion, or, Ownership of the Sea*, pp.441-442.

③ John Selden, *Of the Dominion, or, Ownership of the Sea*, p.183.

④ John Selden, *Of the Dominion, or, Ownership of the Sea*, pp.183-184.

⑤ John Selden, *Of the Dominion, or, Ownership of the Sea*, p.184.

麦人、诺曼人，抑或后来的英国诸王，都以连续占有的方式享有海洋的所有权，也即是说，他们以独特的方式使用并享受这片海域，将其视为自己不可争议的一部分，无论是作为英帝国整个领土的一部分，还是作为其某个部分，这取决于统治者的情况和条件；或者作为这片土地不可分割的附属品。”①这样，政权或统治者的更替不影响查理一世对海洋的占有。在第二卷内容的编排上，塞尔登以时代为轴展开论述。它始于罗马征服之前，一直延伸至塞尔登生活的时代。

其次，利用史料证据证明英国对“四海”的占有。诺曼征服之前，时代的久远令史料来源相对受限。最为有力的证据来自 10 世纪的盎格鲁–撒克逊国王埃德加的头衔。塞尔登引用了埃德加在 964 年于伍斯特颁发的一份宪章的表述：“我，埃德加，阿尔比恩全境以及周边沿海或岛屿的君王们的至高无上的君主。”②诺曼征服以后，证据的充裕使塞尔登获得了更为充分的论证空间。例如，塞尔登提供了英国保卫和管辖“英吉利海”的证据，以证明英国对这片海域的占有；其包括三个重要方面，即对海洋的守卫、为保护海洋而征收的税，以及英国为保护和管辖海洋而建立的各类组织机构。③塞尔登也以英国对海峡群岛的领有证明英国对“南海”的所有。这些岛屿靠近法国北部陆疆，但受英国统治。④此外，塞尔登将英王向外国人授予穿越海洋的通行证以及捕鱼许可证作为证据。捕鱼许可证的发放主要涉及“东海”，他指出荷兰人与泽兰人在古代有向约克郡的斯卡伯勒城堡总督申请捕鱼许可证，从而在东部海域捕鱼的习惯。⑤另外，根据英国的法律规定，即便相互敌对的国家在英国海域内也须和平共处，这也被塞尔登视为英国对海洋有所有权的证据。⑥除此之外，塞尔登广泛收集了国王的言论、各类法律书籍的记载，以及英国与外国缔结的条约来证明英国的海洋所有权。上述证据主要涉及“东海”与“南海”，为了兼顾

---

① John Selden, *Of the Dominion, or, Ownership of the Sea*, p.182.

② John Selden, *Of the Dominion, or, Ownership of the Sea*, p.274.

③ John Selden, *Of the Dominion, or, Ownership of the Sea*, p.287.

④ John Selden, *Of the Dominion, or, Ownership of the Sea*, p.333.

⑤ John Selden, *Of the Dominion, or, Ownership of the Sea*, p.357.

⑥ John Selden, *Of the Dominion, or, Ownership of the Sea*, p.363.

“西海”与“北海”，塞尔登还专门开辟章节讨论英国领有这两片海洋的证据。[①]

此外，塞尔登还从他者角度证明英国对“四海”的占有。为了强化英国海疆的合法性基础，塞尔登强调英国对“四海”的占有在国际上受到承认。例如，塞尔登利用了收起风帆（striking the sails）的证据。所谓的收起风帆，是指在英国海域内航行的外国船只在同英国军舰相遇时需收起船上的风帆。塞尔登将这一行为视为外国人承认英国“海洋主权”的表现，他指出：“收起风帆受到了执行，不仅仅是为了表达对国王尊敬，而且是为了承认他在这片海域的主权与所有权。”[②]塞尔登重点列举了历史上法国船只收起风帆的例子来证明法国对英国“海洋主权”的承认。他还引用约翰王向海军司令下达的命令进行佐证，即对于拒绝收起风帆的船只，要求对船只和船上的货物进行扣押。[③]塞尔登还使用其他证据证明外国人对英国“海洋主权”的承认。他提到爱德华二世时期弗兰德斯人呈递英王的一项请愿。当时弗兰德斯人的货物在英国附近海域被劫，弗兰德斯伯爵罗伯特的使臣为此事请求英王爱德华二世给予救济，原因在于“他是上述海域的主人，上述掠夺行为是在其领土和管辖范围内的海域犯下的”[④]。

（三）遵循英国优先的单边主义原则

海疆问题往往伴随着国家之间的矛盾与冲突。正如塞尔登的论述所示，英国海疆边界的划定不仅取决于英国统治者的意志，还涉及国际社会对英国海疆的认同问题，需要协调双方乃至多方关系。不过，在《海洋闭锁论》中，塞尔登对相关争议的处理往往遵循英国优先的准则，将英国的利益作为主要标准。正是在这一准则的驱动之下，塞尔登的海疆观表现出强烈的侵略性特征。

一方面，塞尔登将英国海疆拓展至最大范围。塞尔登反对海洋自由的

---

① John Selden, *Of the Dominion, or, Ownership of the Sea*, pp.433-462.

② John Selden, *Of the Dominion, or, Ownership of the Sea*, p.399.

③ John Selden, *Of the Dominion, or, Ownership of the Sea*, p.401.

④ John Selden, *Of the Dominion, or, Ownership of the Sea*, p.429.

一个重要原因，在于他认为海洋并非没有边界，其自然边界包括海底与海洋对岸的陆地。他将之与河流进行类比，既然河流能够被占有，海洋自然也能被占有。[①]基于此，塞尔登将英国海疆扩大到其所能达到的最大范围。但是，这一设想存在内在矛盾。按照这一论点，英国周边的国家同样可将其海疆扩大到英国海岸，这将造成海洋所有权的重叠。对于这一问题的处理，塞尔登主要依靠单方面的主张，而非基于双方的协商。这一处理方式充分体现在塞尔登对英法海疆划界问题的论述中。他在第一卷讨论法国对海洋的占有问题时，一方面强调法国占有海洋的习惯以支持其海洋可以占有的总论点，另一方面在处理英法之间海域的归属时宣称："流经他们与我们之间的这片海洋的主权绝对属于英国国王。"[②]第二卷提供了进一步的论证。前文指出，塞尔登以英国政府对南部海域施加管理的证据证明英王对这片海域的占有。但是，同样的证据也能够在法国找到，例如法国国王曾在其北部海岸设立海军司令（admirals）的职务，以监管海洋事务。[③]但是，塞尔登认为这一职务在海洋管理事务上并不具备重要性，尤其是其在法国高等法院（High Court of Parlament）中没有一席之地。塞尔登认为，其功能仅仅是指挥海上的舰队[④]。由此，塞尔登解构了法国借此伸张对于南部海域主权的正当性。通过这一案例可见，塞尔登主要依靠对于英国单方面有利的规则解决英国与他国之间的海洋所有权冲突，从而将其海疆扩大到邻国的海岸。除此之外，对于大航海以后被探明的北大西洋海域，塞尔登也以英国对北美东海岸的占有将之纳入英国的主权之下。[⑤]

另一方面，塞尔登在海洋权益问题上也以有利于英国的角度加以解释。在近代早期，渔业捕捞问题极易引起国家之间的争端。都铎王朝时期，英国允许外国渔民在其周边海域自由捕鱼；但是，从斯图亚特王朝开始，英国政府转变政策，出台捕鱼许可证等举措限制外国渔民的捕鱼活动。塞尔登的论证包含了对这一政策的支持。自由捕捞政策不符合当时英

① John Selden, *Of the Dominion, or, Ownership of the Sea*, pp.135-136.

② John Selden, *Of the Dominion, or, Ownership of the Sea*, pp.114-115.

③ John Selden, *Of the Dominion, or, Ownership of the Sea*, p.321.

④ John Selden, *Of the Dominion, or, Ownership of the Sea*, p.329.

⑤ John Selden, *Of the Dominion, or, Ownership of the Sea*, p.441.

国的经济利益，塞尔登指出英国人“总是将荣誉和特权留给自己，却由于疏忽将利润给了外国人”[①]，尤其是荷兰人据此获得了巨大的收益。为了争夺这一海洋权益，塞尔登首先指出荷兰人自古有向英国申请捕鱼许可证的习惯，并解释都铎时期的自由捕捞政策并非由于海洋不可占有，而是因为联盟关系使英国对友好国家放宽了捕捞限制，从而将渔业政策的主动权重新转移到英国的手中。[②]这一新的解释为斯图亚特王朝新的渔业政策提供了立足点。同时，在爱尔兰海的渔业问题上，塞尔登否定了英国与丹麦在这片海域达成的自由捕捞默契。他指出，都铎政府对丹麦主张英王从未禁止爱尔兰海的自由航行与捕鱼是“非常欠缺考虑的”。[③]由此，塞尔登也根据新政策对爱尔兰海的捕鱼权利进行重新安排。由此可见，在协调英国与他国在海洋权益问题上的冲突时，塞尔登的依据便是英国的当前利益，并基于此重新诠释历史证据。

结语

总而言之，通过《海洋闭锁论》一书，塞尔登系统地阐释了他的海疆观。塞尔登的命运沉浮与这部著作的创作和出版紧密联动，而它们则深受时代风云变幻之影响。塞尔登的海疆观包含两个具体层面。其一，塞尔登构建了海疆之所以存在的“元叙事”。通过总结所谓“文明国家”的历史经验，并就海洋的自然特性进行分析，塞尔登为海疆的存在建立了理论基础。其二，塞尔登对英国海疆进行了集中阐释。在此过程中，塞尔登充分利用了英国的历史资源。通过对“四海”概念的再阐释，塞尔登为英国海疆建构了空间格局；通过对史料的发掘，塞尔登打造了“四海”属于英国的证据链；而在争议性问题上，塞尔登则贯彻了单边主义的原则。这样，塞尔登将英国的海疆扩至其所能达到的最远处，与查理一世政府对海疆的诉求达成一致。

塞尔登的海疆观产生了广泛而深远的历史影响。《海洋闭锁论》在英

---

① John Selden, *Of the Dominion, or, Ownership of the Sea*, p.357.

② John Selden, *Of the Dominion, or, Ownership of the Sea*, p.357.

③ John Selden, *Of the Dominion, or, Ownership of the Sea*, p.436.

国被奉为权威。爱尔兰法学家查尔斯·莫洛伊（Charles Molloy）指出："在塞尔登创作其杰作之后，无疑不可能有任何君主或共和国，或任何拥有理性或理智的个人会怀疑英国的海洋主权……"①即便是他的质疑者也对他的作品持尊敬态度，例如梅多斯就宣称："此书对其论点的论证如此全面，以至于现在写作同样题材的人必将如同在荷马之后撰写《伊利亚特》那样招致古老的责难。"②在政策层面，这部著作在早期斯图亚特王朝、英吉利共和国及王朝复辟时期三次出版，作为英国政府宣扬海疆主权的工具。从这个角度来说，塞尔登的海疆观融入了英国决策层的思维，成了英国经略海疆的认知基础。而在国际社会，塞尔登对英国海疆的论证立即引起了诸多非议，但亦不乏乐见其成者。格劳秀斯便名列其中，他"非常高兴与他本人相反的观点得到证实"。③

但不可否认，塞尔登的海疆观有其内在矛盾。塞尔登对海疆法理基础的论证建立在基督教文化的根基之上，不具有普遍性。不仅如此，塞尔登对海疆的考察是在"文明等级论"前提下展开的。塞尔登将世界分为"文明国家"与其他国家，他对海疆历史的横向考察仅限于"文明国家"。这些国家主要是环地中海与大西洋沿岸的欧洲国家，其他国家则被排斥在外。而就其对英国海疆的构建而言，塞尔登所用的史料不仅存在错谬，而且史料的选择透露出浓厚的霸权逻辑。基于这样的海洋认知，英国政府对于"四海"的经略引起了严重的争端与矛盾，这为塞尔登的海疆观最终退出历史舞台埋下了伏笔。④

---

① Charles Molloy, *De Jure Maritimo et Navali, or, A Treatise of Affairs Maritime and of Commerce*, London, 1676, p.46.

② Philp Medows, *Observations concerning the Dominion and Sovereignty of the Seas: Being an Abstract of the Marine Affairs of England*, London: Savor, 1689, preface.

③ SP 16/344 f. 120.

④ 陈剑：《独占抑或共享：英国17世纪下半叶的"海洋主权"之争》，载《复旦学报（社会科学版）》，2024年第3期，第56—66页。

Selden's View on Maritime Frontiers: The Cognitive Foundation of Early Modern Britain's Maritime Governance

Chen Jian
(Department of History, Shanghai University, Shanghai, China)

Abstract: The early modern period was an era when the concept of sea territory flourished in Europe, and John Selden's view on maritime frontiers was a notable case. His cognition was mainly reflected in his book *Mare Clausum*, published in 1635, which aimed to provide a legal basis for Britain's "maritime sovereignty". The book was divided into two parts. In the first part, Selden discussed the legal and historical basis for the existence of maritime frontiers. In the second part, using the "four seas" as a framework, Selden constructed a chain of evidence with historical materials and, according to the principle of unilateralism, provided a theoretical plan for the construction of Britain's maritime frontiers. Upon its publication, the book propelled Selden's perspective of sea territory to an authoritative position, profoundly influencing British government's maritime governance in early modern period. However, despite its influence, his argument contained various defects, which sowed the seeds for the decline of this perspective.

Keywords: Britain; John Selden; view on maritime frontiers; *Mare Clausum*; maritime governance

越南阮朝前期的海防政策

罗燕霞[1]

【内容提要】 为消除海洋世界带来的各种威胁和风险，进一步巩固中央王朝，越南阮朝前期高度重视海防建设。这一时期，其海防政策包括沿海关汛屯堡建设、水师建设以及相关海防的行政管理等，大体经历三个历史阶段。嘉隆时期（1802—1819年）是越南阮朝的海防体系建设初步发展时期；明命时期（1820—1840年）是阮朝海防体系建设全面发展时期，基本奠定了阮朝在沿海的军事防御格局；绍治时期（1841—1847年）、嗣德时期（1848—1883年）是越南阮朝海防逐渐松弛乃至崩溃的时期。从越南阮朝前期的海防建设及其政策的实施成效和影响来看，一定程度上畅通了海上交通，刺激了越南沿海经济乃至海洋经济的发展，有助于越南与外界的经济人文交流。但是在海禁和锁国的思想指导下，越南阮朝的海防政策产生的成效和积极影响是极其有限的。

【关键词】 越南阮朝；海防意识；海防政策；历史影响

越南阮朝前期与中国清朝面临同样的海盗、西方殖民威胁海防的重大难题。对越南阮朝前期的海防政策、历史演变乃至经验教训进行研究和总结，也可以为中国清朝的海防体系建设乃至当代中国海防安全建设提供必要且有益的借鉴。从这个角度来说，本文的研究具有重要的历史和现实意义。

一、越南阮朝前期的海上威胁

越南三面环海，东临中国南海、太平洋，南向马六甲海峡、印度洋，

---

① 作者简介：罗燕霞，女，历史学博士，广西民族大学相思湖学院教师，研究方向为东南亚历史与文化、思想政治教育。

与中国的北部湾交界，遥望暹罗湾。海洋是越南“四海”世界的重要组成部分。认识海洋、利用海洋、化解海洋潜在威胁是越南封建王朝海洋治理的重心。

越南阮朝实现大一统，其国家政治版图达到顶峰。南北狭长的政治版图，使得坐落在中部狭长地段的顺化朝廷难以辐射和影响南北各地。为加强中央王朝在地方的影响力，巩固中央王朝统治，越南阮朝依托境内的红河水系、太平河水系、湄公河水系、同奈河水系与近海构建起沟通南北的海上航运和漕运线，来实施中央意志。漕运线路包括北向的漕运航线：从承天府的顺安海口出发，往北经过广治、广平、河静、义安、清化、南定、海阳，沿着红河支流进入河内。南向漕运线路则从承天府的顺安海口出发，向南经过广南、广义、富安、嘉定等，并向下湄公河延伸。这些水上交通及漕运线路的开辟，极大地解决了顺化京畿中心因地处狭长之地所带来人、物交通不便，以及中心对地方辐射力弱的难题。

但是，三面环海的越南，海盗和西方殖民者对越南海上航运，特别是给作为越南国家经济命脉的漕运带来严重威胁。阮朝年间，因贩鱼、走私及海外贸易之利，吸引沿海渔民、游手好闲者、布衣甚至商贾官宦铤而走险，纷纷下海，蔚然成风。这些海匪以沿海的岛屿、山林、山岬等地方为“渊薮”，肆意骚扰沿海经济和沿海居民，遂成“海患”。其中北圻的广安、南圻的河仙最为猖獗。史载，广安附近的“滨海岛屿甚多”①，岛屿之外又有重重山林，其“沿海地面多为匪徒伏窜渊薮”②；而靠近暹罗湾一端的河仙“海中多岛屿，阇婆海匪船常窝伏邀劫”③。16世纪后，资本主义国家在海上奉行积极扩张政策。然而，阮朝前期，对于西方采取的是回避官方接触，因此西方与越南存在巨大的矛盾，双方的矛盾日益严重，冲突由隐转向显，也威胁到越南阮朝海上运输线及海防安全。时局的发展、严峻的海防形势日益激起越南君臣强烈的忧患意识和海防意识，促使越南阮朝重视海防建设。

① 阮朝国史馆：《大南实录·正编第二纪》卷80，第1—2页。

② 阮朝国史馆：《钦定大南会典事例》册5，重庆：西南师范大学出版社，2015年，第2732页。

③ 阮朝国史馆：《大南实录·正编第二纪》卷188，第9页。

因之，消除海上的威胁、巩固中央王朝的统治，就成了越南阮朝海防建设的重要主题。围绕这个主题，越南阮朝前期历经嘉隆时期（1802—1819 年）、明命时期（1820—1840 年）、绍治时期（1841—1847 年）、嗣德时期（1848—1883 年）进行了长达 80 多年的海防探索和实践。

二、越南阮朝前期海防政策的历史演变

从海防政策成效及影响来看，越南阮朝海防体系建设经历了起步发展、全面发展、松弛再到停滞的历史阶段。具体表现为：嘉隆时期（1802—1819 年）是阮朝海防体系建设初步发展时期；明命时期（1820—1840 年）是阮朝海防体系建设全面发展阶段，基本奠定了阮朝在沿海的军事防御格局；绍治时期（1841—1847 年）、嗣德时期（1848—1883 年）以后，阮朝海防松弛，嗣德十一年（1859 年）后，遭到了法国殖民者的重创，引发严重的海疆危机，海疆危机进一步激化阮朝封建社会的各种矛盾，加快其衰败，越南海防由此趋向衰落。从越南阮朝前期海防政策来看，主要由两部分组成，一部分是滨海海面上的防御，包括静态的沿海关汛屯堡防守体系建设，如在重要的汛口派兵驻守，或凭借山水之险筑造炮台、军事屯堡等；动态的水师巡航剿捕体系建设。在这一系统部署下，为达到对内缉盗、缉私、镇压反阮起义，对外抵御暹罗、防范西方殖民者的挑衅和入侵的目的，越南阮朝围绕沿海关汛屯堡驻防、相关工事建设、水师军队建设、巡防、海上剿匪等方面进行积极部署。

（一）嘉隆时期海防的初步探索

嘉隆时期，经历分裂和长期战争的嘉隆帝，异常警惕海盗以及海盗集团对新建立的中央王朝带来的威胁。同时，为防止海洋世界威胁到大陆政权，越南阮朝仿效中国实行严格的闭关锁国政策。朝廷规定下海行商“船货入官，奸商者杖一百，流三千里”[1]，同时禁止西方传教士在越南境内传教，禁止外国与越南通商。但是，越南三面环海的地理现实，以及漕运

① 阮朝国史馆：《大南实录·正编第一纪》卷 55，第 14 页。

对海上运输的依赖，不得不实行有限的海上开放。客观形势的发展，让越南阮朝不得不直面海盗乃至西方殖民者对漕运带来的各种风险和威胁，由此，越南阮朝高度重视海防建设，但是在森严的海禁和严格的锁国的思想指导下，越南阮朝实行有限的海防政策。

嘉隆初年，西山王朝扶植的“齐桅海匪”[①]对阮朝构成较大的威胁。双阮战争期间，“齐桅海匪”还是西山政权对抗南河阮主政权的“急先锋”。其船舰多次在南圻的庆和省、中部的施耐海面、顺化海面与阮福映军队展开激战。1801 年 2 月，为彻底瓦解齐桅海匪集团及西山王朝对阮福映军队的威胁，阮福映发动对西山政权的海上攻势，在这一场战争中，“西山军损失 5 万名将士，绝大部分船只和 6000 门火炮”[②]，基本消灭西山王朝的水师及齐桅海匪的海上势力。

要指出的是，越南阮朝的海防建设体系体现了传统儒家思想中的“居中驭外”的治理思想。在海防治理上，尤其重视中圻及京畿军事安全，次之是南圻，再次之是北圻。南圻比北圻重要，这和阮福映先祖 200 多年在南圻的耕耘和经略有密切关系，阮朝君相一向认为南圻是福地之泽。这一治理思想和海防侧重点也贯穿有阮一代的海防治理，全面体现在其海防政策上。

统一后的越南阮朝重点加强海防军事防御体系建设。嘉隆年间，建成专门的水师部队，主要负责近海海面往来船只的稽查、确保漕运航道安全、缉捕海匪等，来维护沿海海面和漕运线路安全。同时，越南阮朝逐步完善沿海关汛屯堡的建设。嘉隆年间，越南阮朝在沿海汛口或沿岸进行屯堡设防和驻兵，布防重点是京畿及拱卫京畿的中圻各省，其情况如下表：

表 1　嘉隆时期中圻沿海汛堡驻兵情况

省份	沿海汛堡	驻兵人数	兵源
南定省	遼汛	30	省兵

①〔美〕穆黛安：《华南海盗》，刘平译，北京：商务印书馆，2019 年。

②〔美〕穆黛安：《华南海盗》，刘平译，北京：商务印书馆，2019 年，第 61 页。其引用的资料为《大南实录·正编第一纪》卷 13，第 21 页，但里面没有载录西山王朝死伤人数，不知其数据何来，存疑。

（续表）

省份	沿海汛堡	驻兵人数	兵源
	栎汛	30	省兵
承天府	顺安海口	300	京兵
	镇海台	102	京兵
广南省	沱囊汛	30	省兵
	大占汛	30	省兵
	奠海台	200	省兵
广治省	从律汛	21	乡民
	越安汛	17	乡民
广平省	灜江汛	60	省兵
平定省	施耐汛	35	省兵
	提夷汛	16	省兵
富安省	沱浓汛	10	省兵
嘉定省	芹蒢海口	50	省兵
	櫺欗海口	32	省兵
	仝争海口	18	省兵

资料来源：《钦定大南会典事例》。

从上表可知，越南阮朝在京畿及中圻7省的16个海口、关汛部署将近1000名士兵驻防。其中朝廷在承天府的顺安海口和镇海台分别派遣京兵（神策军）300、102名进行驻守；在广南沱囊汛和奠海台分别驻守省兵30、200人。地方中，中圻平定省的施耐海口驻守人数较多，35人。驻守官兵和该海口的战略位置有密切的关系。施耐是平定进入内地的重要海口，历来是兵家必争之地。阮福映与西山王朝曾在此进行过大规模的海战。阮朝初年，施耐海口左右两侧的雁州山和三座山还遗留有西山军修筑的炮台。阮朝建立后，施耐海口的军事性质和军事作用虽有所下降，但该港口成为越南阮朝漕运线路的重要一环，故重兵驻守。

这一时期，较为突出的是，越南阮朝加大对京畿附近沿海乃至沿岸的防御工事建设。其海防建设的目的有：一来保障漕运核心线路的安全，二来保障京畿安全，三是满足权贵阶层对奢华物品的需求。因此，越南阮朝在承天府的顺安海口及广南沱囊海口建成颇具规模的军事城堡。据载，嘉隆十二年（1813年），越南阮朝在广南沱囊汛左侧筑造奠海堡，明命年间对其进行完善，最终建成了有30个炮口、1个旗台的大型军事屯堡。明命十五年（1834年），改名为奠海城。嘉隆十二年（1813年），朝廷在广南沱囊汛右侧建成安海堡，堡内有22个炮口。明命十一年（1830年）修缮，十五年（1834年）改为安海城。除了近海防卫的军事屯堡外，阮朝初年，朝廷在广南茶山西岸的鸢嘴屿修筑防海炮台，主要是防范附近茶山澳港口船只登岸劫掠。

这一时期，越南阮朝的海防行政管理制度得到初步建制和完善。例如完善驻防制和巡航会哨制度。比如说，实行轮戍制。史载“更戍实行两班制，自四月初一至七月底为一班；第二班从八月初一至三月底”[①]。在京畿附近乃至中圻的港口实行相对严格的巡航会哨制度。其中，京畿中心的顺安海口滨海、近海等海面是巡查重点。史载，朝廷在顺安海口“设守所，置守御、巡守各一，原隶兵三队”，主要负责“巡抚洋外及护送官船出入”。

除了在近海或陆岸设置屯堡炮台、完善海防建制之外，越南阮朝采取主动的防御措施，主要表现为派遣水师巡航剿捕，主要以顺安海口为中心点进行巡航。巡航路线从顺安海口出发，77里到达思贤海口，据载这一海口设有“守所宿兵巡防海外、海口之西翠山”[②]。从顺安海口北上63里，到达越安海口；继续航行33里抵达从律海口；从顺安海口南下77里抵达思贤海口，再继续航行10里抵达景阳海口，继续航行10里到达朱买海口，再行驶19里抵达海云海口。其巡防线路根据季风气候，沿着海口南向或者北向会哨巡防，主要是防止海盗对核心线路的窥伺和滋扰。

要指出的是，这一时期海防的建设和发展离不开水师战船的筹建和发展。史载，“帝尝谓阮文仁、阮德川等曰：天下虽安，不可忘战，我军水战最为长技而船艘为数无几，宜预先制造以备有用，乃命嘉定采材木输

① 阮朝国史馆：《大南实录·正编第一纪》卷47，第12页。

② 高春育：《大南一统志》（维新版）卷2《承天·关汛》，第51页。

京，令诸军依式为之”[①]。战船修建和补缮主要由工部负责，征集兵匠或者船工以徭役形式完成。早在嘉隆三年（1804 年），朝廷命“工部参知阮德暄往乂安监造乌船一百艘，运北城米十万方给兵匠之应役者”[②]。同年，朝廷就命工部造“海道船二十艘，命乂安拣舟匠二百人充役”[③]，做好的船分批配给各省。嘉隆六年（1807 年），配给嘉定乌船三十三艘，北城二十五艘，平定十艘，平和、清化各五艘。[④]嘉隆九年（1810 年），配给清化船十艘。[⑤]嘉隆十一年（1812 年），配给广南、平定、平和官船各十艘，广义、富安各五艘，平顺八艘[⑥]。造船业的发展，为海防建设提供良好的条件和基础。

如上所述，越南阮朝嘉隆时期，为防止海匪对海上运输线的干扰，越南阮朝实行较为积极的海防政策，在军事屯堡、海防工事、行政制度上有所建设，初步规划了越南阮朝海防体系的发展方向。

（二）明命时期海防政策的发展和完善

经历嘉隆时期二十年的休养生息，越南阮朝的经济、政治、文化、社会得到快速的恢复和发展，使得越南阮朝迅速崛起为中南半岛的强国。这也进一步刺激了明命帝文治武功的政治野心，阮朝采取积极扩张的大陆政策，不断向西开疆拓土，与暹罗王朝展开区域竞争。在海洋治理上，一方面继承了先帝的海洋治理的历史遗产，另一方面，采取积极有为的海防政策，极力消除海洋的各种风险挑战，以全面保障海上运输能服务于其王朝国家的扩张战略。这一时期，无论是静态的海防防御体系，如职官配备、水师军事力量扩充、战船，汛口、屯堡、炮台等海事设施建设及其驻防，还是动态的水师巡航剿捕，都达到了前所未有的高度。

明命年间，海患仍不能消弭。仅广安一省，海匪行劫掠的事件就多达

① 阮朝国史馆：《大南实录·正编第一纪》卷 31，第 16 页。
② 阮朝国史馆：《大南实录·正编第一纪》卷 24，第 17 页。
③ 阮朝国史馆：《大南实录·正编第一纪》卷 24，第 16 页。
④ 阮朝国史馆：《大南实录·正编第一纪》卷 33，第 4 页。
⑤ 阮朝国史馆：《大南实录·正编第一纪》卷 40，第 29 页。
⑥ 阮朝国史馆：《大南实录·正编第一纪》卷 45，第 18—19 页。

11起[①]，海匪有中越两国破产的渔民、游手好闲者、商人、亡命之徒者等，他们成群结队久占洋外，制造海患，给王朝造成严重的威胁。据史料记载，明命八年（1827年），李公全纠合渔船300艘海船[②]于海面，其中有广东海匪帮混杂其中。又明命九年（1828年），来自钦州东兴500多人的海匪集团劫掠广安万宁州[③]。这些海匪是以生存为目的，并没有明确的政治目的。同样地，越南的海匪也流窜到钦州东兴一带兴风作浪，如广安阮保和清人钟亚发、陈有常等组成的海匪集团，越洋滋扰，严重威胁当地百姓安全。据《清宣宗实录》载，“据称廉州府知府张堉春禀报：探得越南红螺沙口白龙尾洋面，有匪船三十余只，盗匪数百人肆劫”。“大头目杨就富、盖海老（阮保），盖海老系越南国人”。[④]与同时期海匪活动不同的是，阮保海匪集团服膺“反阮复黎”的农民起义军首领黎维度的调遣，进行反阮复黎的叛乱。在南圻则有来自“爪哇岛一带”“新加坡、马来半岛”[⑤]的“阇婆”海匪，主要在暹罗湾附近的河仙活动和流窜。

这一时期，越南阮朝与暹罗的竞争也由陆上争霸延伸到暹罗湾和南海，以及下湄公河流域等地区。明命十四年（1833年）暹罗国王拉玛三世派遣一支远征军，由柬埔寨金边水陆进攻越南南圻。史载：明命十四年十一月二十三日（1834年1月2日），暹罗8000余人的官兵，进入金边，继而分乘战船200余艘进攻越柬边境的朱笃。两天后，暹罗水军在河仙登陆，占领省城。在水陆大军的包围下，朱笃也沦陷[⑥]。暹罗轻而易举的入侵，并在河仙登陆，暴露了阮朝海上防御的薄弱和漏洞。此后，暹罗多次绕过阮朝的海防监测，频繁在河仙海面、暹罗湾等地区派兵刺探军

① 阮朝国史馆：《大南实录·正编第二纪》卷43，第38页；卷49，第38页；卷52，第16页；卷57，第27—28页；卷78，第37页；卷79，第19页；卷82，第1页；卷83，第12页；卷84，第13—14页；卷87，第31页；卷88，第11页。

② 阮朝国史馆：《大南实录·正编第二纪》卷49，第38页。

③ 阮朝国史馆：《大南实录·正编第二纪》卷52，第16页。

④《清宣宗实录》卷226《道光十二年十一月》，第381页。

⑤ 成思佳：《从大陆王国到海岛殖民地——以越南阮朝学者潘辉注及其江流波之行为中心》，载《史林》，2017年第4期，第174—187、221页。

⑥ 阮登科、阮闰等：《钦定剿平暹寇方略正编》卷一，法国远东学院藏抄本，编号A.30，第15b—16a、21b页。

情。为制衡暹罗、威慑区域小国，阮朝强化南圻沿海的海防工事。除了重视中圻海防建设之外，时局的发展也迫使阮朝君臣更加垂注南北圻的海防建设，进一步完善其海防体系建设。

设置专职的水师提督，负责海防部署和管理。明命十六年（1835年），越南阮朝初置水师提督，秩从正二品，由神策中营统制武文徐担任水师提督。[①]明命十九年（1838年），张登桂兼领京畿水师[②]。这一防务设置级别之高是前所未有的，这表明朝廷整肃海氛的决心。沿海地方各省设置水师，明命十三年（1832年），越南阮朝基本完成沿海各省水师的建制和筹建工作。随着海防事务的开展，水师发展速度和规模远不能满足剿匪的需要。因此，越南阮朝开始扩编水师建制。如原建有左水奇水师的，则加快右水奇水师的建设，时限为一年。史料显示，一支左水奇大概有300多人。清葩"省辖水师有左水师一奇，兵数三百六十余人"[③]，在乂安、河内、南定、海阳等四省都有这一编制。如尚未建成水师奇或水师奇数量不足的话，则要求在数量上进行扩充（要求扩充到10队），如中圻的平定、富安、庆和、平顺等省。史载"平定水师为经设置，准拣取沿海民获募籍外设为平定水卫十队，富安、庆和、平顺诸水奇竝升为卫，卫各十队，欠者增拣附近海民充之。（富安原籍三队，增拣七队；庆和原籍四队，增拣六队；平顺原籍五队，增拣五队）"[④]。为加快水师队伍的筹建，越南阮朝对能招募水师者予以升官提拔的奖励。明命十三年（1832年），朝廷规定"谁能募得25人，授队长；50人，授该队；如充十队束成一奇者，授管奇"[⑤]。经过五年的发展，越南阮朝从中央到地方建立了较为庞大的水师队伍。明命十六年（1835年），地方水师和中央水师在富春进行首次会操[⑥]。明命二十年（1839年），朝廷组织全国水师进行水战演练，

① 阮朝国史馆：《大南实录·正编第二纪》卷159，第1页。
② 阮朝国史馆：《大南实录·正编第二纪》卷197，第12页。
③ 阮朝国史馆：《大南实录·正编第二纪》卷82，第18页。
④ 阮朝国史馆：《大南实录·正编第二纪》卷130，第2页。
⑤ 阮朝国史馆：《大南实录·正编第二纪》卷82，第20页。
⑥ 阮朝国史馆：《大南实录·正编第二纪》卷156，第10页。

史载："演水阵于清福江"[①]，当时的都统阮增明和协办大学士兼领京畿水师张登桂前往检阅。从会战场面来看，"诸军运棹进止可观，而言放鸟铳亦稍娴熟"[②]，柁工水手、持枪执杖的水师井然有序。这说明，越南阮朝水师队伍建设颇具规模。

加强海防工事建设。这一时期，越南阮朝在嘉隆时期的海防工事基础上，进行扩大和巩固。在军事据点建设上，有清晰和明确的部署，以期扣减一道道严密的海上防线。比如根据军事重要程度，设置城、炮台、堡、汛等不同层级的海防据点。其中"城"的军事地位最突出，有旗台、炮台、观望楼等工事建筑，是最重要的军事单位。早在嘉隆十二年（1813年），越南阮朝在广南沱囊海口的岸边建成奠海炮台和定海炮台。明命帝逐步完善其海防工事。据载：建成后的奠海城"在沱囊汛之左，周一百三十九丈，高一丈二尺，濠深七尺，门三，旗台一，炮台三十所"。定海城"在沱囊汛之右……周四十一丈二尺，高一丈一尺，有濠深一尺，门二，旗台二十二所"[③]。炮台多是凭借海口山林天险来设置，一般设置在海口口岸，如顺安海口、沱囊海口等；堡则是规模更小的军事单位，如越南阮朝在北部湾附近的广安省设置有静海堡、宁海堡、帖海堡等屯堡。自然地，这些海防据点的重要性也体现在驻防人数上。据统计，越南阮朝明命时期在沿海军事据点上派兵驻防的兵力高达689人[④]。其中，在京畿中心承天府的顺安海口、镇海台分别驻守124、320人，又在广南省的沱囊海口、奠海台、安海台分别驻守68、300、200人，驻防的人数最多，最为严密；其次在附近的海云关、朱买汛、景阳汛分布驻守70、50、50人。又在海匪活跃的北部湾滨海省份——广安省设置的静海堡、宁海堡、帖海堡，分别驻守150、50、30人。海阳省的涂山汛、艾庵汛、文郁汛、直葛汛分别驻守150、50、50、50人，南定省的平海堡、巴浰汛分别驻守120、30人。这一区域的防御主要是防范海匪登岸作乱，防守人数相对较

① 阮朝国史馆：《大南实录·正编第二纪》卷156，第10页。

② 阮朝国史馆：《大南实录·正编第二纪》卷206，第2页。

③ 阮朝国史馆：《大南一统志》册3，重庆：西南师范大学出版社，2015年，第36页。

④ 其具体参看《钦定大南会典事例》卷172《兵部》。

少。再次，朝廷在河仙的金屿炮台、富国所、金屿汛分别驻守104、50、10人；定祥省的小海口、大海口、巴涞汛分别驻守100、100、30人，其中大小海口是高棉进入下湄公河流域的重要关口，此处驻守更多是为了稽查过往商旅；安江省镇夷汛驻守51人；在南圻嘉定省的芹蓧汛、榴檒汛、仝争汛分别驻守76、13、15人，边和省的福庆汛驻守30人，永隆省的昆仑岛驻守50人。

较之于嘉隆时期，越南阮朝的海防据点明显增多，并向内陆推进。比如说，明命十二年（1831年）左右，阮朝在清葩海面的汴山岛屿建立炮台、设兵驻守[①]。同时，明命时期，越南阮朝在沿海海口都设置守所，对不合理的汛口进行调整。如废除嘉隆年间统领朱买、景阳的海云守所，在朱买汛口设置守所，兼领景阳。原因是朱买处于景阳和海云之间，设置守所更为合理。另外，朝廷加强了在沿海沿岸地区设置军事屯堡、炮台、烽火台的建设，积极构筑海防的第二道防线。明命十五年（1834年），朝廷在顺安海口"设望楼于汛所，给千里镜以瞭望洋外船舶"[②]，进一步提高顺安海口的预警能力。逐渐收回北城和嘉定城对地方海防事务的主导权。这一时期，其海防建设重心向南北尤其是向南方迁移，这一转变和这一时期越暹两国争夺高棉国有密切的关系。明命十三年（1834年）越暹战争后，阇婆海匪趁着越南阮朝动乱及海防被严重削弱的时机，曾多次纠聚匪船与官兵对抗，甚至出现过"劫掠河仙三江过山炮二辆"的历史事件。从上文的驻守人数，可了解到越南阮朝在南部的驻防明显增多，就是要防范暹罗及阇婆海匪骚扰。

明命十二年（1831年），越南阮朝仿效清朝，最先在北圻推行行省制，设置北圻十三省，加强对地方的控制。随着政区的改变，北圻的海防体系建设也发生一定的变化。如明命十三年（1832年），河宁总督阮文孝提出对从邻省南定栎海口入河内的清商采取分区管辖的行政管理方式。阮文孝如是请奏："河内寿昌县行帆广福，二铺多是清人……从前船舶东来，先由栎汛盘诘，转详南定护解，原城征税。及回帆，复交南定护送出

① 阮朝国史馆：《大南实录·正编第二纪》卷80，第2页。
② 高春育：《大南一统志》（维新版）卷2《承天府》，第51页。

港。……既分设省辖，河内之与南定事体相等……廷议凡清船投来南定起货，发兑者即验明征税，愿往河内者则交河内勘办。至回帆，复由南定送之出汛”。[①]

在海防体系建设中，中央加大对海匪的围剿，实行灵活多样的围剿政策。明命十二年（1831年）年底，清葩海面出现零星海匪，活跃点是在云山岛屿附近，据点仍以广安附近的岛屿为大本营。朝廷派遣水卫尉张文信率领水师缉捕，海匪窜回广安撞山一带隐藏[②]。朝廷传谕广安署抚黎道广协同围剿追捕。但是，朝廷缉捕并不理想。明命十三年（1832年）三月，清葩云山洋再次出现海匪，日劫掠商船三四次[③]，朝廷要求消弭海氛。清葩总督黎文贵亲自带兵，与领兵黄文才、范文评兵分两路，左右夹击，但仍未能达到消弭海氛的目的。黎文贵因剿捕失败，加上原先“纵军撤人房屋、取人粮米”[④]等罪行，被革除总督一职。朝廷任命平治总督段文长为清葩总督。段文长到任后，着实在海防建设上做了一番事情。段文长一赴任就联合藩司阮登楷针对海防弊病上书明命帝，历陈海防有“兵之有未便”“船之有未便”“地势之有未便”[⑤]等弊病，并提出对策。明命帝大加赞赏，曰“折内所陈多是切中机宜”，“其所请均准施行”[⑥]。对其所提出的筹建右水奇的要求，朝廷分配原隶属省一队的神策军“为清葩右水奇，专责巡洋捕务”，任命原神策军选锋右卫卫尉苏蕙云担任清葩右水奇卫尉。另外还分配“京额外奠海船轻快者五艘”[⑦]给清葩巡洋使用。在明命帝的支持下，巡防部队很快就筹建起来，并投入巡防中。巡防点是清葩附近岛屿汴山、云山。史载：朝廷“派水师领兵范文评管将属省弁兵，竝白驹瀚蚌各汛船夫五百余人，船十二艘驶往汴山洋分巡哨海匪”[⑧]。在严

① 阮朝国史馆：《大南实录·正编第二纪》卷78，第27页。
② 阮朝国史馆：《大南实录·正编第二纪》卷80，第2页。
③ 阮朝国史馆：《大南实录·正编第二纪》卷79，第23页。
④ 阮朝国史馆：《大南实录·正编第二纪》卷80，第19—20页。
⑤ 阮朝国史馆：《大南实录·正编第二纪》卷82，第18—20页。
⑥ 阮朝国史馆：《大南实录·正编第二纪》卷82，第20页。
⑦ 阮朝国史馆：《大南实录·正编第二纪》卷82，第20页。
⑧ 阮朝国史馆：《大南实录·正编第二纪》卷90，第10页。

密的布防下，清葩海氛得以平静。清葩海匪问题解决后，广安海患的解决被提上日程。明命十三年（1832 年）九月，朝廷提拔海安布政使阮公著为总督[①]，任命其专司关务，以应对海匪侵扰问题。阮公著到任后，命缉捕经验丰富的广安署抚黎道广亲自前往撞山一带缉捕，要求其限期完成截获海匪的任务。但由于海匪出没无常、岛屿多歧，无论是海面的正面缉捕还是登岛搜捕，水师巡防几无所获。当然，海匪航海技术以及反侦察行动让阮朝剿匪官兵多次无功而返。就此，阮公著建议：撤除在海面上巡防的官兵，以 200 水师精兵佯装渔民，驾驶渔船相机截获[②]。在明命十三年（1832 年）冬，海阳涂山海面再次出现海匪，阮公著再上议，请求南定调度民船和渔船协助海安缉捕。明命帝"以调度是否合宜、遥制是否合理"进行廷议[③]。从明命十四年（1833 年）九月，朝廷调南定水师一百船三艘往广安驻防[④]的结果来看，阮朝同意了阮公著的请议。这一举措收到一定成效，广安海氛稍平。随后，阮公著加强附近海面军事建设。"在大海口之该澳云屯之晕村各设一堡，该澳堡左设炮台，右设一燉火，弁兵一百五十，船四艘"[⑤]。明命十九年（1838 年）九月，海安总督阮公著捣毁撞山，围捕停泊此处的海匪，"斩一馘烧毁山上五十余户的庐舍"[⑥]。次年（1839 年），海安总督阮公著亲领大队兵船复往撞山哨捕海匪。[⑦]在严密的布防下，越南阮朝与海匪于东南沿海洋外展开激战，对海匪起到较大的震慑作用。这个时期，越南阮朝的一系列海防行动大大打击了海匪的活动空间，海面得到一时的平静。

要指出的是，明命时期进一步发展了阮朝"外洋公务"，这从客观上促进了越南阮朝海防的发展。"外洋公务"是阮朝君相了解和洞察世界的主要窗口，促进阮朝关注世界，这有利于越南对西洋科技的了解，并用来

① 阮朝国史馆:《大南实录・正编第二纪》卷 83，第 7 页。
② 阮朝国史馆:《大南实录・正编第二纪》卷 85，第 35 页。
③ 阮朝国史馆:《大南实录・正编第二纪》卷 87，第 11 页。
④ 阮朝国史馆:《大南实录・正编第二纪》卷 109，第 26 页。
⑤ 阮朝国史馆:《大南实录・正编第二纪》卷 193，第 14—15 页。
⑥ 阮朝国史馆:《大南实录・正编第二纪》卷 189，第 28 页。
⑦ 阮朝国史馆,《大南实录・正编第二纪》卷 198，第 14 页。

加强国防建设。明命年间，朝廷大规模引入千里镜和汽机船便是佐证。据载，明命十七年（1836年）沿海地区基本配置有千里镜。明命十七年八月，给水军千里镜三管，①明命十八年（1837年）七月，增给顺安汛千里镜，另给广治、广平、广义、富安、庆和诸省各一管。②明命十九年（1838年）四月，增给千里镜于京外。其中京畿水师原给三管，增七管；义安、清葩、南定三省原给一管，增二管；平定、嘉定、安江、河仙、河内、海阳、山西、北宁八省原给一管，增一管；其余十一省份原没有，给一管。③明命二十一年（1840年）各海口、重要的屯堡基本都配置有千里镜。“给在京旗台、海云关万里镜，防海磤台、虎矶台千里镜，钦天侍卫、京畿水师三营、顺安汛小千里镜各一。”④明命十九年（1838年）五月，增给京外定辰沙漏。⑤据载，明命时期，阮朝曾向西方采购汽机船，后经工部工匠调适整理，试航自“顺安海口至沱囊汛往返二遭”⑥。明命六年（1825年），明命帝“命武库仿西洋车式造水厢车”。明命二十年（1839年）十月，阮朝“造大汽机船一艘，值一万一千有余。派官兵巡航南洋各港”⑦。此外，明命时期对“下洲”及周边国家乃至东南亚地区的了解，增强时代危机感。在1840年中英鸦片战争爆发后，明命帝深感海防建设的重要性，加强沿海地区的海防，“给广南沱囊汛战船十艘，严海防。盖以英国与清国已启战端也。又给汽机船三艘：大曰烟飞，中曰云飞，小曰雾。又筑广南海防炮台，给镇海台灯号。筑炮台于平定虎矶。”⑧要指出的是，越南阮朝多次的“外洋公务”并没有促进越南对外通商和对外开放。相反，了解外国的商品和自然科学技术后，朝廷认为：“人民专

① 阮朝国史馆：《大南实录·正编第二纪》卷172，第4页。
② 阮朝国史馆：《大南实录·正编第二纪》卷183，第8页。
③ 阮朝国史馆：《大南实录·正编第二纪》卷192，第16页。
④ 阮朝国史馆：《大南实录·正编第二纪》卷216，第10页。
⑤ 阮朝国史馆：《大南实录·正编第二纪》卷193，第11页。
⑥ 阮朝国史馆：《大南实录·正编第二纪》卷215，第19页。
⑦〔日〕岩村成允：《安南通史》，许云樵译，新加坡：星洲世界书局有限公司，1957年，第206页。
⑧〔日〕岩村成允：《安南通史》，许云樵译，新加坡：星洲世界书局有限公司，1957年，第222—223页。

业农桑不尚奇玩，纵使来商亦无所利”[①]，愈发坚定其海禁政策。

综上，明命时期进一步完善了海防制度，建成了从海上防范到陆上沿岸军事驻防体系的一体化建设。同时，积极引进西方的航海技术和现代战船，提高了其海面上的防御能力，也奠定了越南阮朝海防建设体系的格局。

（三）绍治、嗣德时期海防体系的崩溃

绍治、嗣德年间，海防日趋松弛和崩溃。这一情况的变化，有历史和现实两方面的原因。从历史看，明命时期王朝国家的扩张政策，特别是越南阮朝郡县镇西城以及应对暹罗侵扰，朝廷频繁征募南圻广义、庆和、平顺、嘉定、定祥、永隆、安江七省的乡勇，据统计，1836年六月，安江省兵向镇西、河仙派遣戍兵多达1500人[②]，导致安江兵员空缺。1838年春，阮朝又调遣广南左奇派驻镇西。随后“广南、广义、平定、富安、庆和、平顺六省都派兵驻防镇西”。[③]这也导致南圻各省地方的驻防空缺，地方各府不得不调遣水师顶替原陆兵来驻防。从当时时局发展来看，绍治年间，镇西城接二连三的起义无限期地延长官兵的驻防。长期的兵役，中央财政的加剧，腐败的官僚体系层层克扣军饷，使得士兵逃亡严重。这情形也出现在水师方面，水师官兵逃亡现象同样严重。嗣德三年（1850年），经略使阮知方向朝廷汇报：“现民催兵以舒民急（虚数颇多）”，边和省原逃兵高达“1500余人”[④]。

在兵员缺额情况下，沿海各省的海岸屯堡、汛点军事网络不得不向内收缩。以海匪活跃的广安撞山堡为例，朝廷仅是安排了汛守1、巡海2队来进行常规驻防，其他的诸如帖海堡、宁海堡、静海堡改由乡民驻守，撤回省兵；即使是京畿附近的顺安海口，驻防规格也有所下降，由防海卫队

---

① 阮朝国史馆：《大南实录·正编第四纪》卷5，第3页。

② 谢信业：《大南西征：越南阮朝与柬埔寨宗藩关系的缔造及崩解》，中山大学博士学位论文，2023年，第131页。

③ 谢信业：《大南西征：越南阮朝与柬埔寨宗藩关系的缔造及崩解》，中山大学博士学位论文，2023年，第132页。

④ 阮朝国史馆：《大南实录·正编第四纪》卷16，第25页。

7 个小队驻守；作为南方湄公河重要出海口的岛屿——昆仑岛也只是安排 60 名水师在 4—9 月驻守。

传统巡防因缺乏监督而日益松弛。嗣德六年（1853 年），兵部规定水兵操演时间“十日一操演，三年之后阅定，赏罚以期有用”①。这一时期，越南阮朝多次停阅戍兵，导致水师纪律松散，战斗力下降。巡洋战船所配备的礮车、炮弹、鸟铳枪等武器，许多已经损坏不能使用。嗣德元年（1848 年），官兵检查京城的 9 辆礮车，其中有 6 辆不能使用，“试验大项铜礮九辆，间有六辆破裂”②。正如越南历史学家陈重金所言：“我军既缺乏训练，又无像西方军队那样的枪炮。只有几尊老式炮统，以火石点火发射，最远射程约 250 米或 300 米，至于大炮，则是些前膛装炮之炮，射击 10 发不中其一。”③而弹药资源稀缺，以至于阮朝不得不定额分配武器弹药装备。“越南兵制度，临阵弹药必记数，杀敌少，责将士偿，故见敌不敢妄施，亦不肯丰给”。④这说明：弹药超额消耗完，需要由省辖向朝廷申报，办事流程繁杂冗长，许多水师长官为省事多不作为，这就很难提高水师的作战能力。如此种种，水师官兵在巡洋和缉捕海匪上畏手畏脚，这使得近海海面巡洋的预警、打击海匪的效果大打折扣。

19 世纪，英法等殖民者的势力已到达东南亚的马六甲海峡、印度洋、暹罗湾、中国南海等海面上。他们亟须打通东亚海域的海上交通，以实现通商、航海、传教的自由。而越南是东亚、东南亚与暹罗湾海上交通的战略要道，自然成为法国殖民者觊觎对象。在多次通商、“弛禁”请求失败后，法国殖民者凭借坚船利炮频频挑衅越南阮朝。绍治七年（1847 年），法国“师船二艘泊沱囊汛，道长物流人公然悬配十字架来汛所”，道长“目拉别耳率其党数十人带随铳剑直入公馆”。遭拒后，法国军舰炮轰沱囊炮台，导致越南阮朝“五艘裹铜船艘沉没，弁兵死者四十余人，伤者

① 阮朝国史馆：《大南实录·正编第四纪》卷 9，第 38 页。

② 阮朝国史馆：《大南实录·正编第四纪》卷 2，第 10 页。

③〔越〕陈重金：《越南通史》，戴可来译，北京：商务印书馆，1992 年，第 364 页。

④〔清〕唐景崧著，李寅生、李光先校注：《请缨日记校注》，上海：上海古籍出版社，2016 年，第 82 页。

九十余人，一百四人失踪”[①]。嗣德九年（1856年）、十年（1857年），又有多艘洋机船在广南沱囊茶山澳港口大肆劫掠财物，破坏海上航线。史载：“洋气机船自南来就广平屿停泊掠捉山椒民二名，竝牛猪财物，又转往南定巴瀁汛停泊。”[②]这些挑衅都不同程度地对越南海上航线乃至海防体系造成破坏和威胁。

西方殖民者在暹罗湾、南海海面的扩张，也给当地的海盗造成严重的生存威胁和压迫。这进一步加剧沿海人民的破产，落海为寇的人更多。他们铤而走险，打劫漕运货物，破坏航线，公然对抗巡洋官兵。他们多次在乂安以北的海面劫掠，导致商船及漕船多梗。据统计，绍治年间，越南阮朝发生多次海匪袭击官船的例子[③]。其中，又以绍治二年（1842年）最为严重，清匪林彰等27人在广义袭击越南阮朝巡洋船舰，致使巡洋官兵300多人死伤，50多人被俘虏[④]。西方殖民者的商船也和当地的海匪勾结，给越南阮朝的海防带来极大的威胁。

嗣德十一年（1858年），法越战争爆发以来，法国一举击溃了越南阮朝东南海上防御系统，此后，越南阮朝海防一蹶不起。在国力衰微的情况下，越南阮朝难以重整和恢复明命和嘉隆时期的海防军事体系规模。如嗣德帝所言：“军兴以来，凡水师兵船，既置不用，是我兵力先已减半。”[⑤]

处于封建社会末期的越南阮朝，沉重的徭役和战役，及巨额的战争赔款，进一步加剧了阶级矛盾，农民起义风起云涌。海匪与农民起义联同反抗越南阮朝的暴政，攻伐他们的水师和陆军，致使阮朝疲于奔命。为缓解阶级矛盾，提高军队战斗力，越南阮朝不得不进行政策调整，海防政策也服务于这一陆上防御政策。

例如减少征兵数，给现役士兵实行轮番休息的政策。官方史料记载，越南阮朝“安江、永隆量减兵各三分，其兵要足七分……定祥、河仙量减

① 阮朝国史馆:《大南实录·正编第三纪》卷66，第1—2页。

② 阮朝国史馆:《大南实录·正编第四纪》卷17，第8页。

③ 阮朝国史馆:《大南实录·正编第三纪》卷5，第1页；卷16，第21页；卷21，第13页；卷30，第14页。

④ 阮朝国史馆:《大南实录·正编第三纪》卷30，第14页。

⑤ 佚名:《洋事始末》，第26页。

兵各二分……边和量减一分”[①]。嗣德六年（1853年），朝廷“减广平以南至平顺拣兵十之二……删束每卫奇五百名上下”[②]。朝廷也多次停阅操练、停派戍兵等。

实行相对积极的海防部署政策。比如，提拔多名官员专责海防事务。史载，嗣德二十年（1867年）九月增设清乂海防提督，由“原左执金吾阮美和南定提督丁会”[③]担任，又任命“河宁总督陶志文兼充统督南定、海安三省海防掌右军阮轩充平富、顺庆海防使”，负责“训练弁兵，整饬屯垒”[④]，以重振北圻海防。在中央，朝廷任命掌卫权掌神机营阮艳升担任顺安督防，提拔阮至为京畿水师提督，以加强京畿海面防务。军事上，进行较为积极的防御。但是在北圻，许多破产农民加入到水匪起义中，反抗阮朝统治。史载，嗣德十八年（1865年）前后，广安的谢文奉海匪与阮文盛农民起义军结盟，水陆夹攻，给阮廷造成严重威胁。又嗣德十八年（1865年）漕运船运输因匪风难失事的船艘高达17艘，是历年最多的[⑤]。京畿战船接二连三的损折，影响中央王朝对地方海防事务的支持。据载，地方沿海官员曾向朝廷请求调遣战船，以加强北圻海防，朝廷表示无力增援。嗣德帝无可奈何指出：“今日神蛟铜船巡船等艘同辰失事，朕每萦怀，目今京船多缺，只三数艘无益于事。”尽管在前一年（1864年）朝廷已经下令：“清乂以南至平顺造战船七十五艘”[⑥]，以备讨伐海安海匪以及防御法国再次入侵。但战船修建乃至恢复东南沿海海防防御体系建非一朝一夕之功。面对严峻的海防局势和内外威胁，朝廷指示：“由各省以兵船自守，随匪数出洋截捕，按陆防守，或饬诸省拣商渔船暗伏弁兵杖……或再雇清船彭廷秀剿捕。”[⑦]这里的彭廷秀是侨居在清化的清人，曾多次捐赠

① 阮朝国史馆：《大南实录·正编第四纪》卷5，第39页。
② 阮朝国史馆：《大南实录·正编第四纪》卷9，第7页。
③ 阮朝国史馆：《大南实录·正编第四纪》卷37，第30页。
④ 阮朝国史馆：《大南实录·正编第四纪》卷37，第31页。
⑤ 阮朝国史馆：《大南实录·正编第四纪》卷33，第38页。
⑥ 阮朝国史馆：《大南实录·正编第四纪》卷31，第21页。
⑦ 阮朝国史馆：《大南实录·正编第四纪》卷31，第31页。

和资助军饷协助朝廷弹压农民起义[①]。在清化护督尊室遥举荐下[②]，彭廷秀与阮朝保持长期的防务合作关系，多次提供雇募清船的业务，协从越南官兵合剿以清海氛[③]。正值海防紧张之时，嗣德帝不得不再次雇用彭廷秀为首的清人和清船，缉捕谢文奉水匪，整肃海氛。同年（1865 年），越南战船和清船联合进攻和围剿停驻在海宁城外的水匪船，“清船帮绕围海外，潘廷妥分驻海宁陆路”，前后夹击，重创盘踞在广安、海阳多年的海匪，谢文奉及其他水匪首领被捕获，送往京城问斩，余部匪船逃往嘉定。为巩固剿伐战果，阮朝加强对海面上的巡航，“复派清化三、乂安十，南定八，各项船二十一艘巡洋以静海程”[④]。除了清人的“客兵”和“客船”外，越南阮朝曾向法国“借师”。嗣德十八年（1865 年），嗣德帝以“海匪滋蔓，欲雇火船助剿”，因此命船舶臣与法国帅领洽谈。但是当时的法国对越南采取保守的接触政策，因此“富帅以官项不敢擅行辞之”[⑤]。客观地说，招募“客兵”“客船”并非长久之计，必然存在着土兵和客兵、客船和越南战船之间的矛盾。而且雇募客船费用并不菲，一艘清商船需要花费“六百两”[⑥]，以越南阮朝的财政能力是难以长期负荷的。

尝试引进西方国防技术，以期实现富国强兵的目的。嗣德二十七年（1874 年）后，阮朝曾提出学习西方科技和造船业等，以巩固国防。同年，商舶臣建议在“沱囊、涂山、巴濂”通商。认为通商有五利：“固海防；设兵卫，藏富国于富民，寓兵政于商政利；沿海市埠声息相通，东西策应，可制海寇；海埠既设师船必聚用之逐寇，亦可护漕利；通商相孚外国情状……可探利也。”由此可见，阮朝已经意识到通商开埠，发展工商业，有利于发展经济和巩固国防，抵御海寇。但积贫积弱的阮朝又以八难为由，遂使学习西方无疾而终。此八难是：连年兵兴、财弹力屈，巨费不

① 阮朝国史馆:《大南实录·正编第四纪》卷 32，第 6 页。

② 阮朝国史馆:《大南实录·正编第四纪》卷 31，第 23 页。

③ 阮朝国史馆:《大南实录·正编第四纪》卷 35，第 61 页；阮朝国史馆:《大南实录·正编第一纪》卷 30，第 44 页。

④ 阮朝国史馆:《大南实录·正编第四纪》卷 32，第 36 页。

⑤ 阮朝国史馆:《大南实录·正编第四纪》卷 31，第 27 页。

⑥ 阮朝国史馆:《大南实录·正编第一纪》卷 30，第 44 页。

充，此一难；防海水步兵必须破格优给方期得手，今从征饷例乃旧而厚给屯兵相形贾怨，此二难；必得才周机深擘画方能惠怀远应接商诸国，此三难；远大图功岂容小就试令，虽勉开店零星孓立何能自存，此四难；越海懋迁须官出本钱，民乃乐赴，当此多事之秋，不应废帑又疆民，此五难；藏货绝地富民既裹足而不前受尘只小贩中，家上无闢得失之数下适为寇盗之饵，此六难；聚民海面而无重镇以临莅形势以控扼，一旦他人来争商彼又有输情于倘以怡患，此七难；我未招商彼犹有运军装以入江冒锡禁以出海，况今开商招致则藏奸伏慝受酿之患，此八难。因此，阮朝的通商开埠以“虽未可骤举，遂止”。[①]嗣德二十九年（1867年），“海阳商政衙译演习西枪法以进。”[②]此外，朝廷多次派遣使臣出访法国、清国、下洲等地，也曾多次到达英国控制的香港半岛，学习西方的战舰、火器、养兵练兵等现代军事技术。朝廷虽有重振海防和国防的想法，但病入膏肓、且无法独立自主的阮朝始终无法进行太多有效的海防改革。

三、成效及影响

越南阮朝前期的数年经略，其海防建设和海防政策调整经历了发展完善以及衰落的复杂变化过程。从积极影响来看，嘉隆帝和明命帝，根据时局变化，其海防政策围绕海军建设、海防工事建设和制度建设做了相应的调整。无论是水师职官设置、制度建设，还是屯堡烽火台的建设和兵力部署等都达到了前所未有的高度。虽说越南阮朝海防政策体现的是王朝国家统治者维护和巩固中央王朝的权力意志，但这一系列政策的实施和调整一定程度上维护了海疆安全，一定程度上促进东南沿海各省地方社会的发展，维护了越南海洋权益。这一时期，越南阮朝海防建设及探索实践活动进一步深化了越南的海洋意识。历经80余年的海防建设和国防建设，客观上促进了越南海洋造船业、海洋运输业、海洋勘测事业及相关海洋水文、地理知识的积累，这为越南进一步认识海洋世界、发展海洋经济等奠定历史基础。

① 阮朝国史馆：《大南实录·正编第四纪》卷47，第34—35页。

② 阮朝国史馆：《大南实录·正编第四纪》卷55，第31页。

从消极影响来看，如前所述，越南阮朝的海防体系建设和海防政策是服从于禁海和锁国国家战略目标的，其实施是被动、消极的。“禁海”政策的历史语境中，沿海居民和渔商船都不得与外界联系。在遭遇歉收之年和饥荒之时，沿海居民难以为继、日渐破产，被迫入海为寇，或加入反阮的农民起义军中。阮朝嗣德年间的阮文盛水匪中不乏破产的沿海居民。严格的海禁政策，也限制人员、商品、技术在海洋的进出，这就人为地阻碍或切断越南与其他国家的海外贸易。从历史来看，古代越南“与东南亚海岛地区以及马六甲海峡以西的印度洋国家有海上往来”，古代占婆人、华人、高棉人从事海外贸易的人很多。其中，17 世纪至 19 世纪初河仙的“港口国”是中南半岛海上交通的咽喉之地，“是沟通湄公河三角洲的巴萨河流域、柬埔寨内陆地区、马来半岛的东部沿海地带、廖内-林加群岛以及巨港-邦加地区”[①]的重要港口，其海外贸易盛极一时。越南阮朝建立后，实行严厉的“禁海”政策，就阻碍了越南湄公河流域、南海与海外的商品贸易，严重损害了海上群体的利益。已经崛起的西方殖民者迫切把世界海洋贸易连在一起，在请求“通商”和“开禁”失败后，西方殖民者反复挑衅，并最终击溃越南阮朝的海上防御体系。同样地，严格的海禁政策，也局限了越南阮朝君臣的世界视野，朝野上下对世界大势不了解，特别是缺乏对日渐东来的西方海洋强国及其海洋扩张的狼子野心的认识，而朝廷的“制夷”之术仍局限于前近代的消极军事防御思维中。从本质上来说，海防是陆防的延伸，海防从属于陆防建设，是封建王朝重陆轻海政策的一贯延续。如前所述，越南阮朝海防部署包括近海海面的巡海、会哨，及陆岸的屯堡、烽火炮台、军事驻防等，较之以往，虽有所推进，但极其脆弱。在国力衰弱下，近海的巡洋体系最先被破坏。此外，嗣德年间，严重的陆地边疆危机期间，不断抽调兵力驰援边防，导致海防的空虚。另一表现是：因循传统冷兵器时代的防御观，越南阮朝的海防政策是“挑战-应对”的被动应对。虽然明命时期及嗣德晚期，曾提出要学习西方军事技术，武装国防。但根深蒂固的禁海和锁国政策，使越南阮朝不可能推行任

① 郝晓静：《殖民背景下越南海洋意识的现代转型》，载《人民论坛·学术前沿》，2011 年第 348 期。

何有效的政治改革和军事改革。

综上所言，越南阮朝前期的海防建设政策和海防实践，是越南认识海洋、利用海洋、化解海洋风险的重要历史遗产，为未来的越南政府重视海洋，积极构建海上安全体系，建立海洋强国，提供重要历史借鉴和宝贵财富。进而言之，越南阮朝海洋上所面临的威胁，及给朝野上下带来的海洋危机和海防意识觉醒，在同一时期的中国清朝也能找到相似的痕迹。虽说越南阮朝海洋政策实践和探索并非完全照搬中华帝国海洋体系建设，而是根据自己实际情况，进行了有益的探索。特别是越南阮朝依托境内各大水系与近海构成打造纵横交错的海上航线，并不断化解海上航线安全压力的种种举措，乃至其教训，值得同为水陆国家的中国及周边国家借鉴。

The Costal Defense Policies in the Early Nguyễyn Dynasty of Vietnam

Luo Yanxia

(School of Maxish, Xiangsihu Colledge of Guangxi Minzu University, Nanning, Guangxi)

Abstract: Vietnam had attached great importance to coastal defense construction in the early Nguyễyn Dynasty, aimed the targets of consolidating the power of Central Dynasty and eliminating the dangers and risks from the sea world. In the early Nguyễyn Dynasty, the coastal defense policies embodied the construction of coastal fortresses, navy construction, and administrative management of related coastal defenses, it and can be roughly divided into three stages: formation period, comprehensive development period, relaxation and finally destruction stage. The Jialong Period (1802-1819) is the formation period of the maritime defense system in the Nguyễyn Dynasty; The Minh Mạng Period (1820-1840) is the comprehensive development period of the maritime defense system, which basically laid the foundation for the military defense pattern of the Nguyễyn Dynasty along the coast. The Thiệu Trị Period (1841-1847) and Tự Đức period (1848-1883) are the relaxation and finally destruction period of the Nguyễyn Dynasty's coastal defense. The coastal defense construction and policy implementation during the early Nguyễyn Dynasty in Vietnam had facilitated maritime transportation to a certain extent, stimulated the development of Vietnam's coastal and marine economy, and facilitated economic and cultural exchanges between Vietnam domestic and the abroad. However, under the guidance of the maritime ban and isolationist ideology, the effectiveness and positive impacts of Vietnam's Nguyễyn Dynasty's coastal defense policy were extremely limited.

Keywords: in the Early Nguyễyn Dynasty of Vietnam; Costal Defense consciousness; Costal Defense Policies; Historical Influence

海洋人文历史地理

远道而来的大米王子：香港的米商与西贡米业（1860—1920）[①]

李塔娜[②]

【内容提要】米业是交趾支那商业的基石，也是华人在交趾支那贸易繁荣的标志。然而至今为止我们对经营其贸易的华商还几乎一无所知。在法属交趾支那的主要贸易和工业——西贡-堤岸的大米行业中，似乎缺少的是暹罗、荷属东印度群岛和英属马来亚那样的纵向整合。然而，仔细观察就会发现，交趾支那的这种整合其实存在，但必须跨越南中国海才能找到。本文追溯了其中一些华人公司于 19 世纪末和 20 世纪初在香港的历史，从而开始拼凑碎片，重建越南华人米商的失落历史。

【关键词】香港；西贡；米业；19 世纪末

交趾支那的经济基础建立在米业之上。稻谷占交趾支那出口总额的70%以上，其中一半出口到中国。[③]所有居民的收入都取决于稻谷的价格和出口量，稻谷信贷（又称青苗钱）、收款、运输、批发商和碾米厂都围绕着一个目标：尽可能多地出口米。因此，米业是商业的基石，也是华人在交趾支那贸易繁荣的标志。这里有一个重大的谜团：虽然大米对交趾支那

① 本篇文章原文见 Chapter 1, in Chi-cheung Choi, Tomoko Shiroyama, Venus Viana eds, *Strenuous Decades: Global Challenges and Transformation of Chinese Societies in Modern Asia* (Berlin: De Gruyter Mouton, 2022), pp.19-38. Some parts of this article was published in Li Tana, “Saigon’s rice exports and Chinese rice merchants from Hong Kong”, in Thomas Engelbert ed., *Vietnam’s Ethnic and Religious Minorities: A Historical Perspective* (Frankfurt am Main: Peter Lang Edition, 2016), pp.33-52.

② 作者简介：李塔娜，澳大利亚国立大学亚太学院历史文化语言系荣誉高级研究员。

③ Fukuda Shozo, *With Sweat and Abacus: Economic roles of SEA Chinese on the Eve of WWII* (First published 1939, Singapore: Selected Books, English edition 1995), p.87.

的经济如此重要，但我们对经营其贸易的华商却几乎一无所知。虽然我们知道华人拥有的碾米厂的公司名称，但对其所有者却知之甚少。虽然航运对大米出口至关重要，但西贡–堤岸为基地的华人米商却没有自己的航运公司。这与 1890 年成立的新加坡海峡轮船公司（Straits Steam Shipping）或成立于 1909 年的华暹轮船公司（Sino-Siam Steam Navigation Ltd.）形成鲜明对比。[①]更令人惊奇的是，越南华人没有保险公司，而保险公司是长期和高风险商品运输的关键部门。1912 年至 1933 年间，暹罗九家保险公司中有八家是华人公司，[②]而越南直到二战后才出现华人保险公司。银行方面，除了 1908 年谢妈延成立过的短命 Banque de Cochinchine 银行外，当地没有华人银行。[③]

现有两份中文资料。一份是 1905 年访问法属印度支那的中国外交官撰写的，其中列出了东京（越南北方）和交趾支那的主要华人商店和米厂名单；另一份是 20 世纪 50 年代在西贡编纂的，其中列出了在越南的先贤华人领袖名单。然而，这些资料更令人费解，因为我们有两套互不相干的交趾支那华人精英名单：这份名单上的碾米厂主没有一个是华人商会的领导人物，他们也没有出现在越南华人的传记中，无论之前还是之后。

为什么各自经营着一家日产 500—1000 吨大米的米厂这样重要的商人却默默无闻？这样的产量需要大规模的运输基础设施和仓库储存空间，所有这些都需要巨额资金。在法属交趾支那的主要贸易和工业——西贡–堤岸的大米行业中，似乎缺少的是暹罗、荷属东印度群岛和英属马来亚那样的纵向整合。然而，仔细观察就会发现，交趾支那的这种整合其实存在，但必须跨越南中国海才能找到。在 19 世纪末的香港，我们发现许多主要

① Suehero Akira, *Capital Accumulation in Thailand* (Tokyo: Centre for East Asian Cultural Studies, 1989), p.55.

② Suehero Akira, *Capital Accumulation in Thailand*, p.102.

③ Li Tana, "The Tomb Inscription of Tjia Mah Yen 谢妈延, a Hokkien Businessman of French Cochinchina", *Chinese southern diaspora studies*, Volume 4, 2010, https://hdl.handle.net/1885/733721409；严璩：“越南游历记”，载《晚清海外笔记选》，北京：海洋出版社，1983 年；张文和：《越南高棉寮国华侨经济》，台北：台湾出版社，1956 年，第 92—95 页。

公司和精英都是从西贡大米贸易中积累财富的。这些企业反过来又为他们在香港社会的显赫地位奠定了基础。这些企业往往集碾米、大米进出口、船运公司、保险公司和银行于一身。这些重要的商业实体尚未被纳入法属交趾支那的历史背景中去了解南中国海两岸的社会。本文追溯了其中一些华人公司于19世纪末和20世纪初在香港的历史，从而开始拼凑碎片，重建越南华人米商的失落历史。

一、19世纪60年代和70年代西贡运往香港的大米

在19世纪60年代早期的西贡，确实存在“米商”这一类别，但它并不像19世纪晚期那样意味着“富有和重要”。相反，那些被列为“佣金代理人”的主要的欧洲或中国商人（négociant），例如Behre & Co、Hogg & Co. Orroño、Speidel和Spooner，以及华人公司陈庆和（Tan keng Ho）和Ong Cat Xuong（又名Wing Cat Xuong王吉昌？）[①]才是19世纪七八十年代崛起的商业领袖。郝延平将这一变化归咎于欧洲企业的转型：

> 19世纪60年代后，这些曾经数量不多、财政自给自足的大公司逐渐失去了在中国贸易中的垄断地位。19世纪60年代，随着业务向新的方向发展，传统的佣金代理业务也随之衰落。19世纪80年代后，航运业可能是最突出、最成功的业务分支……以及工业。[②]

西贡港首次落入法国手里后，许多欧洲公司涌入西贡进行大米贸易。19世纪60年代，几乎所有当时在亚洲的欧洲大公司——怡和洋行、兰德斯坦洋行、西门子洋行、斯科特洋行（Jardine, Matheson & Co, Landstein & Co., Siemssen & Co., A. Scott & Co.）——都参与了西贡—香港的航运。19世纪60年代，香港的奥古斯丁-赫德公司（Augustine Heard &

---

① *Annuaire de la Cochinchine*, 1874-1879. 宏泰 Wang Tai was listed as brick maker and 万合 Ban Hap as opium farmer with 陈庆和 Tan Keng-ho, see *Chronicle and Directory* (1877): 382.

② 郝延平 Hao, Yen-P'ing, *The Comprador in 19th century China: Bridge between East and West* (Camb., Mass: Harvard University Press, 1970), p.22.

Company）是“中国海、西贡和海峡蒸汽轮船有限公司”的代理，其西贡代理是 Wm. G. Hale & Co.[①]。19 世纪 80 年代，香港的主要人物之一是霍格公司 A.H. Hogg and Company 的买办冯明珊（Fung Ming-shan）。由于他在西贡一直工作到 1876 年，将大米运往香港应该是他的主要业务之一。[②]

当时有许多中国公司从事西贡至香港的大米运输贸易。[③]运往香港的货通常是“西贡谷 cargo rice（未脱壳）”。[④]与暹罗的大米不同，这是西贡运往香港的大米的唯一类别，而暹罗则有三个类别：谷、稻和白米。法国的资料证实，运往中国的大部分西贡米都是 cargo rice。

下表显示，1867-68 年，香港已是西贡米的头号出口地：

表 1　1867-68 年西贡港的大米出口目的地和吨数[⑤]

目的地	吨数（公吨）
香港	60,242,700
新加坡	22,163,960
澳门	5,049,420
厦门	1,165,920
汕头	2,965,680

二、19 世纪 60—70 年代香港的碾米厂

19 世纪 60 年代，运往香港的稻谷和大米催生了碾米业，这是由于本地市场和转口到美国的大米的需要。出口到中国的大米不需要这种服务——

---

① *The Straits Times*, 16 April 1870; *Almanac & Directory* (1873): 89.

② “冯明珊 Fung Ming-shan（Fung Achew），香港和西贡 Kwong Him Wo 事务所的常驻合伙人”，香港历史档案馆，Carl Smith Collection, card No.3238; Carl Smith, “The Emergence of a Chinese Elite in Hong Kong”, in *Chinese Christians: Elite, Middlemen and the Church in Hong Kong* (Hong Kong: Oxford University Press, 1985), p.126.

③ 例如：元发 Yuen Fat，合兴 Hop-hing，广兴昌 Quong-hing-chong, Sun-chan-sing.

④ *Daily Advertiser and Shipping Gazette*, Vol.1, No.59, 8 Aug 1866 and No.132, 31 Oct 1866.

⑤ *Annuaire de la cochinchine francaise* (1868): 227.

在中国就可以完成。据《香港商报》报道，广东的大米只需部分清洗，因此易于管理，而西贡和暹罗的大米通常根本不清洗，这对于在美国发达起来的中国人来说太脏了。这意味着，香港的主要大米供应商——西贡和暹罗的大米需要二次加工。华商几乎完全垄断了这一行业。自 19 世纪 60 年代中期起，一些西方公司开始涉足这一领域。① 1872 年 3 月 26 日，William Ward Battles & Co 在香港上环的西点（West Point）开办了碾米厂。《每日新闻》上的一篇报道称，“西点碾米厂和宽敞的附属仓库接货，并增加了最先进的清洗和碾米机器”。② 1872 年 4 月 1 日，当碾米厂处于全面运转状态并承诺增加香港和加利福尼亚之间的业务时，三天后，人们发现该建筑遭到白蚁的严重破坏。装有价值 10,000 元大米的上层楼板倒塌，新机器也付之流水。③最糟糕的事情还在后面：仅仅三个月后，也就是 1872 年 7 月，一场大火将这家前景光明的碾米厂彻底烧毁。④这次事件发生后，似乎再没有西方公司试图在香港建立机器碾米厂。

香港华人公司的碾米活动至少持续到 19 世纪 80 年代末。正是由于这一情况，法国殖民政府颁布了一项重大政策，从而改变了西贡大米出口的格局。

三、1881—1895 年交趾支那的稻米和货物附加税

正如末广昭（Suehiro Akira）所指出的那样，欧洲在大米产业中的主导地位最明显地体现在早期现代碾米技术的发展上。⑤ 19 世纪 60 年代末，西贡-堤岸的一些欧洲公司拥有机器碾米厂，但所有者的名字相互重叠，碾米厂的规模也有限。⑥大部分西贡稻谷未经碾米便运往海外。

---

① For example, the Darrell & Co. West Point Rice Mills in 1865, *Daily Press* Jan 2 1866, see Carl Smith Collection cards No.93149 and 179333.

② *Daily Press*, March 26, 1872.

③ Hong Kong Historical Archives, Carl Smith Collection, card No.179333.

④ Hong Kong Historical Archives, Carl Smith Collection, card No.179335.

⑤ Suehiro Akira, *Capital Accumulation in Thailand*, p.47.

⑥ 它们是 Cahuzac 的“西贡蒸汽碾米厂”（Saigon Steam Rice Mill 西贡法国公司），于 1868 年开业；由 Lehmann 和 Orroño 于 1869 年建立的“Khanh Hoi 碾米

从 1866 年的 124,000 公吨到 1890 年的 376,000 公吨，西贡出口到香港的稻米增加了两倍。①随着越来越多悬挂英国国旗的船只造访西贡并从这个港口运米，西贡的法国商人认为他们自己的利益受到了损害。②他们认为，在香港碾米，中国进口商可以从那里更低廉的劳动力成本和转运过程中更少的重量损失中获益。他们敦促殖民地政府对稻米和谷征收每 100 公斤 5 便士的附加税。这项政策于 1881 年对稻米和谷生效。但这还不够，并没有阻止稻米出口到中国。在随后的五年中，殖民地委员会将附加税提高到每 100 公斤 9 便士，最后在 1895 年提高到 14 便士，这意味着在 14 年（1881—1895 年）内稻谷出口附加税增加了 64%。③出口到中国的稻谷从 1891 年的 16.5 万吨下降到 1896 年的 7.2 万吨。

1895 年征收保护主义关税后不久，一位在新加坡的英国观察家评论说：

> 法国如此强烈的保护主义情绪在交趾支那的法国殖民者中表现出

厂”（Usine de Kanh-Hoi），以及由 Spooner、Renard 等人（1870 年？）建立的“堤岸碾米厂”（Rizeries de Cholon）。Albert Coquerel，《Paddys et Riz de Cochinchine》（里昂：Imprimerie A. Rey，1911 年），第 88 页；《Bordeaux et la Cochinchine》（S-L：Imprintmerie Delmas，1965），第 237-238 页。然而，仔细检查后发现，1872 年，Spooner 仍被列为 Cahuzac 碾米厂的代理人；1877 年，Cahuzac 的代理人变成了 Orroño，据说他在 1869 年已经拥有自己的磨坊。所以早期西方商人的碾米厂厂主看来有一些重叠。*Chronicle and Directory for China, Japan and the Philippines* (1872): 331; (1877): 384-387. 1877/78 年，第一家华人拥有的碾米厂在堤岸建成。这应该是 Guandhin et Cie 的“Rizerie chinoise”。Robequain, 第 276 页。Guandhin et Cie 从未加入过西贡商会。关于以上三个法国商人的商会会员资格，见 *Annuaire de la Cochinchine francaise*, 1865-1870.

① Norman Owen, “The rice industry of Mainland SEA 1850-1914”, *Journal of Siam Society*, Vol.59 pt.2 (1971): 102-103.

② All the rice millers sat at the Saigon Chamber of Commerce: A. Cornu, director in Saigon for Cahuzac’s “Saigon Rice Mill”; Orroño, representing the “Rice Mill of Khanh Hoi”; and Spooner for the “Cholon Rice Mills” (Rizeries de Cholon). For membership of the three, see *Annuaire de la Cochinchine francaise*, 1865-1870.

③ Paul Texier, *Le Port de Saigon* (Bordeaux: Imprimerie de midi, 1909), pp.93-96. Thanks Nola Cooke for the translation of this source.

来，他们对华人在那里的贸易竞争越来越反感。获得该殖民地本来就是为了法国的政治和商业目的……殖民者满意地欢呼华人被排除在（西贡商会）成员之外。商会会长对此欢欣鼓舞，并宣布将支持采取更有力的措施来遏制华人在殖民地的商业影响……他们所寻求的商业保护似乎在于使华人处于从属地位，不允许他们超越一定的界限，而这种政策与世界上这一地区的经验是背道而驰的……①

华人在西贡–堤岸的机器碾米始于1877年的Guandhin & Co广信公司（名字有待确认），但华人在机器碾米领域的真正进步是在1890年。碾米厂全面投入运营，无疑是对货物和稻谷附加税不断增加的一种回应。在从西贡–堤岸出口大米之前，必须先在当地碾米。正是在这种背景下，来自香港的碾米商出现了。

四、19世纪60年代至18世纪90年代西贡–堤岸的碾米厂

虽然许多米商都从事大米出口，但只有一个因素将大米商与小米商区分开来：碾米机。只有最富有的华商才买得起现代碾米机。一本早期的《南洋华人名人录》指出："大米贸易是南洋的主要贸易。它需要数十万美元的资本才能参与。"②一位荷兰学者指出，这其中有一个重要原因：

稻谷是一种特别难以控制的担保品，尤其是它的储存地点非常分散，因此担保商的问题真正凸显。有鉴于此，银行一般不愿意提供稻谷贷款，他们通常要求贷款必须有抵押担保。因此，需要大量资金的稻谷商发现，虽然稻谷是相对便宜的商品，但碾过的米却相对昂贵。③

便宜的稻谷和昂贵的干净大米造成了一种现象，成为19世纪末20世

① *The Straits Times*, 18 March 1896, p.2.

② *Who's Who in the South Seas* (Penang: 1924), Vol.2, p.203.

③ M. R. Fernando and D. Bulbeck, *Chinese Economic Activity in Netherlands India* (Singapore: Institute of Southeast Asian Studies, 1992), p.131.

纪初东南亚大陆大米贸易和工业的特征。一端是农民，他们像祖先几千年来所做的那样生产大米，但收益却微乎其微；另一端是他们生产的稻谷被送往机器碾米厂，再由现代汽船运往海外，这两种活动都需要巨额资本来运作。资本必须聚集在远离稻米生产地的大都市而非城镇。直到 20 世纪初，堤岸的许多碾米厂都是位于香港、新加坡或中国内地的大公司的分支机构。1873 年，一位在西贡的华商（三等纳税人）报告说，在殖民地建立重要企业的情况非常罕见。公司合同（les actes de société）“一般由居住在中国的商人起草，公司大多只限于向殖民地派遣代表或合伙人”。他还评论说：“殖民地的大多数合同都是在小商人之间签订的。”①这一特点对交趾支那华人社区的组成，以及他们与法国当局的关系产生了重大影响。

五、远道而来的大米王子

1894 年，香港的西贡大米商圈发生了两件大事，都是对法国改变西贡大米出口政策的反应，尽管当时可能并没有引起人们的注意。这些事件涉及两个香港家族，他们都从事西贡大米贸易长达数十年。首先，在 20 世纪中叶成为香港华人贵族“李氏王朝”主要创始人的李石朋创办了和发成船务公司，继续其父数十年来从事西贡大米航运的事业。19 世纪六七十年代，李氏的华人租船公司“瑞成”主要经营香港—西贡航线。②

同年，香港出现了一家名为万祥源的米行。该公司由当时西贡大米贸易的“王子”——成立于 19 世纪 70 年代的公源公司创办。正如卡尔·史密斯（Carl Smith）所指出的，确定香港华人精英地位的一个主要标准是看某个商人是否在东华医院的董事名单上。③这家医院的董事会基本上是 19 世纪末香港华人的精英俱乐部。1873 年，公源洋行的阮蔼如是董事之

① “On the application of the French Commercial Code to Chinese business, General Secretariat, 3rd Bureau”, Goucoch, IA3/166 (3), Folder A#1, National Archives, Aix-en-province, France. Thanks to Nola Cooke for sharing this source.

② Sui Sing’s office was at 96 Bonham Strand, Central. Frank Ching, *The Li Dynasty: Hong Kong Aristocrats* (Hong Kong & New York: Oxford University Press, 1999), p.9.

③ Carl Smith, “The Emergence of a Chinese Elite in Hong Kong”, p.105.

一。由于东华的董事会由米行和其他行业（如纺织品、鸦片、南北行和金山行）的代表各一名组成，公源应该是香港米行的代表。[①]这是在该公司在堤岸建造万昌源米行之前。在《远东今日印象和海内外杰出而进步的中国人》一书中，对该公司有如下描述：

> 对中国来说，大米进口贸易非常重要，而大米商则是首要因素。约半个世纪前，刘炳、合伙人刘曰泉（Lau Yut Chuen）和阮蔼如（Yuan Oi Yue）成立了公源公司（Kung Yuen Co.）。该公司每年从西贡和安南进口80万元的大米，在当地出售给经销商。[②]

刘家和阮家都是广东新会人。[③] 19世纪70年代，公源公司在西贡设有代理商，当时它还不是西贡–堤岸的一家主要公司。[④]但在19世纪80年代末，公源的声望日益提高。刘家游（Lau Ka Yau，Liu Chia Yu，Lau Kah Yew，1899年5月14日卒于香港）很可能是公源商号的代表，也是该商号创始人之一刘炳的亲戚。[⑤]

万祥源虽然位于永乐街159号，[⑥]但其真正的经营地点是在西贡–堤岸，名为"万昌源"，越南语为"Van Xuong Nguyen"。在万祥源米行诞生的前一年，一个巨大的碾米厂——南隆（Nam Long）开始在堤岸兴建。

① Alongside with five compradores and two Nam Pak Hong merchants. Elizabeth Sinn, *Power and Charity: A Chinese Merchant Elite in Colonial Hong Kong* (Hong Kong: Hong Kong University Press, 2003), p.54.

② *Present Day Impressions of the Far East and Prominent and Progressive Chinese in Home and Abroad* (London: The Globe Encyclopaedia Co., 1917), p.601.

③ 见《香港商业名人录》，1927年，"Members of Chamber of Commerce".

④ 1874年9月12日在西贡签署中西米行协定的华人有四家米行，它们是Wing-Kat-Cheong 永吉昌、Quong-Seang-Tye 广兴泰（？）、Quong-Soon-Tye 广顺泰和Chin-Tye 成泰。Etienne Denis，《*Bordeaux et la Cochinchine*》，第233页。1885年，堤岸有117家米行，其中95家位于Quai de Mytho。*Annuaire de la Cochinchine*, 1885, pp.316-317.

⑤ 他的遗嘱显示，他出生于厦门，遗产管理人是"西贡的刘玉，退休商人，现居81 Connaught Rd. Central west"，HKRS 143-1013-5.12 1911 (206/1911); see also Carl Smith Collection card No.23439.

⑥ *Daily Press*, 12 Feb 1907.

万祥源诞生一年后，南隆碾米厂于 1895 年开始全面运营。[①]由于法国的大米保护主义政策，公源从一家以香港为基地的大米贸易公司发展成为西贡–堤岸的实业家。

南隆碾米厂是公源在香港大米业务的重要延伸。位于堤岸的南隆碾米厂依靠汇丰银行西贡分行提供的信贷经营，但由香港的公源公司担保。[②]它的法文名是“Man Cheong Yuen Usine a Riz”，位于美荻街码头（Quai de Mytho）。[③]南隆是西贡–堤岸粤语方言群中的头号商业机构，是 1898 年穗城会馆的头号捐资者。[④]然而，南隆并非纯粹的粤语背景集团，这一点将在下一节中说明。

六、西贡米商的跨方言群体联系：万祥源和万顺安

虽然在南洋方言群之间的竞争往往十分激烈，但位于堤岸的万昌源似乎是个例外。1898 年，万昌源的南隆碾米厂开业时，早在 1892 年就有一家大型碾米厂——万裕源（Ban-Joo-Guan）在运营。Ban-Joo-Guan（正式名称为 China Merchants Rice Mill Co，越南名 Van du-nguyen）碾米厂由一家具有新加坡背景的福建公司 Ban Soon An 万顺安建造。[⑤]万昌源成立时，吸收了竞争对手万顺安的大量资金。换句话说，两家讲广东话和福建话的

① It was built in 1893, and started to function in 1895. *Annuaire général de l'Indochine* (1910): 583.

② 1921 年，“……公源的代表让我报告，他们不希望再以公源名义为南隆 Nam Loong 预付款提供担保。显然，曾经管理西贡公司的刘六已经去世，而公源的人不同意现在的经理。他们说，印度支那银行给南隆的预付款反正从来就不是由公源担保”。汇丰银行档案，GHO 53.1，1921 年 11 月 24 日。这里的“刘六”应该是清朝外交官严璩报告的刘蔼春 Lau Tse Tsun。严璩，“越南游历记”，载《晚清海外笔记选》，第 72 页。Lau Tse Tsun 于 1921 年 8 月去世。阮蔼如的遗嘱将刘六列为“亲属和合伙人”。Carl Smith Collection, card No.45792.

③ *Chronicle and Directory for China, Hong Kong and Philippines* (1898): 367.

④ Li Tana and Nguyen Cam Thuy, *Bia chu Han trong hoi quan nguoi Hoa* [Inscriptions from the Chinese huiguan in Hochiminh City] (Hanoi: Nha xuat ban Khoa hoc xa hoi, 1999), p.297.

⑤ “Van-du-nguyen dit Ban-soan-an”, *Annuaire general de l'Inchochine* (1910): 583.

公司预见到了竞争，事先达成了妥协。万顺安的经理人陈和盛及其合伙人购买了价值 75,000 元的股份。①有趣的是，万昌源的米厂南隆的注册资本也是 22.5 万元，不多也不少于万顺安，平分秋色。②一半股份由 Wong Oi Tong（黄爱棠？）持有，他的有源（皇后街 10 号）公司专做爪哇的进出口贸易。事实上，如果说堤岸的万昌源公司是广东人和福建人通婚的产物，也不为过。这可能是由于福建人长期以来一直是越南的主要商人，尤其是在大米行业的缘故。③

公源–万祥源的东南亚渊源还体现在刘氏家族的联姻上。公源早期的刘炳（又名刘焯轩、刘文炳）似乎最为重要。刘炳与一家专注于海峡贸易的大公司——朱氏家族有姻亲关系。④朱氏家族有三家公司：朱永安（Chu Wing On）、朱有兰（Chu Yau Lan）和朱广兰（Chu Kwong Lan）。⑤这些公司多年来都专注于与东南亚，尤其是新加坡和爪哇的贸易。根据刘炳的遗嘱，我们可以确定刘、朱、阮三家是姻亲关系。⑥

1895 年，位于堤岸的南隆碾米厂开始运营，同年，三大家族还成立

① 1908 June 18 *Daily Press*, Man Cheung Yuen Firm to form a new company to carry on business after Feb 12 1907:

Formerly owned share

Man Shun On (i.e. Ban Soon An)	valued $20,000
Wong Oi Tong	valued $40,000 (attorney Wo Shing)
Chan Wo Shing	valued $10,000
Kung Yuen firm	valued $60,000
Lau Wai Kwan (al. Kong Hing)	valued $10,000

Above ceased to hold shares in Man Cheung Yuen.

There was a Cheung Wan Kung, who held $5000 worth shares in the Man Cheung Yuen firm. His attorney were Chan Wo Shing and Lam Luen Hung 林联庆. 1908 June 18 *Daily Press*. Lam Luen Hung was also a manager of Ban Soon An.

②《南洋年鉴》，1939 年，第 15 页。

③ *Chinese Commerce directory* (1927): 374.

④ Chu's daughter Chu Kiu Chan 朱翘珍 married to Lau Bing's son Shiu Cheuk 刘小焯(刘国华). 香港历史档案馆遗嘱卷 Will HKRS 143-1125-14.11, 1912 (217/1912).

⑤ *Anglo-Chinese Dictionary* (1915): 52.

⑥ 据 Un Hoi U 阮蔼如的遗嘱，刘炳的儿子刘国华（又名刘小焯）是他的姻亲侄子。

了一家保险公司，即普安洋面及火烛保险及货仓有限公司。[①]毫无疑问，成立普安保险公司是出于为万祥源自己的米船和其他东南亚贸易提供保险的迫切需要，但这也是万祥源贸易船运业务纵向一体化的一步。普安的办公室位于永乐街 157 号，与同一条街上 159 号的公源相邻。普安保险的注册资本为 80 万美元，实缴资本占 50%。[②]在 19 世纪 90 年代，这可不是一个小数目。

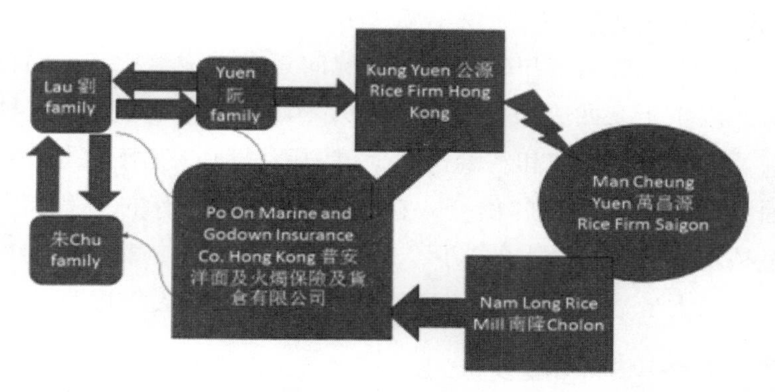

图 1　香港的刘、阮、朱联姻和公源米行、西贡的万昌源米行和香港的普安保险

七、大米信贷

英国资本是交趾支那大米贸易的重要来源。尽管一些作者认为这里的华人米厂“完全由华人资本经营”，[③]但很明显，在早期，相当一部分华人资本来自西方银行，特别是英资银行。早在 1871-72 年间，就有 75 万元从香港运往汇丰银行西贡分行，用于向米商提供预付款和购买出口票据。[④]这说明西贡米在汇丰银行眼里的重要性——1865 年，该银行的实收

---

① The partners of the Po On Insurance Co included: 朱永安(朱涉川 Chu Sip Chun, 104-106 Wing Lok); 公源号(刘焯轩, 阮蔼如), 朱有兰(朱受之); 恒记行(朱卓群); 均兴隆(卢寿如); 朱广兰(朱萃文); 同栈行(朱储云). See《华字日报》, 3 July 1895: 1.

② *Present day Impression of the Far East*, p.598.

③ “大米产业几乎完全掌握在华人手中。在现有的 10 家米厂中，有 8 家是设备最好的米厂，它们完全由中国资本创办和经营”, *Bordeaux*, p.88.

④ Collis Maurice, *Wayfoong: The Hongkong and Shanghai Banking Corporation* (London: Faber and Faber Ltd, 1965), pp.87-88.

资本仅为 500 万港币。[①] 20 世纪初汇丰银行西贡分行的文件经常显示，Ban Soon An 万顺安、Ban Teck Guan 万德源和 Nam Lung 南隆米厂是汇丰银行的主要客户。这项业务对双方都有利，因为毕竟汇丰银行的成立，正如其 1864 年的第一份招股说明书所述，是为了“促进中国对外贸易”。[②] 约翰·德拉布尔（John Drabble）指出，至少在 1905 年之前，亚洲客户一直是“银行业务的中坚力量”，而且在利率方面没有任何歧视。[③] Rajestwary Brown 进一步评论说，在新加坡和印度尼西亚竞争激烈的信贷市场上，西方银行凭借客户的高财务状况向其提供优惠贷款，而且往往不收取担保，以至于“西方银行鼓励亚洲人不计后果地借贷”。[④]这种融资极大地促进了华商从新加坡和香港这两个英国殖民地向东南亚的扩张。

正因为有了这些现成的信贷，在 1902 年，“所有的大型米厂都在堤岸，这里是新加坡以东最大的米厂”。[⑤]如下表 2 所示，截至 1901 年，交趾支那出口的大米数量确实证实交趾支那的大米产业大于暹罗。

表 2　1863—1911 年暹罗和交趾支那的大米出口（单位：1000 吨）[⑥]

年份	暹罗	交趾支那
1863—1871	124	157
1872—1881	198	315
1882—1891	329	496
1891—1901	572	646
1902—1911	954	793

① http://en.wikipedia.org/wiki/History_of_Hong_Kong

② Collis Maurice, *Wayfoong*, p.62.

③ John H. Drabble, *An Economic History of Malaysia, c.1800-1990* (McMillan, 2000), p.79.

④ Rajestwary Brown, *Capital and Entrepreneurship in South-East Asia* (London: St. Martin's Press, 1994), p.158.

⑤ “Life at Saigon”, *The Straits Times*, 18 June 1902, p.2.

⑥ Norman Owen, “The rice industry of Mainland SEA, 1850-1914”, *Journal of Siam Society*, 59, 2 (1971): 95-101.

正如在香港和中国内地所发生的那样，英国银行和其他西方公司在亚洲建立了垂直的金融网络。英国银行向香港本地银行提供贷款，而香港本地银行则向华商和生产者提供信贷。作为西方银行的借款人，华人在交趾支那既是大米商，同时也是当地农村米行和杂货店的债权人，他们的主要工作是放贷和收米。①这种信贷等级制度对交趾支那尤其重要。南隆碾米厂在芹苴、龙川、朔庄、迪石和薄辽等稻米主产省均设分号，所有分号都以“南隆”为名。②

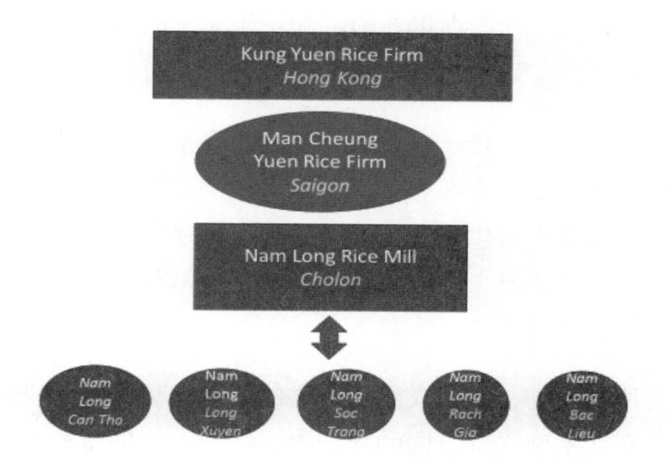

图 2　香港公源、堤岸万昌源米行和南隆碾米厂及湄公河三角洲的南隆分号

1875 年至 1901 年间，每年有 250—300 艘“本地帆船”从交趾支那驶往新加坡，数量远高于暹罗。③尽管从运输量来看，这些舢板可能不到同期大米出口量的 10%，④但他们仍然需要资金来进行采购、当地运输以及西贡与新加坡之间的长途旅行，即使资金是由银行间接提供的。大型碾

① Tan Keng Sing was once listed as a “banker” in the *Saigon Commercial Directory*.

② Li Tana and Nguyen Cam Thuy, *Bia chu Han trong hoi quan nguoi Hoa* [Inscriptions from the Chinese huiguan in Hochiminh City], “Inscription of Quang Trieu hoi quan”, 1922, pp.339-341.

③ *Singapore Bluebooks*, 1868-1929.

④ A total capacity would be between 25,000 and 30,000 ton if the average capacity per junk was 100 tons, when the rice export in the same period was an average of 450,000 tons, indicated in Owen’s table above.

米厂也是小型碾米厂和相关碾米厂的资金来源。例如，一家名为义昌成（福建方言背景）的大型碾米厂，据报告并不是自己碾米，而是为堤岸的六家小型碾米厂提供担保。①

在上述所有活动中，碾米厂都是向银行借款、组织采购和国内运输的组织力量，因为它们经常需要现成的稻谷。据我所知，诺曼·欧文（Norman Owen）是少数几位指出经纪人、放贷人在大米贸易中发挥关键作用的学者之一。正如他所指出的，经纪人、放贷人在出口经济中提供了两种经济服务。首先，他们提供新的资本，使新土地的开辟成为可能。他干脆利落地解释道：

> 也许有人会说，传统形式的信贷、政府信贷计划或商业银行本可以更便宜地提供这些资本。但答案很简单：它们就是没有。在本地放债人与外族放债人的比较中，外族放债人通常要求较低的利率。这一时期根本不存在政府支持的农业信贷。商业银行有意识地避免与耕种者直接贷款发生纠葛。

正如欧文所指出的，经纪人放贷提供的第二项甚至更重要的服务是，在一个几乎不存在书面交货合同的社会中，经纪人放贷规范和构建了市场关系。“耕种者不仅能立即获得贷款，还能保证下次收获时以既定的价格进入市场”。②

在法属交趾支那的头四十年里，英国资本通过香港和新加坡的华人米商，为交趾支那的大米贸易甚至大米生产提供了大量资金。直到 20 世纪 20 年代，西贡大米的最大比例都流向了英国殖民地。可以说，华商依靠

---

① 它的旧名是建芳成 Kian Hong Seng，建于 1886 年，但在 1907 年被烧毁。《海峡时报》，1907 年 9 月 25 日，第 6 页。 至少从 1911 年起，它被称为义昌成，经理邱衡雪。汇丰银行档案，II，文件夹 IG 2，“督察报告”，1917 年 2 月 3 日，第 10 页：“Joo Huat $72,200; Hock Seng $30,000; Hing Fat $96300; Hing Guan $27600; Lee How Cheong $9700; Tiow Chuan $27100”。汇丰银行档案，1914 年 4 月 3 日督察报告，第 8—9 页：“买办对上述公司的评价都很好。他们都已开业数年，有些甚至长达 30 年。据估计，每家公司的收入在 1—1.5 百万美元之间”。

② Norman Owen, “The rice industry of Mainland SEA 1850-1914”, *Journal of Siam Society,* Vol.59 pt.2 (1971):117.

英国银行的贷款来扩大其在交趾支那的经济实力，而英国银行则利用华人米商对法国殖民地进行经济渗透。

其次，同样重要的是，这些业务和交易也极大地有利于法国的政治利益，而不是损害法国的政治利益。正如罗伯康（Robequain）所指出的，“可以毫无疑问地说，直到战争爆发，远东从印度支那买进的东西多于卖出的……。而法国的情况恰恰相反，它向印度支那卖出的比从这个殖民地买进的多，在此期间多出的部分约为 60%，这实际上对母国比对印度支那更有利。毫无疑问，[远东贸易] 所取得的结果被认为是非常令人满意的，因为通过这种方式，远东为印度支那与母国的不利贸易平衡付出了代价”。[①]

八、公源集团与香港其他米商：船运公司、保险公司和银行之间的竞争

公源集团，即刘阮朱家族联盟，全面参与西贡大米贸易，从大米贸易、碾米厂、大米航运到保险，最后到银行。然而在每一个环节、每一个领域，他们都遇到了香港其他商人的激烈竞争。

早在 19 世纪 50 年代，讲潮州方言的香港人就已经活跃在与东南亚的大米贸易中，其中最著名的当属乾泰隆（Kin Tye Lung）。[②]香港早期的航运记录显示，潮州的元发号一直经营暹罗米的航运，而西贡米的航运则由广兴昌、建昌、合兴等多家公司分担，后者同时从暹罗和西贡运输大米。[③]合兴似乎属于潮州集团。19 世纪 80 年代，香港—西贡航线船商主要是李石朋（Li Shek Pang）父亲的瑞成（Sui Sing）（见下）和同记（Tung Kee）公司，后者也是潮州公司。它同时经营西贡和暹罗的大米航运，两

---

① Charles Robequain, *The Economic Development of French Indo-China*, French edition 1939, trans. by I. A. Ward (Oxford University Press, 1944), p.322.

② 蔡志祥编：《乾泰隆商业文书》（香港科技大学华南研究中心华南研究文献丛刊四），香港：华南研究出版社，2003 年，第 IX 页。

③ *The Hong Kong Daily Press*, 1864-68; *Daily Advertiser and Shipping Gazette*, 1870-73.

家公司重要性不相上下。[①]粤商和潮商之间的竞争一直持续到 19 世纪 90 年代。

当米商进军航运保险业时，他们之间的竞争变得更加激烈。广东人的公源集团和潮州米商两家航运保险公司的成立就说明了这一点。来自东南亚的大米是这两个集团的主要业务。1895 年 7 月 3 日，两家保险公司同时成立，并在香港的中文报纸《华字日报》的同一版面和同一天刊登广告。在公源集团宣布成立普安保险公司的同时，潮州集团也宣布成立自己的公司——济安（Tzai On）保险公司。两家公司的目标都是做中国境内外运输保险。普安以讲广东话和福建话的群体为基础，而济安则以潮侨群体为主，包括乾泰隆、元发、同记和渣打银行的一位买办。[②]两家银行的广告在同一份报纸的同一版面上持续刊登了几个星期，直到注册资本少了 20 万美元的普安银行将自己的广告移到了第二版。

在此之前，公源洋行似乎一直与李氏家族合作，与他们的船务公司瑞成、南和（Nam Wo）以及和发成（Wo Fat Sing）合作。虽然证据不多，但我们可以肯定的是，公源商号在 19 世纪 90 年代至少拥有一艘蒸汽船，而这艘船是由李石朋的和发成轮船公司租用的。此外，李石朋在香港购买的第一处房产是向公源米行经理阮荔邨购买的。[③]

但和发成与公源两个集团之间的合作并没有更进一步。[④] 1918 年 8

① 见《循环日报》，1883—1886 年。

②《华字日报》, 3 July 1895, p.1. 直到 1910 年代，公源商号仍是香港数一数二的米商。1917 年，日本在香港的情报中将主要的南北行米商列为：元发，万发祥，公源，合兴，乾泰隆，万祥源，宝兴泰，德昌，荣发；九八行：炳记，裕德和，集祥，明顺，同泰兴。《支那省别全志第 1 卷　广东省附香港澳门》第 12 编 “货币金融机关及び度量衡”, (Tokyo: 东亚同文会, 1917), 第 1001—1003 页。Quoted in HISASUE Ryoichi, “Connection Mechanisms for Chinese Remittances: From Singapore to the Pearl River Delta via Hong Kong”, 《东南アジア研究》, Vol.44: 2 (2006): 2134.

③ 秦家璁：《香港名门李氏家族传奇》，第 16—17 页；Ching, *The Li Dynasty*, p.20.

④ One of the reasons for this might due to the defection of Hau Sau-nam, Li Shek Pang’s brother-in-law. Hau Sau-nam’s name was mentioned in *Present day impression of the Far East* (1917: 492) as a member of the Po On Fire Insurance Co. Hau’s defection caused hardship for Wo Fat Sing for several years. See Ching, *The Li Dynasty*, pp.22-23.

月，公源集团进军银行业，成立了华商银行有限公司。这是公源进入现代金融业的最重要尝试。这一决定也与其大米业务有关。该银行的主要业务“是海外华侨汇款和向越南米商提供信贷融资，以及货币兑换”。[①]这三项业务的目的都是吸收资金，降低交易成本，为大米贸易服务。新加坡的一份报告证实了它对西贡的关注：

> 香港最新的银行企业——华商银行有限公司于 8 月 28 日在皇后大道中 18 号开业。……华人社区将享受到新银行的主要优势……业务将以西方和中国的银行系统进行，两种系统将分别保存不同的账簿。该银行基本上是一家香港企业，因为 500 万美元营运资本的大部分已由当地华人资本家认购。银行决定于 9 月底在西贡开设分行，并希望以后能在其他沿海港口开设分行。[②]

仅三个月后，即 1918 年 11 月，李氏家族与其他几家广东人的公司联合创办了另一家银行，即现在著名的东亚银行。与华商银行一样，西贡也是东亚银行开设第一家分行的地方。这一幕不禁让人想起二十年前《华字日报》刊登的普安保险公司和济安保险公司的竞争。普安保险似乎在保险业务上战胜了潮商集团，但其银行——华商银行却昙花一现。

九、华商银行

这家银行雄心勃勃，是一家全球性银行。它效仿当时欧洲的怡和洋行（Jardine, Matheson & Co.）。该公司“由香港和西贡的几位著名华商以及海外富有的华人共同推动”。[③]它在纽约、上海、广州和西贡设有分行。前者是纽约第一家华人银行。主要负责人都是受过良好教育、经验丰富的留美

---

①《香港金融百年》(A Century of Hong Kong Financial Developments) (香港：三联书店，2002), p.21.

② “Opening of a Hongkong Bank. Huashang bank”, *The Straits Times*, 4 September 1918, p.10.

③ John Fairbank, *Trade and Diplomacy on the China Coast: The Opening of the Treaty Ports, 1842-1854* (Stanford: Stanford University Press, 1953), Vol. I. p.61.

归国人员。它在中国贸易界广为人知并受到尊重。[①]其西贡分行位于西贡，而不是大多数中国公司所在的堤岸，地址是 Chaigneau 路 35-58 号。正如后来一份关于香港银行历史的研究报告所指出的，“华商银行是最早的华人资本银行之一，其主要股东是香港最富有的米商”。[②]然而，这家银行为其全球网络付出了巨大代价。其上海分行从事货币投机，突然破产，连累了整个银行，尽管西贡、广州和纽约的其他分行仍在正常营业。东亚银行实现了华商银行的全球梦，成为香港最大的华资银行，分行遍布全球。

1921 年，公源公司西贡经理、刘家和阮家的侄子刘六去世。公源公司驻西贡代表与汇丰银行西贡分行就公源公司是否继续支持南隆碾米厂进行了多次讨论。1926 年 2 月 2 日，公源银行停止了对南隆碾米厂的所有贷款，这一切也随之结束。[③]没有了在西贡的主要业务基地，万祥源公司的日子也就屈指可数了。1923 年 9 月，万祥源在香港永乐街 159 号的办公室被卖给了一家土地投资公司，香港一家大型公司与西贡-堤岸的大米业务就此结束。[④]

十、西贡输港大米的衰落

万昌源公司及其母公司公源公司为西贡大米出口到香港的鼎盛贡献显著。香港华商与西贡贸易最繁荣的时期是 19 世纪末。下表显示了这一趋势。

---

① *Far Eastern Commercial Industrial Activity* (London, Shanghai, Hong Kong and Singapore: The Commercial Encyclopedia Co., 1924), p.354.

②《香港金融百年》，第 21 页。

③ HSBC Archives, London, file GHO 53.1, 2 Feb 1926, p.394.

④ “Mortgage of Un Man Chuen on behalf of Man Cheung Yuen firm 159 Wing Lok Street to Po Yam Land investment Company”, Carl Smith Collection, Hong Kong Historical Archives, number 1005/00045860.

表 3　1872—1911 年交趾支那和暹罗在香港和新加坡大米市场的份额①

年份	暹罗至香港	交趾支那至香港	暹罗至新加坡	交趾支那至新加坡
1872—1881	48%	63%	33%	10%
1882—1891	81%	69%	19%	8%
1892—1901	53%	45%	37%	9%
1902—1911	53%	27%	36%	4.50%

如上表所示，1891 年前，69% 的西贡大米运往香港，9% 运往新加坡。到 1911 年，西贡运往香港和新加坡的大米都减少了一半。运往香港和新加坡的大米分别从英国殖民地的 73% 和 4.5% 降到了不足三分之一。法国——交趾支那的殖民者——逐渐成为西贡大米的主要买家，从 4% 增加到 21%，运往菲律宾的大米从 3% 增加到 20%。②西贡大米的传统亚洲市场本来是英国殖民地。而它失去的两个亚洲市场都被暹罗获得，这种情况一直持续到现在。

香港米商从 19 世纪亚洲的跨国网络中获益匪浅，但也正是他们的跨国商业性质使他们在法属交趾支那付出了代价。暹罗米商陈黉利 Wang Lee 公司的故事与香港米商在法属交趾支那面临的困境恰成对照。为了应对 20 世纪 10 年代不断变化的形势，陈黉利公司改变了战略，进行了四大变革：多元化发展，进军西方大米市场；与国家加强合作；直接投资中国；建立现代金融机构。③如上所述，公源米行采取了最后一种战略，成立了自己的保险公司和一家雄心勃勃的银行。然而，陈黉利公司在转型过程中最重要的前两个选择对香港的公源米行来说却并不存在：西方市场正是法国人自己垄断的市场，虽然“与国家更紧密的合作”对暹罗的华人公司来说至关重要，但香港和新加坡的英国殖民地正是法国殖民国家为保护

① Norman Owen, “The rice industry of Mainland SEA 1850-1914”, *Journal of Siam Society*, Vol.59 pt.2 (1971): 95-101; 据 Coquerel，香港/中国在西贡大米出口中所占份额从 1880 年的 50%下降到 1910 年的 28%。Coquerel, *Paddys et Riz de Cochinchine*, p.206.

② Norman Owen, p.90.

③ Rajestwary Brown, *Capital and Entrepreneurship in South-East Asia* (St.Martin’s Press, 1994), p.137.

自己在西贡-堤岸的利益而瞄准的对手。到 20 世纪初，香港米商的衰落似乎难以避免。

Hong Kong Rice Merchant and Saigon, 1860-1920

Li Tana
(The Australian National University, Canberra, Australia)

Abstract: The rice industry was the cornerstone of commerce in Cochinchina and a sign of the prosperity of the Chinese trade in Cochinchina. Yet to this day we know almost nothing about the Chinese merchants who operated their rice trade. What seems to be missing from the rice industry in Saigon-Cholon, the main trading and industrial city of French Cochinchina, is vertical integration that existed in Siam, the Dutch East Indies, and British Malaya. A closer look, however, reveals that such integration actually existed in Cochinchina, but it had to be found across the South China Sea. This paper traces the history of some of these Chinese firms in Hong Kong in the late nineteenth and early twentieth centuries, and thus begins to put the pieces together to reconstruct the lost history of the Chinese rice traders in Vietnam.

Keywords: Hong Kong; Saigon; rice trade; late 19th century

弗朗西斯·莱特与马来王室之间的海洋贸易
——基于马来文书信档案的研究①

王慧中②

【内容提要】 槟城是英国东印度公司在马来半岛的第一个殖民地，弗朗西斯·莱特作为东印度公司派驻槟城的第一任总督，被视为槟城的开埠者。莱特在马来群岛具有殖民管理者和个体商人的双重身份，既代表东印度公司管理槟城，也在槟城和邻近地区经营私人贸易。本文基于英国伦敦大学亚非学院（SOAS）和马来西亚理科大学（USM）收集整理的马来文书信档案《莱特书信手稿集（1768—1794）》，研究莱特与马来群岛各个土邦的苏丹及其他王室成员之间的贸易往来。马来苏丹大多通过王室代理商人进行贸易，贸易的货物包括锡、胡椒、大米、武器、棉布、鸦片等。马来王室积极与莱特等英国商人贸易，一方面是为了获得商业利润，另一方面也是为了争取英国商人和公司的武器保护，维护政权的稳定。从莱特收到的马来王室成员寄来的书信中可以窥见槟城开埠早期英国商人与当地商人开展海洋贸易的方式。莱特在槟城的贸易活动构建了一个贯通中国–印度–英国的贸易网络，为英国在亚洲的进一步扩张奠定了基础。同时，这些贸易往来也反映了18世纪末东南亚地区的海洋贸易与全球贸易体系的深度融合。

【关键词】 槟城；弗朗西斯·莱特；马来王室；莱特书信手稿；海洋贸易

---

① 基金项目：教育部人文社会科学研究基金青年项目“马来西亚槟城开埠者弗朗西斯·莱特书信手稿整理、翻译与研究（1768—1794）”（项目批准号24YJC770021）阶段性研究成果。

② 作者简介：王慧中，西安外国语大学亚非学院马来语专业讲师，北京大学外国语学院博士研究生，研究方向为马来西亚殖民史、海洋贸易史。

一、引言

马来西亚槟城（又称“槟榔屿”）是英国东印度公司（British East India Company）在马来半岛占领的第一个贸易据点，弗朗西斯·莱特（Francis Light）作为东印度公司派驻槟城的第一任总督，被视为槟城的开埠者。他在槟城实行自由贸易政策，吸引了大批来自马来群岛、印度、中国和欧洲的商人前来贸易，使槟城成为当时盛极一时的区域贸易中心。

莱特利用自己和东印度公司的关系以及在槟城的职权，与其商业伙伴詹姆斯·斯科特（James Scott）合作从事海洋转口贸易，是当时活跃在印度洋和马六甲海峡附近的著名欧洲商人。他与马来群岛的王室统治者、王公贵族、宫廷大臣及平民商人都建立了广泛的贸易关系，贸易货物包括生活物资（大米、牲畜、水果等）、武器（枪、铁炮等）、火药、鸦片、锡矿、森林产品和海峡土特产等。在槟城开埠早期，他和斯科特几乎垄断了槟城的进出口贸易。从贸易网络构建来看，莱特与马来王室的贸易促进了中国、印度和英国之间的贸易联系。马来王室提供的锡矿等资源，通过转口贸易运往英国，满足了英国工业发展对原料的需求，强化了英国在全球贸易中的优势地位；从印度运往槟城的棉花、鸦片等商品，一部分流入中国市场，平衡了英中贸易的逆差，另一部分则在马来半岛及周边地区进行贸易流转，丰富了区域贸易的商品种类和贸易结构。同时，中国的茶叶、丝绸、瓷器等商品也借此贸易网络，更高效地运往印度和英国，进一步拓展了东方商品在西方的市场，使中国–印度–英国的贸易路线更加稳固且多元化，槟城也因此成为这一贸易网络中的关键枢纽。

本文采用的史料主要是莱特的书信手稿集，大多是马来群岛商人寄给莱特的信件，也有少量莱特寄给他人的信件，记录了莱特在马来群岛的贸易和与当地商人交往的内容，其中大量的细节呈现了东印度公司官方档案中没有详细记载的一面，为海洋贸易研究者提供了不一样的微观视角。最初这批信件由莱特保管，后收藏于伦敦大学亚非学院。原稿用爪夷文[1]书

[1] 爪夷文（Jawi）是用阿拉伯字母书写的马来语，是英殖民统治前的马来语书写方式。

写，伦敦大学亚非学院的E. 乌里齐·克拉茨（E. Ulrich Kratz）教授为书信手稿的整理和编纂做了大量工作。2018年马来西亚理科大学政策与国际研究中心（Center of Policy Research and International Studies）和图书馆从亚非学院引进了莱特书信手稿，并翻译转写为拉丁字母书写的现代标准马来语，编纂成《莱特书信手稿集（1768—1794）》，已在图书馆官方网站上公开。[①]全集共11卷，包含了莱特与马来群岛各土邦，如吉打、雪兰莪、霹雳、登嘉楼、玻璃市、亚齐等国的马来统治者、王室贵族、英国商人以及其他商业伙伴之间的书信、账单、货物清单等，为研究18世纪末槟城开埠早期英国商人与当地商人之间的贸易和互动提供了丰富而生动的细节。

本文将对莱特书信手稿进行详细分析和解读，并结合历史背景和社会文化环境，分析莱特与马来王室之间的贸易和互动，从而深入挖掘出这一时期英国商人对马来群岛的贸易和商业运作模式以及区域政治和经济发展所产生的深远影响。

二、莱特的生平经历与槟城的开埠

弗朗西斯·莱特于1745年出生于英国达林顿（Dallingho），早年曾在英国皇家海军服役，退役后于1765年加入东印度公司，成为一家马德拉斯公司苏尔丹、苏利文和德苏扎公司（Jourdain, Sulivan and De Souza）的代理商，获得一艘港脚贸易[②]商船的指挥权。在占领槟城之前，莱特曾以私人贸易商的身份定居普吉岛（当时是吉打的属地），受到了当地王公和居民的欢迎。他的贸易伙伴詹姆斯·斯科特也随他来到普吉岛，在印度、马六甲、雪兰莪和廖内等港口进行贸易。在和印度总督沃伦·黑斯廷斯

① 马来西亚理科大学图书馆编纂的《莱特书信手稿集（1768—1794）》官方网址：https://libdigital.usm.my/pages/collections_featured.php?parent=12522。

②"港脚贸易"指的是印度和亚洲其他地区之间的海洋贸易，该词的起源并不确定，有说来自英语"country trade"中"country"的音译，因为从事这种贸易的商人多为出身于英国北部苏格兰农村的个体商人，被人蔑称为"乡下人"。但是在英文文献中，"country trader"包含的范围很广，并不仅限于非公司职员的自由商人和走私商，从事亚洲区域内贸易的东印度公司的船长也被称为"country trader"。

（Warren Hastings）多次提请后，莱特于1786年与吉打苏丹穆罕默德·杰瓦（Sultan Muhammad Jewa）达成协议，在槟城建立定居点，成为首任总督。尽管面临疾病、海盗威胁和财务困难，他通过各种措施促进了槟城的自由贸易和城市发展。1794年莱特染病去世，被评价为有远见的先驱者，以卓越的行政能力为槟城的成功奠定了基础。①

纵观东南亚历史，很多国家和土邦都是因海洋贸易而兴起。例如15世纪初的马六甲苏丹国，在其建立初期维持了相对稳定的政治局面，有一定的军事能力抵御海盗的进攻，使得周边地区的商人愿意在这里停靠船只，开展贸易活动。②马来群岛上的土邦国的苏丹或国王不仅是政治上的统治者，同时也是精明的商人。他们通过参与和管理海洋贸易网络，积累了大量财富。这些统治者利用其地理位置的优势，控制重要的贸易航道，并与其他地区的商人和国家建立起广泛的商业联系，从而为他们的王国带来了巨大的经济收益。

吉打是位于马来半岛北部的一个土邦国，曾是暹罗的属国，盛产稻米，依靠瓜拉慕达（Kuala Muda）港口与外界贸易。1771年3月18日，吉打苏丹穆罕默德·杰瓦向马德拉斯总督请求帮助，希望获得东印度公司和在亚齐的英国商人的帮助，以巩固他作为苏丹的地位。③同年3月24日，莱特带着30名印度士兵、两艘军舰和武器前往吉打，但表示要将被掠夺的财产和瓜拉吉打（Kuala Kedah）交给他个人而非东印度公司，否则他不会提供帮助。这是吉打苏丹首次向东印度公司求救，但由于莱特想独占财产和贸易权，并未及时将吉打苏丹的诉求报告给公司。1772年4月20日，苏丹穆罕默德·杰瓦与英国东印度公司签署了一项协议，目的是希望获得公司的军事援助以克服王室内乱重新掌权，并摆脱暹罗的威

① H. P. Clodd, *Malaya's First British Pioneer: The Life of Francis Light*, London: Luzac, 1948: 138.

② M. Lobato, "'Melaka is Like a Cropping Field' Trade Management in the Straits of Melaka during the Sultanate and Portuguese Period", *Journal of Asian History*, Vol.46, No.2, 2012, pp.225-251.

③ "Sultan Kedah Meminta Bantuan Ketenteraan dari Gabenor Inggeris, Madras", Hari Ini dalam Sejarah, Arkib Negara Malaysia, 18 Mac 1771.

胁。但这份协议比较粗略，并没有规定具体要提供帮助的内容，也没有受到东印度公司的重视。[①]在东印度公司的记录中，莱特在提议收购槟城的事件中有不诚信的表现，完全是出于自身利益的考虑，所以他当时的提议没有获得上级的肯定。[②]

1772—1780 年间，莱特定居在普吉岛乌戎沙朗（Ujung Salang），受到当地统治者的欢迎，这从他获得了曼谷王朝的封衔“神王”（Dewa Raja）可以看出。[③]普吉岛有丰富的锡矿资源，与马来半岛西海岸诸国也有成熟的贸易路线，而且已经有了很多欧洲裔商人定居。莱特和斯科特定居于普吉岛，合作从事港脚贸易，包括从印度进口武器、鸦片、棉花等货物，从吉打进口大米和盐，一般用锡矿支付。1780 年左右，莱特与普吉岛当地官员发生冲突，普吉岛总督命人将莱特的住处洗劫一空。此后，莱特搬到了吉打。[④]

1782 年，英国和法国、荷兰以及印度当地王公的战争使得孟加拉湾不再安全，英属印度总督沃论·黑斯廷斯重新考虑在马来半岛取得一个新的贸易据点。1785 年 8 月 27 日，莱特与吉打苏丹阿卜杜拉·穆卡拉姆（Sultan Abdullah Mukarram Shah）重新谈判，最终达成协议，允许东印度公司在槟城建立据点。苏丹阿卜杜拉在协议中提出了几个条件，即：东印度公司每年必须向苏丹阿卜杜拉支付 30,000 西班牙银元，作为因岛上港口开放而造成的吉打贸易损失的补偿，而且公司必须保护吉打免受外部威胁。这一条约的签订为英国人在槟城立足并随后成功地扩大其在马来群岛的海洋贸易提供了新的机会。[⑤]

① “Perjanjian Sultan Muhamad (Kedah) – Syarikat Hindia Timur Inggeris”, Hari Ini dalam Sejarah, Arkib Negara Malaysia, 20 April 1772.

② W. L. Loh, J. Seow, *Through Turbulent Terrain: Trade of the Straits Port of Penang*, Kuala Lumpur: MBRAS & Think City, 2018, p.24.

③ E. U. Kratz, “Francis Light’s Place in the Trading System of Both Coasts of the Malay Peninsula”, *Asian Journal of Social Science*, Vol.40, No.1, 2012, pp.83-99.

④ J. Herivel, *“A Perfect Malay”: James Scott, East Indies Country Trader*, Charles Darwin University, 2020, pp.126-132.

⑤ 理查德·温斯泰德：《马来亚史》，姚梓良译，北京：商务印书馆，1974 年，第 319—320 页。

1786 年 8 月 11 日，马德拉斯商行的总工程师伊利沙·特拉波（Elisha Trapaud）陪同莱特前往槟城，见证了莱特宣誓“占有这个名为‘槟城’的岛屿”，将其以威尔士亲王的名字命名为“威尔士亲王岛”（The Prince of Wales Island），将最初登陆的岛的东北部命名为“乔治市”（George Town），并在该岛以乔治三世国王的名义悬挂英国国旗。莱特刚占领槟城时曾报告说：“我们的居民数量增长十分迅速，有朱利亚人、中国人和基督徒。他们已经在争夺土地了，每个人都在以最快的速度建房子。”①

让吉打苏丹意外的是，由于槟城靠近大陆，它迅速吸引了大量本地商业活动，比如大米贸易从吉打转移到槟城，这原本是吉打苏丹收入来源的一大部分。苏丹收入的减少与槟城收入的急剧增长形成了鲜明对比，这一直是吉打和东印度公司之间争论不休的问题。当与苏丹打交道时，莱特总是将所有不利于吉打的决策和政策责任归咎于公司，而强调自己是苏丹的朋友和服务员，他的言论在马德拉斯和加尔各答并无多大分量。②

莱特在槟城立足后，很快掌握了贸易的主动权。从他和马德拉斯的苏尔丹、苏利文和德苏扎公司的信件中可以看出：

“这里出售各种来自［科罗曼德尔］海岸、孟加拉和苏拉特的每一种商品，但最畅销的商品是鸦片，我现在以每箱 800 西班牙元的价格进行批发和零售，并且能够以相同条件处理您认为合适的任何数量。”③

可以看出莱特在鸦片贸易中有绝对的自信和主动权，给马德拉斯的代理公司报告可以卖出任何数量的鸦片。1787 年起，莱特和商业伙伴詹姆斯·斯科特、大卫·布朗成立斯科特公司（Scott & Co.），斯科特主要掌管公司，莱特则以槟城总督的身份管理自由贸易，为公司的贸易提供便利。在槟城开埠早期，莱特和斯科特掌控了绝大部分贸易，其他商人参与

① City Council of Georgetown, *Penang past and present, 1786-1963*, George Town: the City Council of George Town, 1966, p.1.

② E. U. Kratz, “Francis Light’s Place in the Trading System of Both Coasts of the Malay Peninsula”, *Asian Journal of Social Science*, Vol.40, No.1, 2012, pp.83-99.

③ H. P. Clodd, *Malaya’s First British Pioneer: The Life of Francis Light*, London: Luzac, 1948, p.8.

较少。一位船长凯德（Captain Kyd）声称，莱特和斯科特构成了“对所有自由企业的巨大阻碍，以至于没有任何有信誉的商行或商人试图成立公司”①。1793 年 6 月初，斯科特公司在槟城的货物总贸易额 182,702 西班牙元中占了 123,219 西班牙元，为岛上的英国居民提供了 10 艘船只中的 7 艘，在价值 168,573 西班牙元的船只和货物中占 131,073 西班牙元，几乎是贸易的 80%。②莱特去世后，斯科特继续经营公司，与印度的约翰·帕尔默公司（John Palmer）、广东的比尔（Beale）和马尼亚克公司（Magniac）建立了联系，几乎垄断了槟城的进出口贸易，是槟城唯一的银行家和借贷人。③

莱特为槟城早期的贸易发展和城市建设做出了重要贡献，将槟城发展为一个繁荣的自由港，吸引了各地商人，为槟城奠定了成为区域贸易中心的基础。他本人也利用自己的权力和影响力，和商业伙伴斯科特几乎垄断了槟城的进出口贸易，从他与马来群岛的统治者之间的贸易和交往可以看出。

三、莱特与吉打王室之间的贸易

马来群岛的封建政权大多因海上贸易兴起，苏丹和王室通过海洋贸易和港口征税积累财富。王室不仅是政治权力的象征，更是当地最有实力的贸易商，掌握着一个国家的大部分财富。莱特作为槟城的首任总督，他深知要确保槟城的长远发展，必须与周边的马来王室建立稳固的关系。在他任内，莱特积极推动与马来各邦的贸易往来，不仅为了个人的商业利益，也为了巩固英国商人在马来群岛的影响力。从《莱特书信手稿集（1768—1794）》来看，莱特与马来王室的贸易往来十分频繁，贸易货物种类多

① K. G. Tregonning, *The British in Malaya: the First Forty Years, 1786-1826*, Tucson: The University of Arizona Press, 1965, p.166.

② P. J. Drake, *Merchants, Bankers, Governors: British Enterprise in Singapore and Malaya, 1786-1920*, London: World Scientific Publishing, 2017, p.5.

③ K. G. Tregonning, *The British in Malaya: the First Forty Years, 1786-1826*, Tucson: The University of Arizona Press, 1965, pp.166-167.

样，数量庞大。尽管这种贸易表面上是平等的，但莱特凭借其对重要贸易货物如武器和鸦片的控制，在定价和贸易条款方面往往占据更多的主动权。这种微妙的权力平衡使他在与马来王室的互动中逐渐扩大了在当地的政治影响力。莱特的书信手稿揭示了他与马来半岛上的吉打、雪兰莪、玻璃市、霹雳，苏门答腊岛的亚齐、日里王室的苏丹、拉惹、亲王之间的生意往来和良好私人关系。一般苏丹会派遣自己的儿子、孙子或者王室代理商人前往槟城与莱特、斯科特及其他英国船长进行贸易。除了商贸事务，苏丹和王子还常在信中请求莱特为他们的臣民安排朝觐事宜，提供武器和军队保护。马来苏丹一般称呼莱特为“我的朋友”（sahabat beta）或“总督先生”（Senyor Gunardo）[①]，语气十分恭敬。这些书信不仅仅是单纯的商业通信，更是体现了莱特如何通过与马来各地统治者建立个人关系，以确保其在槟城及周边地区的商业利益和政治影响力。

槟城是吉打苏丹的前管辖领地，在地理位置上与吉打最为靠近，所以莱特和吉打苏丹的联系最为密切，信件数量最多。一般吉打苏丹卖给莱特的商品多是食物和生活必需品，如大米、鸡、鸭、香蕉、甘蔗等，说明槟城的生活物资较为匮乏，需要依赖其他港口的进口：

“此外，您在另一封信中提到有贫苦百姓带鸡、鸭、甘蔗和香蕉前往槟城，但被巡逻的警卫阻拦，不得放行。”[②]

还有信件内容是吉打苏丹阿卜杜拉·穆卡拉姆·沙（Abdullah Mukarram Shah）委托孙子隆先生（Cik Long）给莱特运送大米，并表示莱特可以决定大米的价格，言辞中充满恳切：

“您说还需要50可央[③]大米，这件事在之前的信里也已经提到了。这些大米将由您付钱，每个月供给三可央大米，一可央大米40里亚尔[④]。吉

① “Senyor”一词来源于葡萄牙语，也写作“Senyo”，意为“先生”。

② “Surat Sultan Abdullah Mukaram Shah Kedah kepada Francis Light berkenaan permintaan 50 koyan beras dan mata-mata menangkap orang”, Light Letters (MS40320/3, f.46), Transleration provided by Centre for Policy Research and International Studies (CenPRIS), Universiti Sains Malaysia.

③ 可央（koyan），谷类的计量单位，1可央=40担（pikul），1担=62.5公斤。

④ 里亚尔（rial），18世纪末期通行于东南亚的货币单位。

打卖给其他人的大米是一可央50里亚尔……您可以决定一可央米的价格。请将用以支付大米价格的物品交予我的孙子，我已经吩咐他将其带回。”①

可以看出，吉打苏丹十分信任莱特，委托孙子与莱特进行直接贸易。而且苏丹强调以更低的价格把大米卖给莱特，显示出对莱特的特殊待遇和优惠。这表明吉打苏丹非常重视与莱特的贸易关系，而且槟城有可能是吉打最大的大米出口地，因为槟城的耕地面积小，且早期大部分耕地用于种植胡椒、丁香、豆蔻等香料，稻米产量不足。莱特通过大量购买吉打的大米获得了稳定的粮食供应，也巩固了与吉打苏丹的合作关系。

在另一封信中，吉打苏丹表示由于季节因素导致大米供应困难，但仍尽力满足莱特的需求：

“八月二十五日星期二马里瓦船长已经到达我这里。您提出在马里瓦船长的船上装50可央大米……请您不要为这个请求感到担忧，我会让人满足您的需求。此外，至于您手下随员的食物，在五六天内也会尽快送达；由于近日风雨交加，大米的供应稍有延误。”②

从以上几封信中可以看出莱特对大米的需求量非常庞大，每次购买50可央（约125,000公斤）。除了向吉打购买，也会向其他人购买。由于吉打用于贸易的商品不多，吉打苏丹十分依赖莱特这个大客户，还会写信请求莱特不要从其他地方购买大米，他会尽力满足莱特的需求：

“关于大米的情况，我需向您说明，我一直限制大米的出口。在水稻丰收之际，我才会出口少量大米，并收税作为经费。自从您在槟城安居，许多人声称要将大米运往槟城，然而过了河口后，便去向不明。鉴于此

---

① “Surat Sultan Abdullah Murakam Shah kepada Francis Light berkenaan pembelian minyak tir, 5 koyanberas dan kainsutera”, Light Letters (MS 40320/3, f.47), Transleration provided by Centre for Policy Research and International Studies (CenPRIS), Universiti Sains Malaysia.

② “Surat Sultan Abdullah Mukaram Shah Kedah kepada Francis Light berkenaan permintaan 50 koyan beras dan mata-mata menangkap orang”, Light Letters (MS40320/3 f.46), Transleration provided by Centre for Policy Research and International Studies (CenPRIS), Universiti Sains Malaysia.

事，我希望今后如果您需要大米或其他物品，可直接致函于我，我将安排购买并送至您处。请不要再通过其他渠道购买大米或其他物品。”①

由此可见吉打的资源比较缺乏，苏丹的很大部分贸易收入来自莱特购买大米，因此想尽办法也要成为莱特的唯一大米供应商。以较低的价格有限供应大米，是吉打苏丹和莱特巩固贸易关系的方式，目的是请求莱特提供更多武器、火药、炮弹和军事防护。在书信往来中，吉打苏丹多次提到莱特送来铁炮、枪支、火药、硫磺等：

“这是我写给我的朋友槟城总督的信。您上次交给我儿子一封信和20箱鸦片、一门小型铁炮、三种铜钱，我儿子阿维先生已经全部交付与我。”②

“此外，您提及的硫磺和火药，请务必尽快先行送来。”③

吉打苏丹多次提及莱特提供的火药、枪支、铁炮等武器，且经常表现出非常急迫的需求，反映了当时马来土邦面临的安全危机和挑战。当时，包括吉打在内的马来土邦内部经常出现权力斗争，还面临来自邻国或海盗的威胁，苏丹们迫切需要更多武器来巩固政权，保护统治领土不受侵犯。莱特通过提供火药和枪支大炮，为吉打苏丹提供了重要的军事支持。

此外，鸦片也是莱特提供给马来苏丹的重要贸易货物，不仅是一种消费品，可用于缓解疼痛，也作为货币使用，在印度洋地区海洋贸易中广泛流通。鸦片从药品转变为毒品，与欧洲人东来有很大的关系。欧洲人到达印度地区后，注意到鸦片的吸食和买卖。当时的鸦片属于奢侈品，只有王室贵族能吸食。16世纪后期至17世纪中期，美洲烟草被欧洲人传播到亚洲，出现了鸦片和烟草拌在一起吸食的方法。这种新的食用方法，使吸食鸦片在社会上变得大规模流行起来。在现金不足时鸦片还可以充当现金使

① “Surat Sultan Abdullah kepada Francis Light berkenaan penggunaan mata wang di Kedah dan pembelian beras”, Light Letters (MS40320/3, f.29), Transleration provided by Centre for Policy Research and International Studies (CenPRIS), Universiti Sains Malaysia.

② 同上。

③ “Surat Sultan Abdullah Mukarram Shah kepada Francis Light tentang harga beras, opium dan kain”, Light Letters (MS40320/10, f.36), Transleration provided by Centre for Policy Research and International Studies (CenPRIS), Universiti Sains Malaysia.

用，是贸易中的硬通货。东印度公司加入印度洋贸易使得香料和鸦片在印度洋区域的储量变得十分丰富，而且价值达到了一个普遍接受的标准。鸦片的优点是很容易分割成非常小的形状，相比于黄金和银元来说携带更轻便。槟城的英国商人也把鸦片作为信贷基金，向其他本地商人提供借贷。鸦片作为贸易物品，也为苏丹和统治者提供了另一种经济资源，通过鸦片交易获得资金或其他急需物资。①

在鸦片的贸易中，莱特占有绝对的主导权，吉打苏丹多次提到价格就按照莱特的报价确定，丝毫没有讨价还价的意思：

"您委托商人苏莱曼送来的信我已经收到了，您在信里说苏莱曼带来的四箱鸦片和一桶火药已经确定价格了，还有一杆枪还没有确定价格。我已经收到了鸦片和火药，还没有收到枪。"②

"您让我的儿子阿维先生带回了十箱鸦片，价格就按照您说的来定。"③

从莱特和吉打王室之间的贸易往来可以看出，吉打苏丹对莱特提供的武器、火药和鸦片存在强烈依赖。在当时的社会环境下，吉打面临着诸多外部威胁，如邻国的觊觎以及海盗的频繁侵扰，武器和火药成为其巩固政权、维护领土安全的关键所在。而鸦片不仅可作为消费品缓解疼痛，在当地贸易体系中还充当着特殊货币的角色，为苏丹获取其他急需物资提供了可能。然而，由于当地贸易网络的局限性以及其他本地商人缺乏获取这些特殊货物的渠道，吉打苏丹几乎只能仰仗莱特的供应。莱特凭借对这些重

① E. U. Kratz, "Francis Light's Place in the Trading System of Both Coasts of the Malay Peninsula", *Asian Journal of Social Science*, Vol.40, No.1, 2012, pp.83-99.

② "Surat Sultan Abdullah Mukarram Shah Kedah kepada Francis Light berkenaan penerimaan opium, ubat bedil, kain baldu dan meminta dikurangkan harga cermin dan kaki dian", Light Letters (MS40320/10, f.37), Transleration provided by Centre for Policy Research and International Studies (CenPRIS), Universiti Sains Malaysia.

③ "Surat Sultan Abdullah Mukarram Shah Kedah kepada Francis Light berkenaan surat dari Gabenor Jeneral di Benggala yang diminta untuk dijawikan serta hadiah daripadanya berupa pistol dan senapang", Light Letters (MS40320/10, f.41), Transleration provided by Centre for Policy Research and International Studies (CenPRIS), Universiti Sains Malaysia.

要货物的掌控，在贸易中牢牢掌握了主动权和定价权。他能够依据自身利益需求来确定价格，而吉打苏丹由于别无选择，只能被动接受。这种不平等的贸易权力关系，深刻反映了当时马来半岛地区复杂的政治经济格局，以及英国商人在该地区贸易中所占据的优势地位。

四、莱特与雪兰莪王室之间的贸易

除了吉打王室以外，雪兰莪王室的信件在《莱特书信手稿集（1768—1794）》中也占了很大比例，内容涉及贸易和私人事务。与吉打不同的是，雪兰莪的锡矿资源非常丰富，因此除了生活物资以外，雪兰莪卖给莱特的商品还有锡。同样，莱特也向雪兰莪提供步枪、大炮等武器。

雪兰莪的苏丹和王子都在信中提到向莱特售卖锡，表明锡在当时贸易中的重要地位。锡作为一种重要的工业原料，不仅在区域内有着广泛的需求，还通过莱特的贸易网络远销至英国和其他欧洲国家。这使得雪兰莪在与英国的关系中占据了相对有利的地位。莱特通过购买雪兰莪的锡矿资源，不仅满足了英国市场的需求，还强化了他与雪兰莪王室的关系：

“这是雪兰莪王子写给我们的朋友槟城总督的信。法基尔船长已经带上六巴哈拉锡给您。如果您还需要更多锡，请告诉我们。”[①]

“我们已派遣沙瓦尔船长携带一艘小船和少量锡矿前往拜访阁下。此前，阁下通过耶南首领捎来的信中提到锡矿价格可以稍微提升。然而，现在我们请求阁下明确规定锡矿的价格为每巴哈拉48林吉特，以便我们可以将锡矿运送给您。我们也已与霹雳王商定此事，若阁下能确定价格，我们将把所有锡矿都运往槟城。”[②]

雪兰莪苏丹向莱特提供大量锡矿资源，并且表示如果需要更多都可以

① “Surat Raja Muda Selangor kepada Francis Light berkaitan timah”, Light Letters (MS40320/4, f.55), Transleration provided by Centre for Policy Research and International Studies (CenPRIS), Universiti Sains Malaysia.

② “Surat Sultan Selangor kepada Francis Light berkenaan harga timah dan pembelian senapang, ubat bedil dan permaidani”, Light Letters (MS40320/4, f.53), Transleration provided by Centre for Policy Research and International Studies (CenPRIS), Universiti Sains Malaysia.

继续提供，反映了雪兰莪对莱特的重视。究其原因，雪兰莪同样对武器和火药有着急切的需求：

“此外，关于铜炮、火枪与炸弹之事，若目前没有，请您明示，以便我们知晓。若有，请允许我们安排取回。您也深知，如今各地局势艰难，因此我们不希望继续等待。”①

“如果您方便，务必尽快亲自前往雪兰莪商谈此事。如果暂时无法前来，我们还希望您能帮忙购买两门长约八哈斯塔的小炮，并送到雪兰莪。与此同时，无论雪兰莪有多少锡矿，我们都可以交付给您。”②

可以看出雪兰莪苏丹对军用武器需求十分迫切。在第一封信里，急切询问铜炮等物资有无，并希望尽快取回。第二封信中，苏丹先是希望莱特亲往商谈，若不能则帮忙购买特定小炮，同时表示愿以锡矿相换，体现以资源换武器的意图，反映出其在贸易中的权衡，深知自身军事装备依赖莱特，而锡矿是重要筹码。这对双方贸易关系影响显著，一方面强化了贸易联系与依赖，雪兰莪苏丹因军事需求更积极开展贸易，双方相互需求使联系紧密，且涉及政治军事层面，莱特借此扩大影响力。另一方面影响贸易谈判地位，雪兰莪虽在锡矿价格上有一定自主性，但军事需求迫切使其在其他条款可能让步，莱特总体仍居主导，尽管雪兰莪在锡矿贸易中有一定话语权。

总之，雪兰莪王室与莱特之间的贸易具有以下显著特点：第一，丰富的锡矿资源带来更大的贸易吸引力。相比吉打，雪兰莪拥有更为丰富的锡矿资源，而锡矿作为当时印度洋贸易中的热门货物，在市场上需求极大。这一资源优势使雪兰莪成为莱特等英国商人眼中极具商业价值的贸易伙伴，也提升了其在贸易谈判中的地位。第二，雪兰莪在和欧洲商人的贸易

---

① “Surat Sultan Selangor kepada Francis Light berkenaan harga timah dan pembelian senapang, ubat bedil dan permaidani”, Light Letters (MS40320/4, f.53), Transleration provided by Centre for Policy Research and International Studies (CenPRIS), Universiti Sains Malaysia.

② “Surat Sultan Selangor kepada James Scott berkaitan pengiraan barang dagangan dan pembelian meriam”, Light Letters (MS40320/4, f.54, Transleration provided by Centre for Policy Research and International Studies (CenPRIS), Universiti Sains Malaysia.

中有一定的话语权和谈判能力。虽然雪兰莪苏丹及王子在与莱特的通信中对其表示尊重，但相较于吉打，雪兰莪展现出更大的话语权，尤其是在锡矿价格的协商方面明确提出锡矿的价格。第三，对军事物资的迫切需求。和吉打类似，雪兰莪对大炮、小炮、火药等军事物资有着极大的需求。在通信中，雪兰莪苏丹和王子多次请求莱特迅速提供相关物资，这反映出当时雪兰莪迫切提升军事防御能力的需要。

五、莱特与马来王室的贸易对中国–英国–印度三角贸易的影响

如前文所述，英国东印度公司同意开辟槟城作为新的贸易港口和殖民据点是出于与其他西方势力竞争亚洲贸易的目的，因为英国商人在荷兰和法国控制的港口往往会遇到阻碍。槟城的位置虽然在马六甲海峡的北部，但靠近印度和孟加拉湾，非常适合英属印度的商人往返东南亚和中国的港口的途中停留。因此，槟城在中国–英国–印度的三角贸易中承担中转站的角色。

英国东印度公司在印度垄断了鸦片、食盐和烟草贸易，强迫孟加拉农民种植鸦片，再走私贩运到中国和东南亚，从中牟取暴利。英国商人从中国购买的主要商品是茶叶，18 世纪中叶至末期，英国从中国进口的茶叶逐年增加。1750 年前，东印度公司进口的中国茶最多是一年 14,019 担，18 世纪 50 年代则增长到年均 2 万担以上，60—70 年代已达到 7 万担，80 年代后增长趋势更加显著，到了 19 世纪每年进口量基本在 20 万担以上。1783—1833 年中，公司从中国运出的茶叶金额占总商品金额的 90% 以上。[①]茶叶在英国和欧洲市场的需求不断增加，但英国的羊毛制品在中国却没有广阔的市场，形成了贸易逆差的局面。18 世纪末，莱特和其他英国商人在槟城、马来群岛以及印度之间从事的港脚贸易对东印度公司经营对华茶叶贸易十分重要，既给公司提供了筹集在中国投资的资金的办法，

① 潘毅、秦元旭：《英国东印度公司与中国茶贸易》，载《文化创新比较研究》，2020 年第 4 卷第 27 期，第 193—195 页。

也为个体商人提供了将印度棉花和鸦片的利润运回印度的途径。当时英国本土对中国茶叶的需求量增加，而中国对英国的羊毛商品需求有限，东印度公司无法筹集大量银元供给广州市场，长此下去难以维持英中贸易。然而，东印度公司很快发现英属印度的鸦片和棉花在中国很受欢迎。于是公司决定将印度和中国之间的贸易交给个体商人去做，由个体商人再将货款付给公司在广州的账房。这样就避免了公司直接向广州付西班牙银元，解决了公司对华贸易的问题。[①]

英国东印度公司的活动促使英属印度对华贸易扩张，利用棉花和鸦片的输出吸收了中国大量的资金，形成英国-印度-中国三角贸易，解决了英国在中国的贸易逆差。东印度公司的商业属性大于政治属性，奉行重商主义政策，尽可能搜刮印度的财富。英国为了本国棉纺业的发展，禁止印度纺织品进入英国市场，对其苛以重税，而英国的棉纺品却充满了印度市场。印度还是英国工业原料生产地，为英国生产棉花、羊毛、大麻、蓝靛等原料以及用于对华贸易的鸦片。这种劫掠式的贸易使印度日益贫困，东印度公司无法征得赋税维持政府运营。公司必须在统治者和商人利益中间找到平衡，印度对华贸易的棉花和鸦片便解决了这一问题。

在英国-印度-中国三角贸易中，槟城成为重要的转口港。莱特与马来王室的贸易对英国-印度-中国三角贸易有多方面的影响：首先是贸易路线的拓展与连接。槟城因其特殊地理位置，靠近印度与孟加拉湾，成为中国与印度贸易新枢纽。以往贸易路线多受限于地域与政治因素，而槟城的兴起丰富了中国至印度贸易路线，让英属印度商人在东南亚与中国贸易往返中有了理想停留地，加强了区域贸易连贯性。其次是贸易商品种类进一步丰富，英国东印度公司商人主导了鸦片、棉花与中国茶叶的交易。莱特和马来王室的贸易活动还使得锡矿等资源得以运往英国，满足英国工业生产需求。同时，英国棉纺品等大量涌入印度市场，进一步拓展了英国在印度的贸易市场，巩固了英国在贸易中的优势地位。随着贸易发展，更多商品开始流转，例如印度的特色手工艺品等有机会进入中国市场，中国的丝

① 格林堡：《鸦片战争前中英通商史》，康成译，北京：商务印书馆，1961年，第7—11页。

绸、瓷器等除了供应英国，也在印度市场有了一定份额。总之，莱特以槟城为据点，和马来王室之间的贸易使英国、印度和中国之间的贸易联系更加密切，促进了商品流通，构建了一个贯通区域的贸易网络，为英国在亚洲的进一步扩张奠定了基础。

六、结语

《莱特书信手稿集（1768—1794）》为研究18世纪末英国商人的港脚贸易和东南亚的政治经济提供了宝贵资料。这些信件详细记录了马来苏丹、王室贵族和平民商人与莱特的贸易往来，涵盖货物种类、贸易形式及社会背景等方面。莱特在开辟槟城之前，已凭借港脚贸易商的身份在印度和东南亚地区积累了丰富经验。他不仅熟悉东南亚的政治体制和语言文化，还与当地统治者建立了深厚联系。这种经历为他后续与吉打苏丹的合作提供了条件。吉打苏丹向莱特求助以对抗外敌，促成了东印度公司在槟城建立贸易据点。凭借靠近马六甲海峡和孟加拉湾的地理优势，槟城吸引了来自印度、马来群岛、波斯及阿拉伯的商船，迅速崛起为国际贸易中心。

槟城早期的贸易以莱特和他的伙伴斯科特为主导，他们通过合伙建立贸易公司垄断了当地市场。莱特担任总督，斯科特专注贸易运作，双方的协作使得槟城成为区域贸易网络的重要节点。在贸易往来中，吉打王室是最频繁的伙伴。吉打提供大米、牲畜、水果等物资，莱特则以武器、火药和鸦片回报。作为大米的主要生产地，吉打在信件中多次提到对莱特的优待，例如优先定价权，显示出双方的紧密依赖关系。雪兰莪以其丰富的锡矿资源，在与莱特的贸易中表现出较大的话语权，特别是在锡矿贸易中。然而，与吉打类似，他们也依赖莱特提供武器和鸦片。英国商人凭借与印度及英国的联系，以及对鸦片和军用物资的垄断，形成了显著的贸易优势。

莱特与马来王室的贸易往来和私人交往反映了英国商人在适应东南亚社会环境时表现出的灵活性。总体而言，莱特的贸易活动不仅促成了槟城的迅速崛起，还构建了一个贯通区域的贸易网络，为英国在东南亚的进一步扩张奠定了基础。在英国-印度-中国三角贸易里，槟城是关键的转口港。莱特与马来王室贸易拓展连接起槟城与中国和印度的贸易路线，丰富了贸易货物的种类，也为英国在亚洲扩张奠定了基础。这些贸易往来也反映了18世纪末东南亚贸易与全球贸易体系的深度融合，为这一时期的印度洋贸易史研究开辟了新的观察视角。

Maritime Trade between Francis Light and the Malay Royal Family: A Research on Jawi Malay Archives

Wang Huizhong

(Xi’an International Studies University, Xi’an, China)

Abstract: Penang was the first colony of the British East India Company (EIC) on the Malay Peninsula. Francis Light, as the first governor stationed in Penang by EIC, is regarded as the founder of Penang. He had a dual identity as a governor and a private merchant in the Malay Archipelago. He not only governed Penang on behalf of EIC but also conducted country trade in Penang and neighboring areas. This article is based on the Jawi Malay archives “Light Letters Collection (1768-1794)” collected and sorted by the School of Oriental and African Studies (SOAS) of the University of London and the Universiti Sains Malaysia (USM), to study the trade exchanges between Light and the sultans and other royal members of various native states in the Malay Archipelago. Most Malay sultans conducted trade through royal agent merchants, and the traded goods included tin, pepper, rice, weapons, cotton cloth, opium, etc. The Malay royal families actively traded with British merchants such as Francis Light, on the one hand, to obtain commercial profits, and on the other hand, to strive for the weapon protection of British merchants and companies to maintain the stability of their political power. From the letters sent by the Malay royal family members received by Light, the way of maritime trade between British merchants and the local area in the early days of the founding of Penang can be glimpsed. Francis Light’s trade activities in Penang constructed a trade network connecting China - India - Britain, laying the foundation for the further expansion of Britain in Asia. At the same time, these trade exchanges also reflect the deep integration of the maritime trade in Southeast Asia and the global trade system at the end of the 18th century.

Keywords: Penang; Francis Light; Malay Royal Family; Light Letters; Maritime Trade

浅析《东西洋考·吕宋》的学术价值

张　钊[①]

【内容提要】明万历年间漳州府龙溪县人张燮所著的《东西洋考》是我国古代一部较为重要的描述东南亚人文历史地理的个人著述。其中卷五《东洋列国考》中有涉及今天菲律宾地区的内容，颇为珍贵。多年以来，对于其中有关吕宋即今日马尼拉一带的内容，学者在研究相关问题时多有征引。这部分内容究竟有着怎样的学术价值？本文将进行评析。

【关键词】《东西洋考》；吕宋；学术价值

一、《东西洋考》概况

中国古籍浩如烟海，其中不乏有关世界各国风土人情、历史地理的经典之作，如东晋时的《法显传》，唐代的《大唐西域求法高僧传》《南海寄归内法传》，宋元时的《岭外代答》《诸蕃志》《岛夷志略》《真腊风土记》等。而到了明代，郑和七下西洋的壮举无疑大大拓宽了当时中国人的视野，随行的马欢著有《瀛涯胜览》，费信著有《星槎胜览》，巩珍著有《西洋番国志》。这几部著作都是在实地考察的基础上写成的，反映了明代早期中国人对海外（尤其是东南亚、南亚一带）最为直观和全面的认识。相比之下，成书于明万历四十五年（1617年）的《东西洋考》在时间上晚了百余年，所处的时代和历史环境已大为不同，大明王朝江河日下，与明初不可同日而语。而在海外，随着新航路的开辟，西方人逐渐东来，西班牙、葡萄牙已经开始在东南亚地区建立早期的殖民地。除了时代背景的不同外，福建地方社会的变化也值得注意。有学者撰文指出："隆庆元年（1567年）福建巡抚涂泽民'议开禁例''准贩东西二洋'，使月港由违禁

① 作者简介：张钊，暨南大学出版社文史法政编辑室编辑。

的走私贸易港口转变成为合法的民间私商海港，海外贸易日盛一日，繁华非凡。地方当局根据当时的情势，诚聘张燮著书，作为海外贸易的通商指南。”[①]谢方在点校《东西洋考》时也认为当时无论官方还是民间都急需了解海外各国情况，这才有了张燮撰写此书一事。[②]可见，《东西洋考》一书有着极其鲜明的时代背景和现实需求，堪称一部应时之作。此外，张燮于明万历二年（1574年）出生于漳州府龙溪县，生于斯长于斯，虽非私人海商，但对本乡之风土人情及海外贸易事业自然也有一定了解，出于个人兴趣或为桑梓谋福利而撰写此书也是极有可能的。《东西洋考》一书篇幅不多，其问世之背景却不简单，与当时国内外局势、漳州沿海地区的社会经济发展及个人因素都有莫大的关系。

《东西洋考》共分十二卷，其中《西洋列国考》四卷，《东洋列国考》一卷，《外纪考》一卷，《饷税考》一卷，《税珰考》一卷，《舟师考》一卷，《艺文考》二卷，《逸事考》一卷。该书包含当时东南亚、日本等共四十余个国家或地区的情况，内容十分丰富。有学者认为：“就撰写目的和内容而言，《东西洋考》堪称是中国首部比较完整的地方性港口志。”[③]至于书中具体论及的国家和地区，有学者在经过严谨而翔实的考证后指出：“《东西洋考》只是部分地反映了当时明朝人海洋意识中的东西洋概念，东西洋范围的认定与东西洋针路，都只是明朝官方开海限定与许可贸易的范围。”[④]这也从侧面证明《东西洋考》一书在选材上的目的性，即为开展海外贸易服务。相应的是，由于在撰写和选材上的目的性太明确，此书某种程度上有一定局限性。对此，有分析指出：“仅从漳州一地来看海外贸易和海外诸国，因此记载就不够全面，明代市舶司设于宁波、泉州、广州三

① 郑镛：《张燮与〈东西洋考〉》，载《漳州师范学院学报（哲学社会科学版）》，2004年第2期，第42页。

② 见〔明〕张燮：《东西洋考》，谢方点校，北京：中华书局，1981年，“前言”第7—8页。

③ 陈自强：《明清时期闽南涉海著述举要》，载《闽台文化交流》，2012年第3期，第29页。

④ 万明：《晚明海洋意识的重构——“东矿西珍”与白银货币化研究》，载《中国高校社会科学》，2013年第4期，第74页。

地，本书于泉州、广州二地外贸情况，无一语涉及。而马来半岛以西地区，亦付阙如。”①

《东西洋考》因为有着较强的官方色彩和现实目的，在撰写和选材上存在局限，无法完全反映明代中国人对海外的认识情况，但毕竟是那个时代不多见的传世之作，其独到之处是不容抹杀的。下面本文将从内容、特色、历史观三个方面来简要分析《东西洋考·吕宋》这部分内容的学术价值。

二、《东西洋考·吕宋》的主要内容

吕宋即今天菲律宾的马尼拉群岛及周围附属岛屿。《明史》载：“洪武五年正月，遣使偕琐里诸国来贡。永乐三年十月，遣官赍诏，抚谕其国。八年，与冯嘉施兰入贡，自后久不至。”②万历年间，吕宋已经发生了翻天覆地的变化。西班牙殖民者于 1571 年正式占领马尼拉，开始了对菲律宾群岛长达 300 余年的殖民统治。《东西洋考·吕宋》的内容基本上都是有关这一时期的，大致可分为以下 4 类：（1）西班牙殖民统治；（2）华侨概况；（3）东南亚国际关系；（4）中外关系。兹就这 4 类做简要介绍。

其一，《东西洋考·吕宋》对这一时期西班牙的殖民统治做了介绍。按照书中的记载，西班牙人借通商之名登陆吕宋岛，然后以武力占据其土地；而在来到马尼拉之前，西班牙人早已占据了宿雾岛；占领马尼拉后，西班牙人派遣总督，建立官僚系统，控制土著酋长以实现其统治。书中写道：“吕宋王如中国总兵官，巴礼如文吏，诸国酋皆吕宋王所遣偏裨，为政其间。”③与此同时，天主教会也有极其强大的势力。对此，书中记载如下：“其僧拥重权，国有大故，则酋就僧为谋……所蓄财产，半入僧室

① 郑镛：《张燮与〈东西洋考〉》，载《漳州师范学院学报（哲学社会科学版）》，2004 年第 2 期，第 46 页。

② 有关明代早期吕宋的朝贡记录，见〔清〕张廷玉等撰：《明史》卷三二三《外国传四》，长沙：岳麓书社，1996 年，第 4793 页。

③〔明〕张燮：《东西洋考》，谢方点校，北京：中华书局，1981 年，第 96 页。

矣。”[①]很明显，西班牙对吕宋的统治既依靠强大的武力，也依仗天主教会的势力。于是，总督位高权重，几乎大权独揽，而天主教会在行政、司法和财产方面也是大权在握。

其二，《东西洋考·吕宋》对早期马尼拉群岛的华侨概况做了介绍。书中先是提到了早期闽籍华侨流寓吕宋经商及聚居于涧内[②]的现象。这部分内容虽寥寥数语，但概括出了菲律宾华侨历史上的两大重要特点：一是多为闽南籍；二是集中于马尼拉等大城市经商。这两大特点直到今天依然适用于菲律宾华侨华人。此后，书中就详细介绍了“潘和五事件”和“机易山事件”后西班牙殖民者对华侨的大屠杀。“潘和五事件”是菲律宾华侨史上较为重要的一个事件。当时西班牙殖民者远征香料群岛（又称“摩鹿加群岛”），许多华侨随行在船上担任苦力，因不堪虐待而奋起反抗，杀死总督等人。17世纪初，万历皇帝轻信谣言，派人赴吕宋机易山考察，企图获得金银，此举使西班牙人认为明朝将进攻吕宋，华侨将为内应。于是西班牙人大开杀戒，屠戮华侨，构成了1603年历史上第一次对菲律宾华侨的大屠杀。然而，书中同时写道：“至是祸良已，留者又成聚矣。”[③]这些内容加在一起，便可以描绘出早期菲律宾华侨史的轮廓：一方面，西班牙殖民者对华侨实行残暴的统治，双方多次爆发武力冲突，华侨奋起反抗，西班牙人血腥镇压；另一方面，西班牙人十分倚重善于经商的闽南籍华侨，出于开展贸易、繁荣当地经济的考虑，多次招徕，于是菲律宾华侨社会在经历残暴统治和屠杀后依然存在并缓慢发展。

其三，《东西洋考·吕宋》中也有涉及东南亚国际关系的内容。上文提到的“潘和五事件”发生在西班牙人远征香料群岛的途中。在东南亚的近代史上，尤其是早期的近代史，西方各国对香料群岛的争夺一直没有停止。西班牙、葡萄牙、荷兰等国在此进行了长期的斗争，最终西班牙、葡萄牙因国力不济只得退出。不过《东西洋考》中对此涉及不多，仅仅提到了一次远征而已。相比较而言，对葡萄牙人1511年占领马六甲一事则较

①〔明〕张燮：《东西洋考》，谢方点校，北京：中华书局，1981年，第93页。

② 有关“涧内”，参见陈荆和：《十六世纪之菲律宾华侨》，香港：新亚研究所编印，1963年。

③〔明〕张燮：《东西洋考》，谢方点校，北京：中华书局，1981年，第93页。

为详细。书中将葡萄牙人与西班牙人混为一谈，统称为“佛郎机”。众所周知，西班牙、葡萄牙为西方殖民者的先驱，是最早来到东南亚地区建立殖民地的西方人。他们与稍后而来的荷兰人、英国人在这一地区的斗争构成了近代以来东南亚地区国际关系的主线。从这个层面上看，《东西洋考》已然注意到了这一历史现象，只不过由于时代所限，认识较为表面，不够深入，或是材料不足，着墨不多，就篇幅而言，与其他几方面内容相比实在太少。

其四，《东西洋考·吕宋》涉及当时的中外交往，既有政治、外交层面的，也有经济层面的。在政治和外交方面，“潘和五事件”后，西班牙殖民者恶人先告状，曾与福建地方官员有过正式交往，指责潘和五等华侨杀害其父，要求明朝为其申冤。而明朝敌视海外华侨，视之为天朝弃民，不分青红皂白横加指责，致使西班牙殖民者从此肆无忌惮，任意欺凌华侨。后来的“机易山事件”中，明朝曾派人前往吕宋，也称得上是一次官方往来。西班牙殖民者如临大敌，竟以为明朝有入侵之意，遂屠杀华侨，事实证明明朝绝无动兵之意，对华侨被屠杀也不管不问。这里我们可以看出，西班牙殖民者东来之初，对东方的大明帝国仍有一丝顾虑，但在几次正式往来后发现明朝并非如想象中强大，同时无海外野心，也没有任何实质性的侨务政策。明朝对外政策中消极、被动的一面在这两件事情上体现得淋漓尽致。而在经济方面，书中提到了银元：“银钱大者七钱五分，夷名黄币峙……俱自佛郎机携来。”[①]这里讲到的是近代以来著名的“大帆船贸易”，即产自墨西哥的银元在西班牙人的控制下经由马尼拉大量流入中国，成了中外经济交往史上颇为引人注目的一个现象。有学者就认为：“与明初海上贸易商品结构相比较，最重要的区别在于明初没有白银的大量进口，而大规模的白银输入是晚明东洋贸易的特征。”[②]从这个层面看，白银贸易确实是中西经济交往历史上很重要的一环。《东西洋考》敏锐地注意到了这一历史变化，并且点出这是西班牙人主导推动的，虽未指出墨

①〔明〕张燮：《东西洋考》，谢方点校，北京：中华书局，1981年，第94页。

② 万明：《晚明海洋意识的重构——“东矿西珍”与白银货币化研究》，载《中国高校社会科学》，2013年第4期，第79页。

西哥，但已弥足珍贵。

综上所述，《东西洋考·吕宋》在内容上是十分具有学术价值的。它为我们概括了早期西班牙对吕宋统治的模式，也描述了早期菲律宾华侨的情况，形象地再现了明朝的外交政策中消极的一面，更捕捉到了西方殖民者的一系列活动及白银贸易等重大历史现象。

三、《东西洋考·吕宋》的特色

相对于其他有关海外风土人情、历史地理的中国古籍，《东西洋考》有着极其鲜明的特色，主要体现在全书的体例上。有学者指出："在体例上改进并创新，合'志国'与'志物'，国物合一，资料集中，使阅览者称便。"①这一点在《东西洋考·吕宋》中也有所体现。书中这部分内容除正文外还包括形胜名迹、物产、交易等内容。其中，形胜名迹包括覆鼎山、文武楼、大仑山、圭屿、半边山、加溢城、大湖、假港等，并以简练的语言交代其具体的位置和用途，乃至名称的来历；物产，提到了金、银钱、子花、苏木、椰等，包括其中外名称及来历；交易，则提到了大港、南旺、玳瑁港、吕蓬、磨荖央、以宁、屋党、宿雾等，包括其地理位置及主要流通商品。②作为一部涉及外国历史地理的著作，《东西洋考·吕宋》对吕宋附近地区的山川地貌的简略介绍，无疑能使读者对这一地区有着更为详尽的了解。而关于物产和商港的介绍，则更加体现了这本书作为海外贸易指南的目的。有学者根据这部分内容甚至概括出了当时中菲之间的海上航线。③这部分内容的独特价值可见一斑。

体例上的变化带来的直接影响便是内容上的丰富。这里不妨将《东西洋考·吕宋》与成书年代更晚的《明史》做一比较。《明史》中对于吕宋

① 郑镛：《张燮与〈东西洋考〉》，载《漳州师范学院学报（哲学社会科学版）》，2004年第2期，第45页。

②〔明〕张燮：《东西洋考》，谢方点校，北京：中华书局，1981年，第94—96页。

③ 见黄重言：《〈东西洋考〉中的中菲航路考》，载《学术研究》，1978年第4期，第98—103页。

的介绍字数不多，篇幅不长，但也详略得当，有着鲜明的特色和着重点。首先就是较多地描述与吕宋岛有关的武力斗争，如西班牙人入侵吕宋、“潘和五事件”、屠杀华人等，而对吕宋岛的风土人情涉及不多，也未介绍西班牙人对吕宋的统治状况。[①]虽然就正文内容而言，《东西洋考·吕宋》与《明史》相差无几，甚至可以说《明史》基本就是完全承袭了张燮所写的有关内容，但关于形胜名迹、物产、港口的介绍则使得《东西洋考·吕宋》胜于《明史》。

除了体例创新、内容丰富外，《东西洋考》在研究和撰写方法上也有独到之处。有学者主张：“地名的考证，不独采取对音，而且知道参考当地语言、地界、方向、远近及风俗物产来确定它的沿革名称，仍以当前通用名称为主，这种方法是比较全面的……打破厚古薄今的旧习惯，在写作方面略古详今。”[②]《东西洋考·吕宋》便具备以上特点。书中关于形胜名迹、物产、港口的内容正体现了地名考证全面这一点。与此同时，书中并未较多论及吕宋早期对华朝贡的情况，仅在开头寥寥数语做一交代，继而论述 16 世纪末 17 世纪初西班牙统治时期的情况，确实做到了略古详今。

四、《东西洋考·吕宋》的历史观

《东西洋考》成书于晚明，很大程度上反映的是当时中国统治阶级和知识分子的历史观。这是一个值得探讨的问题。

从《东西洋考·吕宋》中不难看出，明朝自视甚高，以“天朝上国”自居，视其他国家为小国，视其人民为蛮夷或未开化之人。这从文中对外国人的称呼就可以看出。“酋”指西班牙首领，“蛮人”指西班牙人。这种大国心态自古皆有。中国历经汉唐盛世，虽饱经战乱，但总能结束分裂而统一，至明朝仍是世界强国。相对而言，那时西方刚告别昏暗的中世纪，尚未进入资本主义社会，早期的西方殖民者与明朝交锋时并未在军事和科

① 见〔清〕张廷玉等撰：《明史》卷三二三《外国传四》，长沙：岳麓书社，1996 年，第 4793—4795 页。

② 朱杰勤：《我国历代关于东南亚史地重要著作述评》，载《学术研究》，1963 年第 1 期，第 73 页。

技方面占得便宜。东南亚等国更是较为落后，多年来不断朝贡，部分地区仍处于原始社会。在这样的条件下，明朝人自然会有“天朝上国”之感。有研究指出：“明朝建立后战事不断，远征漠北，平定朝鲜和安南，打击倭寇，更加剧了这种心理。久而久之，产生出一种‘夷夏之大防’的观念。‘夷夏之大防’的核心思想是防止文化水平低的民族统治文化水平高的民族，因为这会导致文化衰退。明清时期，中国人对待海外国家秉持‘夷夏之大防’的思想，他们把所有不很了解的外国都看作文化水平低的蛮夷，认为他们头脑简单且贪财好利。”①这一历史观延续到了晚清。当时的思想家魏源有个著名的主张“师夷长技以制夷”，将利用枪炮敲开中国大门的西方人依旧称为“夷”。可以说，中国社会的“夷夏”观根深蒂固。

明太祖早年曾将许多东南亚国家列为不征之国，认为无需劳军远征、劳民伤财。明朝针对东南亚的军事行动不多，较著名的就是平定安南之乱。海岛东南亚地区并未遭受大规模的来自明朝方面的直接军事行动。可以说，明朝大体遵循祖制，对东南亚地区采取友好政策。《东西洋考·吕宋》中，万历皇帝尽管贪图机易山的金银，但也只是派人前往调查，后不了了之，并未强力夺取，更无军事行动，与西方殖民者争夺香料和远东贸易据点的殖民活动大相径庭。即使华侨惨遭屠杀，明朝也未大动干戈，没有因为西班牙人的蛮横残暴而兴兵。毫无疑问，明朝奉行的是消极和平政策，尽量不发生战事。这与传统的心理有关。有研究指出：“中国的皇帝们虽然自视为世界上最伟大国家的皇帝，但儒家的仁义道德使他们产生了防守性的世界观，他们理想的世界，是与其他国家相安无事，最好外敌不要入侵，自己国家的民众也不与其他国家来往，老死不相往来。尽管由于道义的关系，中国应对海外世界负起责任，但这种责任不应采取炫耀武力的方式，而要注意道德的感化……兵者乃不祥之器，妄动干戈，要受天的惩罚，这是儒家一贯的主张。由于这一立场，明清朝廷在与海外世界的交往中，遇到一些不承认中国为‘天朝’的国家，他们最大的惩罚是不与对

① 林仁川、徐晓望：《明末清初中西文化冲突》，上海：华东师范大学出版社，1999年，第405页。

方来往，用现代时髦的话说，这就是制裁。”[1]明朝尽管了解到西方人在东方进行的殖民活动，但并未加以重视，依然自信满满，采取大体上消极的防守策略，尽量不与其发生接触。

明朝政府不遗余力推行朝贡贸易和海禁政策的倾向也很明显。对外国的轻视、对民间势力的警惕、对维护自身统治的渴望都是个中缘由。“机易山事件”引发的争论证明明朝许多官员还是倾向于固守本土，而不是去海外谋求财富。万历皇帝虽然一意孤行，但是其目的是通过中央政府以官方渠道获取海外财富，而不是民间贸易。因此，尽管双方争议不断，对私人贸易的排斥还是很明显的。明朝的海禁，只禁止中国民间私人出海贸易，但欢迎外国人来华贸易，不过这种海外贸易必须在官方主持之下，采取“朝贡贸易”的形式进行。[2]可以说，明朝的对外政策还是趋向于保守的，基本不采取主动出击的方式。

在《东西洋考·吕宋》中，我们还能发现“僧”这一字眼。这里的“僧”其实就是随西班牙殖民者来到东方的天主教传教士。西班牙、葡萄牙等国都是虔诚的天主教国家，新航路的开辟也带动了传教事业的发展，大批传教士来到东方。菲律宾更是因为西班牙300余年的统治而成为天主教国家。可以说，天主教在这一时期有着很大的影响力。而当时的明朝显然对西方这一宗教欠缺认识，以传统的中国式思维来解释这一宗教，因而有了“僧”这一称谓。众所周知，“僧”是中国化的佛教用语。明朝人却将这一特定的佛教用语升华为一般性的宗教用语，企图用它来形容一切宗教的教徒，在今天看来，未免有些不伦不类，但在历史上却是普遍现象。清朝乾隆年间成书的《澳门纪略》一书在论述居住于澳门的天主教教士时也以“僧”相称，并以“寺”“庙”称呼教堂。[3]澳门几大历史悠久的教堂如今的中文名以“堂”称呼，例如“花王堂”“圣母望德堂”等，但在更早的17世纪，华人多称之为“庙”，如“花王庙”“大庙”等。可见，在

① 林仁川、徐晓望：《明末清初中西文化冲突》，上海：华东师范大学出版社，1999年，第245页。

② 陈梧桐、彭勇：《明史十讲》，上海：上海古籍出版社，2007年，第144页。

③〔清〕印光任、张汝霖：《澳门纪略》，赵春晨校，澳门文化司署，1992年，第43—51页。

明朝，尽管中国人与西方文明已经有了近距离的接触，仍习惯用传统思维看待西方文明，难以真正深入了解。

此外，不难发现的是书中关于“佛郎机”一词的混用。《东西洋考·吕宋》中写佛郎机占据吕宋，显然是指西班牙殖民者。而最后一部分则说“佛郎机”灭满剌加，占据香山澳，显然又是指葡萄牙殖民者。“佛郎机”一名原系伊斯兰教徒对欧洲和基督徒之泛称，乃是“法兰克”一词之误读。[①]明朝人试图以此来称呼信仰基督教的欧洲人，但却未能有效区分具体的国家。有分析指出：“模糊之处表现为对‘佛郎机’还存在混淆，如混‘满剌加’为‘佛郎机’，混‘干丝腊’为‘佛郎机’，甚至混吕宋为‘佛郎机’，导致明人佛郎机认识中掺杂有满剌加认识，干丝腊认识，甚至吕宋认识，从而给后人的判断、分析带来一定难度。”[②]在《东西洋考·吕宋》中，撰者明显将葡萄牙与西班牙混为一谈。同样的现象在《明史》中也存在。该段材料先是误认为佛郎机与满剌加毗邻，后又提到佛郎机占据满剌加和澳门的事情，然后又说其于万历年间占领吕宋。《明史·外国传四》中的其他部分也有零星的记载。清朝乾隆年间的《澳门纪略》同样如此，甚至将意大利也混了进来。可见，将西葡两国混为一谈在明清之际是常有之事。历史上，西班牙、葡萄牙两国颇有渊源，语言相通，地理位置相近，文化上也存在很大联系。西班牙凭借实力上的优势曾经征服葡萄牙，但葡萄牙后来还是独立，未被其同化。因此，后人将两国混为一谈或不加区分实在是不该。西班牙之兼并葡萄牙，不过是两国之间的战争罢了，并未真的成为一个国家。从这一点看，明朝对外部世界，尤其是地理位置较远、历史上往来不密切的地区的了解较为肤浅，部分认识甚至令后人啼笑皆非。

《东西洋考·吕宋》寥寥数千字，却可以反映当时中国上层的历史观。他们抱着强烈的“夷夏”观，自视为“天朝上国”，对外采取保守的态势，以固有的思维看待西方文明，对西方世界缺乏正确认识，对于未来

① 庞乃明：《明人佛郎机观初探》，载《兰州大学学报（社会科学版）》，2006年第1期，第31页。

② 庞乃明：《明人佛郎机观初探》，载《兰州大学学报（社会科学版）》，2006年第1期，第35页。

的世界局势也缺乏预判。

五、余论

毫无疑问，《东西洋考·吕宋》有着很高的学术价值。其自身独特的体例、丰富的材料和全面的记述让读者可以对明朝中后期西班牙对吕宋的统治、早期华侨的情况、当时东南亚地区的国际关系、明朝的对外交往情况有一个清晰的认识；同时，反映出了明朝末年中国人的历史观，即一种以天朝上国自居的根深蒂固的夷夏观。由于《东西洋考》全书是一部集学术性与现实性为一体的著作，有关吕宋部分的内容亦非特例，同样具备这样的特点。

有一些重要的专著，虽未直接引用《东西洋考·吕宋》中的内容，但其论述框架大体一致，史实也无太大出入，相信也是受原文的影响。这方面首推陈荆和的著作《十六世纪之菲律宾华侨》。这本书详细介绍了菲律宾为西班牙所占领的全过程，以及 16 世纪末至 17 世纪初华侨的历史。《东西洋考》中提到的相关事件均在此书中得到扩展，纠正了不少错误，愈发完善。[①]而剑桥大学主持编撰的《剑桥中国明代史》则提及了诸多这一时期发生在吕宋及中国之间的事件，包括王望高出使吕宋、西班牙使团出使福建、华侨聚居区八联市场、天主教势力、“潘和五事件”、“机易山事件”、屠杀华侨事件等。[②]尽管立场不同，其大致史实与《东西洋考》相差不大。对比之下，不难发现，《东西洋考·吕宋》的学术价值还是值得肯定的。

① 参见陈荆和：《十六世纪之菲律宾华侨》，香港新亚研究所，1963 年。

② 参见〔英〕崔瑞德、〔美〕牟复礼主编：《剑桥中国明代史》，杨品泉、吕昭义、吕昭河、陈永革译，北京：中国社会科学出版社，2006 年，第 329—339 页。

An Academic Analysis of *Luzon in A Study of the East and the West*

Zhang Zhao

(Jinan University Press, Guangzhou, China)

Abstract: *A Study of the East and the West* was an classic book in ancient China. The author of this book was Zhang Xie, from Longxi country, in Fujian province. Description of Southeast Asia in this book is so great, include humanities, history, and geography. Charter 5 include so many information about Philippines (Luzon). It was so important. During the past years, so many scholars quoted information about Philippines from this book. How to understand the academic value of such information? This paper will have a try.

Keywords: *A Study of the East and the West*; Luzon; Philippines; Ming Dynasty; Spain; academic value

海捞瓷外销对全球审美生活的影响
——兼谈南海海捞瓷的设计应用

梁 子①

【内容提要】本文旨在探讨海上丝绸之路瓷器外销对全球审美生活的影响，并对南海海捞瓷的设计应用进行分析。通过研究我国瓷器在贸易过程中的传播路径、文化交流情况，阐述其如何改变不同地区人们的审美观念和生活方式。同时，深入剖析南海海捞瓷的艺术特征，为海捞瓷在现代设计中的应用提出建议，以期传承和发扬这一珍贵的文化遗产。

【关键词】南海海捞瓷；海上丝绸之路；审美文化；设计转化

一、引言

海上丝绸之路是古代中国与世界其他地区进行经济文化交流的重要海上通道，在这条繁荣的贸易之路上，瓷器作为中国的特色商品扮演了关键角色。海捞瓷作为其中的重要部分，见证了海上贸易的兴衰，它们在海洋中沉睡多年后被打捞上岸，这些瓷器承载着丰富的历史信息和文化内涵。这些海捞瓷的外销不仅是简单的商品交易，更是一种文化的传播，对全球审美、生活产生了深远的影响。南海作为海上丝绸之路的重要海域，南海海捞瓷更是具有独特的研究价值，对其设计应用的探索有助于挖掘这一文化瑰宝的现代意义。

① 作者简介：梁子，海南热带海洋学院创意设计学院副教授，研究方向为地域艺术的创作应用。

二、海上丝绸之路瓷器外销的历史背景

（一）海上丝绸之路的形成与发展

海上丝绸之路萌芽于商周时期，发展于春秋战国，形成于秦汉，兴于唐宋，转变于明清。[①]我国古代航海技术的进步和唐宋时期经济开始繁荣，海上贸易规模逐步扩大，海丝之路的瓷器外销开始初步发展。中国的商船从东南沿海港口出发，穿越南海、印度洋，远达阿拉伯半岛和非洲东海岸。这条贸易路线连接了亚洲、非洲和欧洲的众多国家和地区，海丝之路成为东西方交流的重要纽带，瓷器也成为海丝之路中的重要外销贸易品。青釉瓷、青白釉瓷、白釉瓷和青花瓷成为南海海捞瓷的主要类型。同时，南海海域成为东南亚海上丝绸之路的重要航道。[②]

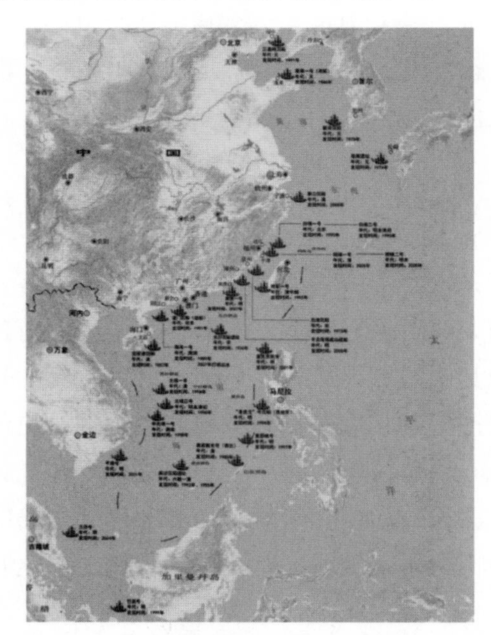

图1　中国及周边海域古代沉船位置示意图

①《中国海运航线的变迁之古代“海上丝路”的千年兴衰——从江河文明走向海洋文明》，载王学峰、陈杨主编《中国航运史话》，上海：上海交通大学出版社，2021年。

② 梁子：《南海海捞瓷纹样集锦——以海南热带海洋学院南海文化博物馆馆藏为例》，北京：民主与建设出版社，2023年。

图片来源：秦大树《中国古代陶瓷外销的第一个高峰——9—10 世纪陶瓷外销的规模和特点》（载《故宫博物院院刊》2013 年第 5 期）。

（二）瓷器在海上贸易中的地位

瓷器在中国古代对外贸易中一直占据重要地位，是海上丝绸之路外销贸易品的一部分。由于海上运输的风险，船只沉没等原因，大量瓷器沉入海底，成了今天重新打捞面世的出水文物——海捞瓷。这些海捞瓷种类繁多，包括青花瓷、青白瓷、白瓷等。它们以其精美的工艺、独特的造型和丰富的装饰图案受到各国商人的青睐。这些沉船的瓷器货物，延续时间长，数量多，均属我国内地窑口所烧制，是海上丝绸之路贸易的集中呈现。这些海捞瓷为海上丝绸之路历史的重现提供了极为重要的物证。特别是海上丝绸之路的南海航线上，在南海区域打捞出水的南海海捞瓷，更是在印证我国千百年来的南海主权方面有着非常重要的价值。相关历史文献如《宋史·食货志》《岛夷志》《拔都达游记》《马可波罗游记》《明史》等均有对海上丝绸之路货物的种类、数量的记载，充分表明瓷器是其中的重中之重。瓷器具有文化传播功能，在其对外交流活动中有着其他任何物品所不能代替的地位。

三、瓷器外销对全球审美生活的影响

（一）对亚洲地区审美生活的具体影响

1. 文化融合与审美观念的改变

中国瓷器外销至东南亚地区，带来了深刻的文化融合。这些瓷器的造型和装饰图案被当地工匠大量模仿和吸收，如青花瓷的图案元素在当地陶瓷制品中频繁出现。这种融合改变了当地原有的审美观念，使其对色彩、图案和造型有了新的理解。例如，当地原本可能更倾向于简单质朴的图案风格，但中国瓷器的精美复杂图案，像缠枝花卉、龙凤纹等，使他们开始欣赏和追求更加细腻、华丽的视觉效果。在色彩上，海捞瓷丰富的色彩层次，让东南亚地区对色彩搭配有了更广阔的视野，不再局限于传统的几种色彩组合。东亚地区在接触中国瓷器后，迅速学习中国瓷器的制作工艺，审美风格发生了显著变化。中国瓷器的釉色工艺、装饰图案为当地的工艺造型与图案都提供了丰富的新素材。

南亚地区在接触海捞瓷后，审美风格发生了显著变化。中国瓷器上的花卉、人物等图案为当地的艺术创作提供了丰富的新素材。当地的绘画、雕刻等艺术形式开始融入中国瓷器的元素，如在印度的一些寺庙壁画中，出现了类似中国瓷器花卉图案的表现手法。这种融合使得南亚艺术在原有风格的基础上更加丰富多样，形成了独特的地域艺术风格。中国瓷器图案中的细腻线条和生动形象，促使南亚艺术家在创作中更加注重细节描绘和情感表达。

此外，东亚地区的日本江户时代伊万里瓷、高丽王朝的高丽青瓷，都是受中国瓷器影响而发展起来的，是各自国家陶瓷器中最具时代艺术的代表。这些瓷器在继承、消化中国制瓷技术与装饰手法的过程中能较好地融入本国文化内涵，最终形成了既有中国瓷器传统技术、艺术手法，又有本国文化及艺术特色的独立体系。其优美精致，是贵族生活的物质、文化象征。

2. 对生活方式的影响

海捞瓷在东南亚地区广泛应用于日常生活和宗教仪式中，极大地提升了当地居民的生活品质。在日常生活中，瓷器作为精美实用的器皿，一改东南亚地区以蕉叶椰木为器皿的生活方式，取代了部分粗糙的传统餐具和容器。其光滑的质地、精美的外观使饮食等日常活动变得更加优雅。在宗教仪式方面，一些具有特殊图案和造型的瓷器被赋予了宗教意义，比如某些带有佛教相关图案的瓷器，被用于寺庙供奉等活动，丰富了宗教文化的内涵，也使宗教仪式更加庄重和具有文化氛围。

在南亚社会，海捞瓷成为一种身份和地位的象征。贵族阶层热衷于收藏和使用精美的中国瓷器，这进一步推动了当地对中国瓷器审美价值的认可。贵族们将瓷器展示在宫殿和府邸中，作为财富和高雅品味的体现。这种对瓷器的喜爱逐渐从贵族阶层向平民阶层扩散，影响了整个社会的审美趋势。平民开始模仿贵族的审美偏好，在自己能力范围内选择具有类似风格的物品，从而促使了整个南亚地区对中国瓷器审美观念的广泛接受和传承。

中国瓷器特别符合亚洲人的饮食结构、审美情趣，东亚地区更是从追捧中国瓷器到直接学习景德镇窑、越窑、龙泉窑等产地的中国瓷器制作工艺。可以说中国瓷器文化和工艺同样深刻影响着这些国家和地区的发展。

图 2　马来亚大学校内“亚洲艺术博物馆”收藏大量中国瓷器

图片来源：网络。

（二）对中东地区审美生活的具体影响

1. 艺术风格的相互渗透

中东地区与中国通过海上丝绸之路的贸易往来频繁，海捞瓷在这里备受珍视。中国瓷器的蓝白配色和几何图案与中东地区的传统艺术风格相互影响。中东地区的陶瓷、建筑装饰等领域开始出现类似中国瓷器的图案和色彩运用，形成了独特的艺术风格。例如，在中东的陶瓷制作中，原本以几何图案和植物图案为主的装饰风格，加入了中国瓷器的蓝白配色元素，创造出了新的图案组合。在建筑装饰方面，清真寺等建筑的瓷砖装饰中也出现了模仿中国瓷器图案的设计，这种融合使中东地区的艺术更加多元化和富有活力。

图3 明朝正德年间瓷器底部刻着波斯铭文的四边形执壶

图片来源：网络。

2. 对宫廷文化的影响

在中东的宫廷中，中国海捞瓷是重要的装饰品和收藏品。宫廷的审美标准受到中国瓷器的影响，从而促使当地工匠模仿中国瓷器的制作工艺和风格，以满足宫廷对精美瓷器的需求。宫廷中大量使用中国瓷器作为餐具、装饰品等，其精致的造型和独特的图案成为宫廷文化的一部分。这种宫廷审美趋势也对民间艺术产生了一定的辐射作用，民间工匠开始学习宫廷风格，将中国瓷器元素融入到民间的陶瓷、织物等工艺品制作中，使整个中东地区的审美文化都受到了中国海捞瓷的影响。

（三）对欧洲地区审美生活的具体影响

近代初期新航线发现，西欧商业资本发展。欧洲扩展对中国的贸易，输入大量中国物品，从而引起西欧社会人士对于这些物品的喜爱。但更重要的是，以中国瓷器为代表的外销品对西欧和英国手工工场的发展曾起过决定性的作用。享有盛誉的中国瓷器，俨然是世界各大博物馆里的明珠，极大地丰富了人们的精神生活，开阔了人们的视野，在全世界范围内引起了“中国热”现象，引发世界各地的专家学者关注，并受到广大收藏家和陶瓷爱好者的珍重，让我们中国的文化基因走向世界、影响全球。

英国的英国大英博物馆、阿尔伯特和维多利亚博物馆、伦敦大学大伟德中国艺术基金会、牛津东方艺术博物馆、不列颠博物馆、剑桥大学博物馆、剑桥菲茨威廉博物馆等地均馆藏大量高品质的中国瓷器，是中国瓷器通过海上丝绸之路外销的最好明证。

推动中国陶瓷海外传播的一位关键性人物是殷弘绪。他作为 18 世纪初到中国的法国传教士，在景德镇传教过程中，通过实地考察和采访，整理了景德镇陶瓷制作工艺、配方等，并通过书信的方式寄回了法国。殷弘绪整理的珍贵的陶瓷资料和配方，掀起了欧洲仿烧中国瓷的高潮，推动了欧洲陶瓷业的快速发展。[①]

1. 引发欧洲瓷器热潮

海捞瓷在欧洲的出现引发了巨大的轰动，欧洲人对中国瓷器的精美程度赞叹不已。从 16 世纪开始，中国瓷器成为欧洲贵族竞相追逐的对象。这股热潮推动了欧洲各国对瓷器的研究和仿制，促进了欧洲陶瓷业的发展。欧洲各国纷纷建立瓷器工厂，试图复制中国瓷器的工艺。例如，德国的梅森瓷器厂就是在对中国瓷器的研究和模仿基础上发展起来的，将欧洲仿制华瓷推到了新的阶段。还有 17 世纪中叶荷兰的代尔夫特陶，从纯粹模仿中国明代青花瓷的釉陶产品大获成功，到逐渐趋向自己创作“中国风格”的作品。并且在此基础上欧洲各地的窑场纷纷开始生产蓝白两色的中

① 王国秀：《十八世纪中国茶和工艺美术品在英国流传状况》，载《华东师大学报（人文科学）》，1957 年第 1 期。

国风格釉陶，中国风设计从此开始真正兴起。

图4　柏林夏洛滕堡宫（Charlottenburg Palace）的中国瓷器屋

图片来源：网络。

2. 审美观念的重塑

由饮茶到瓷茶器，再到对应的中国漆器家具、丝织品壁挂等，可见中国风格在当时欧洲的全面盛行。由此，中国海捞瓷的造型、图案和色彩为欧洲的审美观念带来了全新的元素。洛可可风格的兴起就与中国瓷器文化的影响密切相关。欧洲的室内装饰、绘画、雕塑等艺术领域开始融入中国瓷器的审美特点，如曲线造型、自然主义图案等，重塑了欧洲的审美风格。在室内装饰方面，欧洲贵族的宫殿和府邸开始大量使用中国瓷器作为装饰品，墙壁上的壁纸、天花板的绘画等也出现了模仿中国瓷器图案的设计。在绘画中，画家们将中国瓷器的元素融入到作品中，如描绘贵族生活场景中常出现中国瓷器，使画面更加丰富和具有异国情调。

图 5　里斯本桑托斯宫殿青花瓷室的天花板呈金字塔形镶嵌着约 253 件中国古董青花瓷盘

图片来源：网络。

17、18 世纪的法国就流行着“中国风格”的风尚，以采用中国物品、模仿中国式样为时髦。在那时期这个法国名词“中国风格”是含着新奇别致的意思。中国瓷器的造型、图案和色彩为欧洲的审美观念带来了全新的元素。当时，洛可可艺术处处要摆脱巴洛克式的豪放，很自然地和中国的瓷器、丝绸、漆器等物品结合起来。带来新奇、精致、纤巧、微妙美感的新风格。洛可可风格的兴起与中国瓷器文化的影响密切相关，当时欧洲艺术的倾向恰恰配合。

四、南海海捞瓷的艺术特征

（一）器型典雅

从器型上来看，南海海捞瓷的常见器型有：碗、碟、盘、瓶、盒、壶、罐、盆、匙、洗、军持、香炉等。这些陶瓷，这些瓷器造型呈现出中国传统瓷器素朴、典雅的审美意象。其中有许多花口形态与金银器中花瓣形器口造型相似，可推断这些南海海捞瓷的器型制造借鉴了金银器的造型样式。宋明时期，金石学的发展引发了当时人们对古代器物的热情和喜爱，海捞瓷中出现仿青铜器款式。这些独特的造型体现了当时的审美风潮。

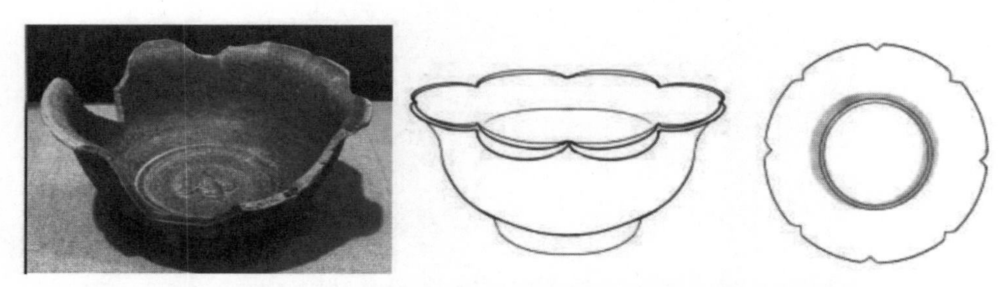

图 6　海南热带海洋学院南海文化博物馆藏品葵口碗实物照片与器型图（梁子拍摄，黎美娟绘制）

图片来源：选自梁子《南海海捞瓷纹样集锦——以海南热带海洋学院南海文化博物馆馆藏为例》。

如图 6 所示，这一件龙泉窑的南海海捞瓷葵口碗，造型古朴浑厚。碗呈葵口。纹饰简练，线条流畅。

（二）纹样精美

海捞瓷的纹样特点丰富多样，主要受到其生产时期、用途以及文化影响等多方面因素的共同塑造。南海海捞瓷的纹饰类型多样，常见的类型有植物纹、动物纹、人物纹、自然几何纹、器物纹、文字纹、墨书纹等几大类。如下图海南热带海洋学院南海博物馆馆藏藏品所示，南海海捞瓷表现的题材内容也非常丰富，传达出我们传统吉祥图案有图必有意，有意必吉祥的装饰观念。[①]

① 陈子晗：《试论元青花杯的纹饰及功用——以中国（海南）南海博物馆馆藏为例》，载《收藏与投资》，2022 年第 13 卷第 9 期，第 32—34 页。

图 7　海南热带海洋学院南海博物馆藏品（梁子拍摄，黎美娟绘制）

图片来源：选自梁子《南海海捞瓷纹样集锦——以海南热带海洋学院南海文化博物馆馆藏为例》。

（三）精湛的工艺

海捞瓷在制作过程中，往往采用了当时最先进的工艺和技术。如下所示，图 8 自左上至右下，依次为青釉瓷、酱红釉瓷、绿釉瓷、孔雀绿釉瓷、青花瓷、红绿彩瓷、珐华彩绿釉瓷、珐华蓝釉瓷，这些瓷器在海水中经过长时间的侵蚀和打捞过程中的碰撞，仍然能够保持较好的完整性，釉色光亮，熠熠生辉。

图 8　中国南海博物馆馆藏的修复后的不同釉色海捞瓷器实物照片（梁子拍摄）

（四）雅致的色彩

南海海捞瓷的色彩运用独具特色，以青花瓷为例，其蓝白相间的色彩搭配简洁而典雅。蓝色颜料的运用深浅得当，与白色瓷胎相互映衬，营造出清新、素雅的视觉效果。这种色彩搭配不仅在中国受到喜爱，在海外市场也具有广泛的吸引力。

（五）丰富多彩的主题

海捞瓷多以外销为主，大都是为西方市场量身订制的订样瓷。在造型、题材上，它们与传统瓷器有了一些新的面貌，呈现出东西方文化结合的特点。例如，克拉克瓷就是中国明末清初时期出现的一种以青花为主的外销瓷器，其典型特征是宽边，在盘、碗的口沿绘以开光的方式分格绘制，或者在圆形框架内绘制山水、人物、花卉、果实等图案，此外，还有直接绘制家族徽章纹图案。这些图案既融入了西方审美元素，又具有中国传统文化的器物韵味。

五、南海海捞瓷在现代设计中的应用

（一）产品设计应用

1. 家居用品设计

南海海捞瓷的图案和造型可以应用于家居用品设计，如餐具、茶具、花瓶等。例如，苏州博物馆推出的一款灯具设计作品，设计师提取了青花缠枝牡丹花卉图案为设计元素，花瓶在造型上借鉴了瓷器梅瓶的优美线条，瓶身则选用了现代材质，既有观赏价值又有实用的照明功能。将古典与现代巧妙融合，既传承了传统文化，又满足了现代生活需求。

图 9　苏州博物馆文创

图片来源：《把流光青影从苏州博物馆带回来了》，小红书，2023 年 9 月 22 日，https://www.xiaohongshu.com/explore/650d3121000000016031287?note_flow_source=wechat&xsec_token=CBXuDMSthVRGz3ttpoExHBOQNxBfQAdiJGhxksyHMWso=。

2. 装饰品设计

在装饰品设计方面，可以将南海海捞瓷的元素融入到现代雕塑、空间装饰品等作品中。例如，在雕塑方面，有以海捞瓷造型为蓝本创作的现代抽象雕塑。艺术家以海捞瓷罐的圆润造型为基础，运用金属材质进行创作，通过对罐身线条的夸张和变形，创造出具有现代感和动感的雕塑作品。还有艺术家制作了以海捞瓷人物故事图案为主题的装饰画系列。他们利用数字印刷技术，将海捞瓷上的人物故事图案高清还原在画布上，并通过现代的色彩调整和画面构图，使这些古老的故事焕发出新的魅力。这些装饰画挂在室内空间中，成为视觉焦点，为空间增添了独特的艺术魅力。放置或悬挂在公共空间或艺术展厅中，吸引了众多观众的目光。

图 10　恒源祥线逅绒瓷艺术联名“源·青花系列”空间艺术展

图片来源：《恒源祥 X 青花瓷：传统老手艺与品牌新表达》，小红书，2024年6月24日，https://www.xiaohongshu.com/explore/6673cd5000000001f0048ab?note_flow_source=wechat&xsec_token=CBpDusLr88AbkHSVS7iU8YTziKlsstOD4IjWoIZUtqKp4=。

（二）服装设计应用

1. 图案设计

南海海捞瓷的花卉、几何等图案可以应用于服装设计中。例如，国际知名服装品牌在其春夏系列中推出了一款以南海海捞瓷花卉图案为主题的连衣裙。设计师通过数码印染技术，将海捞瓷上的牡丹、菊花等花卉图案细腻地呈现在轻薄的丝绸面料上。花卉图案的色彩经过重新调配，更加鲜艳夺目，与服装的现代剪裁相结合，打造出具有中国传统文化特色又时尚感十足的服装。当模特穿着这款连衣裙在T台上展示时，引起了时尚界的广泛关注。此外，一些中式风格的服装品牌也会将海捞瓷的几何图案运用到服装设计中，通过刺绣工艺将几何图案绣在传统旗袍或上衣的领口、袖口等部位，增添了服装的精致感和文化韵味。

图11　米兰时装周 Etro 2025 春夏系列

图片来源：《秀场分享米兰时装周 Etro 2025 春夏系列》，小红书，2024年9月25日，https://www.xiaohongshu.com/explore/66f41376000000002c02d964?note_flow_source=wechat&xsec_token=CBo1Tj1GZWGgKGZQnKVzaMXNgj5WMf5rS6VLvKBFMzQGI=。

2. 配饰设计

在配饰设计中，如腰带、首饰等，可以借鉴南海海捞瓷的造型和色彩元素。比如图12，是笔者以海捞瓷瓶釉色与造型为灵感尝试创作的系列胸花设计作品，样品主体部分运用综合材料进行制作，如可塑土、软陶泥、装饰珠片、金属丝、甲胶甲油等创新材料，通过捏塑、烧制、绘制、热塑、串编扭结等十几道工序完成制作。后续批量化生产拟采用现代3D打印技术制作，结合仿传统掐丝镶嵌工艺，营造出富丽典雅的视觉效果。将古典与现代奢华完美融合，为服装搭配增添文化气息和审美亮点。

图 12　南海海捞瓷饰品设计青花系列 NO.1、天青系列 NO.1 实拍效果图
（梁子、黎美娟作品）

（三）文化创意产品设计应用

1. 文具设计

将南海海捞瓷的元素融入到文具设计中，如笔记本封面、笔杆等。例如，某文创品牌推出了一系列带有海捞瓷图案的笔记本。笔记本封面采用了硬卡纸材质，上面印刷有海捞瓷的花卉、人物等图案。在图案设计上，对原有的海捞瓷图案进行了简化和创新，使其更符合现代审美。笔杆的设计也别出心裁，有一款笔杆以海捞瓷瓶的造型为灵感，采用了塑料材质，通过模具制作出瓶身的纹理，再配上金属的笔尖和装饰部分，使笔具有独特的文化内涵和艺术价值，受到学生和文化爱好者的喜爱。

2. 旅游纪念品设计

在旅游纪念品设计方面，开发以南海海捞瓷为主题的产品，如冰箱贴、钥匙链等。比如，在中国南海博物馆的纪念品商店中，可以看到以南海海捞瓷珐华彩瓷、素三彩等馆藏海捞瓷文物为设计元素的冰箱贴。冰箱贴的形状有相应梅瓶形、仿生形等，上面的图案经过缩小和简化，色彩鲜艳。钥匙链、U 盘则以海捞瓷片的造型为基础，结合树脂注塑工艺制作而成，表面有仿瓷釉色和纹饰。这些纪念品小巧玲珑、价格亲民，可以将海捞瓷的文化传播给更多游客，同时也为当地旅游业发展增添特色。

六、结论

海上丝绸之路的瓷器外销是中国文化对外传播的重要途径，对全球审美生活产生了广泛而深刻的影响。从东南亚到欧洲，中国瓷器改变了不同地区人们的审美观念和生活方式，促进了文化的融合与发展。南海海捞瓷作为海上丝绸之路外销品的重要文物，具有独特的艺术特征。将其应用于现代设计中，无论是在产品设计、服装设计还是文化创意产品设计领域，都能够为传统文化的传承和发展提供新的思路和途径。通过合理的设计应用，让南海海捞瓷在现代社会中焕发出新的活力，让更多人了解和欣赏这一珍贵的文化遗产，同时也为现代设计注入丰富的文化内涵。在未来的研究和实践中，应进一步深入挖掘南海海捞瓷的文化价值和设计潜力，推动文化与设计的深度融合，实现文化遗产保护与现代社会发展的双赢。同时，也需要加强对海捞瓷的保护和研究，避免过度开发对这一珍贵文化资源造成破坏。

参考文献

[1] M. 苏尔宛. 中国古陶瓷论丛·东南亚出土的中国外销瓷器[M]. 傅振伦，译. 北京：中国广播电视出版社，1994：269.

[2] 陈逸民，陈莺. 海捞瓷的分类[J]. 文物鉴定与鉴赏，2010(12)：59—67.

[3] 陈逸民，陈莺. 海捞瓷收藏与鉴赏[M]. 上海：上海大学出版社，2013.

[4] 陈子晗. 试论元青花杯的纹饰及功用：以中国(海南)南海博物馆馆藏为例[J]. 收藏与投资，2022，13(9)：32—34.

[5] 甘雪莉. 中国外销瓷[M]. 上海：东方出版中心，2008：39.

[6] 黄纯艳. 宋代海外贸易[M]. 北京：社会科学文献出版社，2003：257.

[7] 梁子. 南海海捞瓷纹样集锦：以海南热带海洋学院南海博物馆馆藏为例[M]. 北京：民主与建设出版社，2023.

[8] 罗杰·麦克尔罗伊作，钟欣译. 我看中国古代外销瓷[J]. 收藏

家，2007（2）：49—53．

［9］三上次男．陶瓷之路［M］．李锡经，等译．北京：文物出版社，1984．

［10］邵梓航．陶瓷文化元素在文创设计上的研究与传播：以景德镇青花纹样为例［J］．陶瓷，2024（9）．

［11］王学峰，陈扬主编．中国航运史话．上海：上海交通大学出版社，2021．

The Impact of Chinese Porcelain Export on Global Aesthetic Life: With a Discussion on the Design Application of Hailao Porcelain in the South China Sea

Liang Zi

(Creative Design College, Hainan Tropical Ocean University, Sanya, China)

Abstract: This paper aims to explore the impact of porcelain export along the Maritime Silk Road on global aesthetic life, and to analyze the design application of Hailao Porcelain in the South China Sea. By studying the dissemination path and cultural exchange of Chinese porcelain in the trade process, it elaborates how it has changed the aesthetic concepts and lifestyles of people in different regions. Additionally, it delves into the artistic characteristics of Hailao Porcelain in the South China Sea and offers suggestions for its application in modern design, in order to inherit and promote this precious cultural heritage.

Keywords: Hailao Porcelain in the South China Sea; Maritime Silk Road; Aesthetic Culture; Design Transformation

族群及疍民研究

古代海洋贸易时代的华商探析

郑一省[①]

【内容提要】 自远古时代中国就显示出航海的痕迹，而海船的出现，则加快了海洋贸易产生与发展。夏商至春秋战国时期，是海洋贸易的滥觞期，而秦汉至南北朝时期则是海洋贸易的发展期。这个时期主要的是汉武帝海上丝绸之路的开辟，即开辟了从徐闻、合浦到斯里兰卡的海上线路。经过一段时期的发展，海外贸易从隋唐开始进入了繁荣期，而至明朝以降，特别是由于西方殖民者的东侵，海洋贸易时代转入了转型期。

【关键词】 古代；海洋贸易；时代；华商

远古时的中国就已显示出航海的痕迹。考古资料发现，距今 6000 年前和 4500 年前龙山文化[②]的典型器物有孔石斧、有孔石刀和紫色陶器曾在朝鲜、日本、太平洋东岸和北美洲的阿拉斯加都相继有发现，这说明龙山人曾经航海到这些地区。换句话说，中国人在 7000 年前就开始有海上航行，是世界海洋文化发源地之一。[③]既然远古时代中国人就开始航海几大洲，其中也不乏华商在活动。作为百越地区的浙江、广东和福建等地先民，便是这些航海民族之一，其创造的百越文化的器物如有段石锛在菲律宾、苏拉维西和婆罗洲等地都有所发现，这些都为华商日后从事海运生意奠定了基础。[④]

---

① 作者简介：郑一省，广东梅县人，广西民族大学教授，广西侨乡文化研究中心主任，研究方向为华侨华人、东南亚民族和国际关系。

② 龙山文化（Longshan Culture），泛指中国黄河中、下游地区约新石器时代晚期的一类文化遗存，属铜石并用时代文化。

③《各国的考古发现表明我国是世界海洋文化的发祥地之一》，载《人民日报（海外版）》，1991 年 2 月 19 日，2 版。

④ 房仲甫、李二和：《中国水运史》，北京：新华出版社，2003 年，第 14 页。

一、华商与海洋贸易时代的滥觞期

一般认为，海洋贸易时代的滥觞期，主要是指夏商至春秋战国时期。有资料显示，中国人很早就从事海上贸易。夏朝帝王芒曾“命九夷，东狩于海，获大鱼”，说明东南沿海各地之间已经有了航路联系。到商代，从安阳殷墟出土的象牙、鲸鱼骨及龟甲等这些原产于海外的文物看，中国先民的航海活动已延伸到域外。商末，贵族箕子率领殷民渡海到达朝鲜，在朝鲜北部建立政权，史称“箕氏朝鲜”。[①]

海船是具备抗海上风暴的船只，这种船只带有风帆，称之为帆船。据资料显示，中国人早在商代就有帆船出现了。如殷墟的甲骨文中就有一个[illegible]字，有的学者认为这是桅杆的雏形，也是“帆”字的象形字。换句话说，在中国的商代就已经有借助风力的帆船了。[②]西周中叶，周昭王南征楚国，回来时，“济于汉，船人恶之，以胶船进王。王御船至中流，胶液船解，王及祭公俱没于水中而崩”。[③]至春秋战国，随着冶铁技术的发展，铁器手工工具的广泛应用，为传统的造船业奠定了必要的技术基础。战国时期的铜钺出现带有风帆图案的船纹，说明战国时代已出现了铁制的风帆船舶。随着造船技术取得迅速发展，船只使用的数量和范围日益扩大，南方有的地方还创设了专门造船的工场——船宫。[④]海船发展起来后，被广泛运用于商用或军事。公元前647年，晋国缺粮，秦国运粮的船队浩浩荡荡经渭水、黄河、汾水直达晋境。[⑤]当时一些小国拥有数目可观的船队。公元前468年，越国由会稽迁都至琅琊时，有“死士八千人，戈船三百艘”[⑥]。秦国偏处西陲，也有庞大船队，“司马错率巴蜀众十万，大舶船万

---

① 夏秀瑞、孙玉琴编著：《中国对外贸易史（第1册）》，北京：对外经济贸易大学出版社，2001年，第22页。

② 王冠倬：《从文物资料看中国古代造船技术的发展》，载《中国历史博物馆馆刊》，1983年，第17页。

③《史记·周本纪四》。

④《越绝书》卷二。

⑤《左传·僖公十三年》。

⑥《越绝书》卷八。

艘，米六百万斛”[①]，顺江而下攻打楚国。一次战役竟出动战船万艘，可见当时战船之多。

中国海船的出现，促进了商贸活动。殷商是一个航海民族。远在其建国前的第三代祖先就有了航海成就：“相土烈烈，海外有截。”[②]说明早在三千七八百年前，就与“海外”，即渤海以外的地方建立了联系点或居住点。一些产于马来半岛的龟甲，已在殷墟出土，这当是由航海船舶交换得来东西的物证。[③]据学者研究，当时中国所造的船只种类已经十分众多。它们主要有大翼、中翼、小翼、戈船、须虑、艅艎、桴等等，而海船也随之产生，在当时的百越地区就有海船在活动。[④]《越绝书》记载：“越人谓船为须虑。习之于夷。夷，海也。”越人自古以来善于造船和航海。他们“山行水处，以船为车，以楫为马，往各飘然，去则难从。”[⑤]春秋战国时，东南沿海的吴国、越国都设置了“船宫”作为造船工场，有所谓“吴国一日不能废舟”，可见航海较为发达。

成书于战国时代的《山海经》记载了韩国和日本的准确位置，即“盖国（今朝鲜盖马高原东），在巨燕南，倭北”。当时中国人已经知道从朝鲜半岛出发，可以南渡去日本。换句话说，在夏商至春秋战国时期，海上贸易线路就有两条，第一条是沿着辽东、朝鲜海岸，越过对马海峡而到达日本的航线。朝鲜半岛曾出土铜铎、铜剑等物，据考证是战国时期的文物，而在日本也发现过战国时代的中国铜剑和燕国的货币明刀钱等。这些说明，夏商至春秋战国时代中国人已经能从黄河进行远航。[⑥]该线路后来在

①《华阳国志》卷三。

②《诗经·商颂·长发》。

③ 房仲甫、李二和：《中国水运史》，北京：新华出版社，2003年，第28页。

④ 据《汉书·地理志》记载，百越的分布“自交趾至会稽七八千里，百越杂处，各有种姓”。也就是从今江苏南部沿着东南沿海的上海、浙江、福建、广东、海南、广西及越南北部这一长达七八千里的半月圈内，是古越族人最集中的分布地区；局部零散分布还包括湖南、江西及安徽等地。陈希育：《中国帆船与海外贸易》，厦门：厦门大学出版社，1991年，第2页。

⑤ 百越文化代表器物有段石锛和印纹陶器，不仅传播到沿海各地，而且到达了太平洋诸岛，甚至美洲。袁康、吴平辑：《越绝书》卷八。

⑥ 张英奎、张小乐：《中国古代航海史》，北京：大众文艺出版社，2004年，第12页。

南朝时期发展成所谓的“北路南线（黄海南线）”，即自中国山东半岛成山角，横渡黄海，取朝鲜中部的瓮津半岛，南下横渡对马海峡到达日本。[①]第二条是沿着百越地区的海岸线，而到达安南海。在当时有所谓“越裳献雉，倭人供畅”[②]，这条航线开通后，东南亚的产品由此源源而入。楚国曾从百越那里得到珠玑、犀象、犀角、象齿等东南亚物产。[③]

可以说，夏商至春秋战国时期是作为海洋贸易时代的滥觞期。在这个时期，中国北方（东夷）[④]的华商利用当时的琅玡、芝罘、黄港，河北的碣石等海港从事海洋贸易，其华商进行海上贸易的线路，是沿着辽东半岛、朝鲜海岸，在越过对马海峡而到达日本进行海洋贸易，而南方的华商，即百越华商则利用句章（今宁波）、会稽、番禺等海港，沿着海岸线前往东南亚进行海上贸易。特别是番禺港口，在春秋战国时已经与远洋有密切的联系，其成为航行于越南的中转站。据印度史书记载，从番禺远航的华商当时也可能与印度航海者有了联系。莫克基的《印度航业史》认为，“有证据可使我们相信，公元前第七及第六世纪”，“印度商人亦有家于支那海岸者”。“当周威烈王时，东西贸易操于印人之手，印人大都由马六甲海峡经苏门答腊及爪哇之南，以来中国”。又说，中国未与罗马直接通商以前，……“罗马所用丝绸是由印度运去的”。公元前 4 世纪，印度古书《治国安邦术》中就有“支那成捆的丝”的记载。由以上可见，中印海上往来，至少在战国前的春秋时期就已经开始了。[⑤]菲律宾历史教授克来曾认为：“公元前，当中国周秦时，菲人已与中国人来往。”两国政府互有馈赠。又说：“中国商人常至菲律宾贸易绸、米等物，历三月至五月

① 陈希育：《中国帆船与海外贸易》，厦门：厦门大学出版社，1991 年，第 6 页。

②《国语·齐语》。

③ 见《战国策》《竹书纪年》，转引自陈希育《中国帆船与海外贸易》，厦门：厦门大学出版社，1991 年，第 31 页。

④ 东部和东南沿海的先民，古时统称为夷。《越绝书·吴内传》说：“夷，海也。”东夷，即是东方习于航海的人。后来人们又将居于华北沿海的人称东夷。

⑤ 房仲甫、李二和：《中国水运史》，北京：新华出版社，2003 年，第 12、60 页。

而返。”[①]

总的来看，无论是越过对马海峡而到达日本的航线，还是前往东南亚的航线，其航线的海洋贸易一般是采用梯航的形式，即近岸航行，这是由于当时航海的技术水平较低，因而航行周期长，但也可以就近进行海船损坏的修理与补偿原料。此外，在循岸航行的过程中，还需不断换乘船只，聘请不同的向导，“蛮夷贾船转送至之”。即使沿着海岸线航行费很长的时日，但百越华商还是通过这个航线与东南亚和印度等地商人进行海外贸易往来，这种贸易主要是建立在物物交换的基础上的。

二、华商与海洋贸易时代发展期

海洋贸易时代的发展期主要是指秦汉至南北朝时期。这个时期主要的是汉武帝海上丝绸之路的开辟，即开辟了从徐闻、合浦到斯里兰卡的海上线路。

（一）秦汉时期的海洋贸易

公元前221年秦始皇统一中国后，其航海贸易逐步发展。秦始皇外出五次巡游，就有四次巡海，而方士徐福为秦始皇而去“蓬莱”“瀛洲”和“方丈”三神山求长生不老之药，据学者研究，秦始皇让徐福名义上“求仙”，实际上是意图开拓“三神山”的海疆。[②]虽然这个传说是否为真已难以考究，但从一个侧面说明在秦始皇时期已经进行海外贸易，航海的对象主要是日本，有所谓“得平原广泽，止王不来”。[③]秦朝时期的这条航线仍然是常用的对马航线，即沿着辽东半岛、朝鲜海岸，越过对马海峡而到达日本进行海洋贸易的路线，也就是华商滥觞期的航线。

在秦朝时期，百越与东南亚的航海贸易仍然显得活跃，这可从番禺（广州）的重要地位有所发现。据《淮南子》记载，秦始皇统一六国后，“又利越之犀角、象齿、翡翠、珠玑，乃使尉屠睢发卒五十万为五军，一

① 房仲甫、李二和：《中国水运史》，北京：新华出版社，2003年，第63页。
② 房仲甫、李二和：《中国水运史》，北京：新华出版社，2003年，第72页。
③ 司马迁：《史记·淮南衡山列传》。

军塞镡城之岭，一军守九嶷之塞，一军处番禺之都，一军守南野之界，一军结余干之水”[①]，秦军驻“番禺之都”，表明其在当时海外贸易的重要性，因为它是犀角、象牙、翡翠、珠玑等进口货物贸易的重要港口。[②]到了汉朝，番禺仍是国内外贸易的重要城市，国内的商品集中到番禺出售，中外商人来往贸易的很多。《史记》言番禺“珠玑、犀、玳瑁、果布之凑”[③]。而班固的《汉书》也认为番禺“处近海，多犀、象、毒冒、珠玑、银、铜、果布之凑。中国往商贾者，多取富焉。番禺，其一都会也”[④]。据学者研究，番禺交易的果布是指龙脑香，果布是马来语龙脑香的译音，马来语称龙脑香为“果布婆律”（Kapuz）。此外，从现今广州西汉时期墓穴出土的物品，如串珠、玻璃碗，以及熏炉和陶俑，都与海外贸易有很大的关系。比如串珠的质料和制作工艺都与中国的不同，其来自海外。而熏炉是燃熏香料的，香料的产地是东南亚地区，陶俑的人形态与中国人不同，似乎是西亚和东非人种。据《西京杂记》记载，南越王赵佗曾向汉宫献烽火树，这个烽火树即为珊瑚，其原产于东南亚。日本藤田丰八说：“交广之珍异，似为其本地所出，然此不过对中土而言的结果，多数珍品实由海上贸易获得的。”[⑤]这些商品说明，汉代的海外贸易发达，番禺扮演着重要的角色。[⑥]

西汉时期，华商前往东南亚的航线，仍然是在原来前往东南亚的航线的基础上的航线，即从徐闻和合浦启航，沿途到达都元国（越南南圻）、达邑鲁没国（泰国华富里）、堪离国（今泰国佛统），然后在那里上岸，陆行到达夫甘都卢（缅甸），前往印度。从这可以说明，华商的航线还是采用梯航的形式，而华商在今泰国的佛统上岸，再陆行前往印度而不直接从海上前往印度，这有可能与当时阿拉伯人对海的控制有关，华商在中南半

①《淮南子·人间训》卷18。

② 关履权：《宋代广州的海外贸易》，广州：广东人民出版社，1994年，第19页。

③ 司马迁：《史记·货殖列传》卷129。

④ 班固：《汉书·地理志》卷28下。

⑤ 滕田丰八：《宋代市市舶司与市舶条例》。

⑥ 关履权：《宋代广州的海外贸易》，广州：广东人民出版社，1994年，第26—27页。

岛上岸一路销售商品直到印度。正如学者所认为的，中国航运能力多在中国与东南亚之间，尤其是半岛区。[①]

（二）三国时期的海洋贸易

三国时期，华商从事的海外贸易进一步发展。如孙吴非常重视经济的开发与海外贸易。吴国的士燮任交趾太守40多年期间，着力发展海外贸易。《士燮传》言："燮每遣使诣权，至杂香细葛，辄以千数。羽珠、大贝、流离、翡翠、毒瑁、犀象之珍，奇物异果，蕉、邪、龙眼，无岁不至。"这些流离、翡翠、毒瑁、犀象等奇物，当是海外进口的商品。[②]黄武五年（公元226年）孙权派遣宣化执事朱应、康泰出使扶南（柬埔寨），"其所经及传闻，则有百数十国"，可见当时的吴国海外贸易并不逊于汉代。东晋时期，其仍与林邑（越南）、扶南（柬埔寨）等国保持海上往来，史载法显乘可容纳200余人、载货10余吨的"商人大船"，说明当时的中国与南洋及其印度洋贸易极其活跃。此时广州已成为南海贸易的中心，每年前往广州的外国船舶络绎不绝，致使广州的某些官员采取低买高卖的手段"盈利数倍，被视为常事"，而被人讥讽为"经城门一过，便得3000万钱"[③]。东晋以降，福州港是作为主要的出海口，福州与海外诸国保持交往。南朝宋、齐之交，保持与中国海外贸易者"有十余国"，而梁朝时的海外贸易更加发达，"船海岁至，逾于前代"。当时除了与传统上有紧密联系的林邑、扶南等外，也与呵罗丹国、阇婆婆达国有"市易往反"。[④]陈朝时，印度僧人拘那罗陀（即真谛）返国，也先到晋安郡（今福州），欲从此泛舟马来半岛的楞伽修国，[⑤]表明福州与南海诸国，尤其是中南半岛和马来半岛有经常的海上交通，而华商也以此进行海洋贸易。

① 陈希育：《中国帆船与海外贸易》，厦门：厦门大学出版社，1991年，第8页。

② 关履权：《宋代广州的海外贸易》，广州：广东人民出版社，1994年，第28页。

③ 萧子显：《南齐书·王蝇传》卷三十二。

④ 姚思廉：《梁书》，北京：中华书局，1975年。

⑤ 释道宣：《续高僧传》卷1《拘那罗传》，载《历代高僧传》，第430页，转引自廖大珂《福建海外交通史》，福州：福建人民出版社，2002年，第21页。

三、华商与海洋贸易时代的繁荣期

经过一段时期的发展，海外贸易从隋唐开始进入了繁荣期，而至明朝以降，特别是由于西方殖民者的东侵，海洋贸易时代转入了转型期。

海洋贸易时代的繁荣期是指隋唐至宋元时期。隋唐是中国封建王朝的发展期，其海外贸易发生了空前的变化，而宋元在唐代的基础上，其海外贸易实际上成为当时中国对外贸易的主要途径。这一时期，从事海外贸易的华商结构发生了变化，既有以往专门从事海外贸易的商人，也出现了沿海的农户和渔民，甚至还有官吏、军将和僧人加入到华商队伍之中。

隋朝结束了南北朝分裂局面，成为重新统一中国的朝代。虽然隋朝时间不长，即从 581 年至 618 年，其享国 37 年，但它在政治、经济、文化等领域进行大范围的改革。如在政治初创三省六部制，巩固中央集权，正式推行科举制，选拔优秀人才，弱化世族垄断士官的现象，强化政府机制，根据南北朝的经验改革政治，兴建隋唐大运河以及驰道改善水路交通线。不仅如此，隋朝还加强扩大海外交流与贸易，于隋大业三年（公元 607 年）派屯田主事常骏出使赤土国，其行程先后经历了南海诸岛和南洋诸国。《隋书》云："大业三年（607 年）屯田主事常骏、虞部主事王君政等请使赤土，帝大悦，赐骏等帛各百匹，时服一袭，而遣赍物五千段，以赐赤土王。其年十月，骏等自南海郡乘舟，昼夜二旬，每值便风，至焦石山，而过东南，泊于陵伽钵拔多洲，西与林邑相对，上有神祠焉，又南行至师子石，自是岛屿相连接，又行二三日，西望见狼牙须国之山，于是南达鸡笼岛，至于赤土之界。其王遣波罗门鸠摩罗以舶三十艘来迎，吹蠡击鼓，以乐隋使，进金锁以缆骏船，月余至其都。"及骏等回，"即入海，见绿鱼群飞水上，浮海十余日，至林邑东南，并山而行，其海水阔千余步，色黄气腥，舟行一日不绝，云是大鱼粪也，循海北岸，达于交趾止。"

上文是常骏出使赤土国的记载，常骏在这次前往海外的行程中到达了林邑、吉兰丹、新加坡等地。常骏出使马来半岛，既以恢复贡道而行，也为日后寻着这条路线给海外贸易打下基础。

唐朝是中国封建社会发展的鼎盛时期，对外交通比前代有较大的发展。如唐贞观年间的"广州通商夷道"，详载了从广州经南洋、印度到西亚大食、阿拉伯各国的航线。唐一代，除了万商云集长安城内外，以广州、扬州、福州、泉州为中心的通商港口也是万樯林立，千舟竞发。随着中外华商贡使的频繁往来，唐代的海外贸易路线、通商地区不断扩大，海外交通除了与中南半岛、马来半岛诸国的传统航线外，还开辟了到新罗、日本、大食三佛齐等地的航线。这些航线的开通，促成了沿海民众出海经商日趋增多，从事海外贸易蔚然成风，中国华商可以远航东南亚、西亚贸易。如福州《王公（义童）神道碑》赞福州云："境接东瓯，地邻南越，言其实利，则玳瑁、珠玑"，海外贸易已构成当地经济的重要组成部分。在唐代，民间就有华商前往婆罗洲从事贸易并居住在那里的记载。如泉州附近的东石港口有一个叫林銮的商人，其祖父林智慧就曾航行到达东南亚，熟知与当地人的贸易。而到了林銮这一代，他驾船前往渤泥（文莱）做生意，其往来获利的消息，引起沿海的渔民与他一同前往，这种生意也招徕渤泥当地的商人驾船前来，晋江的商人听到这个消息后也竞相前往渤泥贸易。[①]唐末闽人黄滔亦有诗云："大舟有深利，沧海无潜波。利深波也深，君意竟如何？鲸鲵凿上路，何如少经过！"[②]诗中描绘了唐朝年间福州商贾驾驶大舶，出没大洋，随波逐利，大有人在的情景。这些情景正如一位学者所言，唐代"原为国家所控制的对外贸易逐渐转入私人手中"。[③]

唐朝末年，虽然藩镇割据，中央集权瓦解，进入五代十国时期，但海外贸易也一样进行。如王审知家族割据福建时期，为发展贸易招徕海中蛮夷商贾，与高丽、东南亚诸国贸易。除了海外商使携运舶货前来贸易，闽国商人也泛舶国外，将大量福建产品运销海外。留从校任清源郡节度使，"教民间开通衢，购云屋（货栈）……听买卖，平市价，陶器、铜铁泛于

---

① 清代蔡永蒹的《西山杂志》"林銮官"条载："唐开元八年（720年）东石林知祥之子林銮，字安东，曾祖林智慧航海群蛮，熟知海陆。林銮试舟至勃泥，往来有利，沿海畲家人，俱从之去，引来番舟，晋江商人竟相率渡海。"

② 黄滔：《黄御史集》卷2《贾客》，台湾商务印书馆影印文渊四库全书本，第1084册，第105页。

③ 朴真奭：《中朝经济文化交流史研究》，沈阳：辽宁人民出版社，1984年，第35页。

番国收金贝而还，民甚称便”。[①]随着海外贸易的发展，其交易征榷事务剧增，为了加强管理，闽国政权在福州设置了“榷货务”，专司舶货的征榷事宜。[②]

进入宋元时期，中国的海外贸易更加发达。宋代时期，中国的造船业比以前获得较大的发展，唐朝时期来往于南海和印度、阿拉伯洋面的贸易船只主要是外国船只，正所谓“南海有番舶之利”。中国华商或水手出洋，大多是搭乘蛮舶，而到了宋代，不仅科技发展，如指南针的发明与运用，以及大船的出现，更增加了海船的抗风浪能力，可远航更远的地方。此外，为了对日益兴盛的海外贸易进行管理，宋元祐三年（1088年）在广州、泉州等口岸相继设置掌管对外贸易的市舶司，并修订了中国最早的一部市舶司法《元丰市舶法》，该市舶条例包括商人出入港手续的办理、抽税和官买的办法、外商的待遇、进出品营销的管理等各个方面，使海外贸易成了有比较完善的管理制度的独立行业。而元代由于与北方诸王长期战争，致使其陆路交通阻塞，转而致力发展海外贸易，其沿袭了宋代传统，继续设立市舶司，管理海上贸易，元代所编修的《至元市舶则法》和《延祐市舶则法》是对宋代市舶制度的增益。在元代，海外交通无论在航海技术、所达地域、出洋人数等方面又大大超过宋代，这可以从汪大渊的《岛夷志略》中反映出来。元代中国海船普遍应用指南针，造船业也较前代有所进步。摩洛哥大旅行家伊本·巴都达（Ibn Batuta）记载：“去中国者多乘中国船。中国船有三种，大者曰Junk，次者曰Zao，小者曰Kakana。大者张三帆，至12幅，载水手千人，其中六百为篙师，四百为兵勇。”船上设置有各式舱房，供商人住宿、囤货。从元代的商船巨大可见，其远航能力更超过前代。正因为如此，有唐以降，特别是宋元时期，海外交通中最为引人注目的一个现象，便是华商作为东西方海外贸易的重要力量而登上历史舞台。

资料显示，早在北宋初期，中国东南沿海民众就已竞相造船，雇请水

① 《清源留氏族谱》卷3《宋太师鄂国公传》，厦门大学图书馆抄本。

② 廖大珂：《福建交通史》，福州：福建人民出版社，2002年，第41页。

手，满载着财货，扬帆域外，“贩易外国物”。①泉州商人前往高丽、日本等地经商。据《高丽史》和中国史籍记载，宋真宗大中祥符八年至宋哲宗元祐六年（1015—1091年）的七十余年间，泉州籍船商前往高丽者共有19批次，其中注明人数就有7批500多人。这些人大部分前往高丽经商者，被称为“贡方物”，但还有几批被称为“来投”，这些“来投者”定居于高丽成为华侨，当无疑问。②至宋中期，福建泉州多有“航海皆异国之商”，每当海舶归来季节，“巨商大贾，摩肩接足，相刃于道”③。北宋时期还有泉州商人也到日本贸易。泉州人李充曾于宋徽宗崇宁元年（1102）、三年（1104）、四年（1105）前往日本贸易，其所用的“公凭”保存至今，成为珍贵的历史资料。④正如苏轼曾云“惟福建一路，多以华商为业”。宋以来，沿海地区前往海外经商的人数成群结队，如海船的商人和水手常达数十人，上百人。⑤“漳、泉、福、兴化滨海之民所造船乃自备财力，兴贩牟利。”⑥兴化一带“土荒耕老少，海近贩人多”⑦。南宋时，从福建泉州出洋的“华商之舰，大小不等，大者五千料，可载五六百人；中等二千料至一千料，亦可载二三百人”⑧，贸易规模越来越大，元代更达到数百人、上千人之多。⑨汪大渊的《岛夷志略》“古里地闷”条载：“昔泉之吴宅，发舶稍众，百有余人，到彼贸易。”广西濒海诸郡居民“或舍农而为工匠，或泛海而逐商贩”。⑩在这些海外贸易中，华商投入的资金十分庞大，有时一次贩运的货物价值几十万缗之巨，甚至达百万以

①《宋史》卷268《张逊传》，第9222页。

② 陈高华：《北宋时期前往高丽贸易的泉州舶商：兼论泉州市舶司的设置》，载《海交史研究》总第2期，1980年。

③ 江望公：《多暇亭记》，引自何乔远《闽书》卷55《文位志》，第1489页。

④ 陈高华：《北宋时期前往高丽贸易的泉州舶商：兼论泉州市舶司的设置》，载《海交史研究》总第2期，1980年。

⑤ 郑麟趾：《高丽史》卷4，济南：齐鲁书社，1996年，第107页。

⑥《宋会要·刑法二之一三七》。

⑦《后村先生大全集》卷四六。

⑧ 吴自牧：《梦粱录》卷12《江海船舰》，第102页。

⑨ 马金鹏译：《伊本·白图泰游记》，第490页。

⑩《宋会要·食货六六之一六》。

上。随着海外贸易的发展，华商的资本不断扩大，北宋时有的华商积聚了数万的资财，就被称为“大商家”[①]。到了南宋，资产达数十万，甚至上百万的华商也层出不穷。[②]如泉州人王元懋随海船往占城，其在那里住了十年，积累了大量财富，回国后开始“主船舶贸易”，成为当时的巨富。[③]“南安丘发林从航海起家，至其孙三世，均称百万”。[④]元代统一全国，建立了历史上空前的多民族中央集权国家，虽然为了防范宋朝逃亡海外的遗老遗臣，忽必烈统治末年曾“禁商泛海”，而大德七年（1303 年）又“禁商下海”，至大四年（1311 年）再次革罢市舶司机构，以及延佑七年（1320 年），又“罢市舶司，禁贾人下番”。但到英宗至治二年（1322 年），“复置市舶提举司于泉州、庆元、广东三路”[⑤]。元前后四禁四开，但后来一直到元朝灭亡也没有发生变动，海外贸易成为其重要的国策。元代从事海外贸易的商人，称为舶商，其中有不少自己拥有船只和雄厚资金的大商人。以浙江嘉定一地为例，元代中期这里有“赀巨万”的华商朱、管二姓[⑥]。又有“下番致巨富”的沈氏[⑦]。元代泉州的蒲寿庚、佛莲更是富甲天下、称雄一方的著名大华商。[⑧]还有许多充当有船大商人的“人伴”，“结为壹甲，互相作保”而下海贸易的中、小商人，他们或在舶船上充任各种职务或“搭客”，捎带货物，出海买卖。[⑨]此外，元代的贵族官僚也时常经营海外贸易。如朱清、张瑄利用职权以“巨艘大舶帆交番夷中”。[⑩]有如太仓殷九宰官至“海道万户”，“家造三巨舶……岁以所得舶脚

① 苏辙：《龙川略志》卷 5《王子渊为转运以贱价收私贩乳香》，北京：中华书局，1982 年，第 28 页。

②〔宋〕洪迈：《夷坚志》卷 6《泉州杨客》，第 588—589 页。

③〔宋〕洪迈：《夷坚志》，北京：中华书局，1981 年，第 1345 页。

④ 蔡永蒹：《西山杂志》“东埕”条，抄本。

⑤《元史》各有关《本纪》。

⑥ 宋濂：《汪先生神道碑》，载《宋文宪公全集》卷五。

⑦ 陶宗仪：《辍耕录》卷二七《金甲》。

⑧ 廖大珂：《福建海外交通史》，福州：福建人民出版社，2002 年，第 64 页。

⑨《通制条格》卷一八《关市・市舶》。

⑩《辍耕录》卷五《朱张》。

钱，转往朝鲜市货，致大富”。[①]

可以说，隋唐时期，中国南方华商主要到周边国家和地区，如朝鲜、日本、越南诸国开展贸易。宋元以来，“我贾贾日本，挂席穷南海”[②]，其足迹遍及东起日本、高丽，南至马来群岛，西迄波斯湾即东非海岸的广大地区，甚至地中海沿岸国家也有华商的踪迹，其海外贸易活动地区之广，交易之频繁都远超过前代，并形成了不同的贸易网络。

（一）华商与朝贡贸易

朝贡制度兴起于公元前3世纪，终止于19世纪末，它是古代中国中央政权一种怀柔远人的羁縻手段，其实质是一个集政治和贸易为特征的对外关系体系。正像日本学者滨下武志所讲的：“它是一个联结中心和边缘的有机的关系网络，包括各省和附属国、土司和藩部、朝贡国和贸易伙伴。更广泛地说，朝贡体系构成了一个经济圈——东亚国家和亚洲东南、东北、中部、西北的其他实体都参与其中，而且界定他们和中国以及亚洲其他地区的多样关系。”[③]

资料显示，公元5世纪后印尼的一些小国已纳入中国的朝贡体系之中。据《梁书》记载，苏门答腊巨港一带有一个叫“干托利”（Kandari）的国家，曾在南朝刘宋孝武帝（454—464年在位）和梁武帝（502—549年在位）时多次遣使访问中国。公元6世纪时，在中爪哇出现了一个由散查亚（Sanjaya）家族统治的王朝，《旧唐书》和《新唐书》均称之为诃陵（Kaling）。据考证，这个诃陵古国都城位于现今三宝垄市附近。[④]自7世纪中叶至8世纪中叶，诃陵王国曾9次遣使来唐。两国保持友好往来。贞观

---

① 郑文康：《平桥稿》卷14《潘绍宗小君墓志铭》，台湾商务印书馆1986年影印文渊阁四库全书本，第1246册，第644页。

② 方夔：《富山遗稿》卷3《续感兴·二十五首·其十六》，台湾商务印书馆影印文渊阁四库全书本，第1189册，第387页。

③ 滨下武志：《中国、东亚与全球经济——区域和历史的视角》，北京：社会科学文献出版社，2009年，第18页。

④ Paul Micheln Munoz, *Early Kingdoms of the Indonesian Archipelago and the Malay Peninsula*, Bloomingtoon Indiana University Press, 1981, p.218.

十四年（640 年），诃陵遣使向唐朝贡献僧祇童、僧祇女、频伽鸟、五色鹦鹉、玳瑁、生犀以及异香名宝等物。[①]公元 7 世纪中叶，室利佛逝王国在苏门答腊东南部兴起。室利佛逝与唐代中国的关系相当密切，在唐高宗咸亨年间至唐玄宗开元年间（670—741 年），曾多次朝贡中国。[②]《新唐书》记载，"佛逝国王曷密多于咸亨至开元间数遣使者朝……又献侏儒、僧祇女各二及歌舞，官使者为折冲，以其王为左威卫大将军，赐紫袍、金绶带。后遣子入献，诏宴于曲江，宰相会册封宾义王，授右金吾大将军，还之。"[③]公元 10 世纪初，唐昭宗天佑元年（904 年）中国文献改称室利佛逝为"三佛齐"或"佛齐"，以巴邻旁（今巨港）为国都，后迁都占碑。这个以苏门答腊岛巨港为中心的三佛齐，与宋代中国保持密切的朝贡关系。据不完全统计，从宋朝开国至淳熙五年（960—1178 年），派遣使节访问中国共越 36 次，贡献方物。[④]其中，爪哇岛的阇婆达国于宋太宗淳化三年（992 年），遣使来贡象牙、珍珠等物。当阇婆国正使陀湛江用船把贡品运到明州（今浙江宁波市）定海县时，宋太宗当即令市舶监御史张肃先优加接待，并赐给大量的金帛及其他贵重礼物。[⑤]宋神宗元丰二年（1079 年）三佛齐占碑使群陀毕罗、陀旁亚里来贡方物，宋神宗封来使群陀毕罗为"宁远将军"，陀旁亚里为"保顺郎将"。绍兴七年（1137 年），三佛齐国王遣使"进贡南珠、象牙、龙涎、珊瑚、琉璃、香料。诏补保顺慕化大将军、三佛齐国王，给赐鞍马、衣带、银器。赐使人宴于怀远驿"。[⑥]从 13 世纪开始，元朝初年的统治者，为确立对周边国家的"朝贡制度"，不惜采取大规模出兵讨伐的方式以获取周边国家对其统治合法性的承认。虽然元朝初期，印尼的新柯沙里王国因将元使右宰相孟琪黥面而导致元军讨伐，印尼一些国家与中国关系交恶，但至元成宗时期，印尼又恢复了与中

---

① 刘昫：《旧唐书》卷一九七《南蛮传》。

② 欧阳修等：《新唐书》卷 222 下，北京：商务印书馆，1955 年。

③ 同上。

④ 江醒东：《宋代中国与印度尼西亚的邦交和贸易关系》，载中山大学东南亚历史研究所编《东南亚历史论文集》，1984 年，第 13 页。

⑤ 脱脱：《宋史》卷四八九。

⑥ 脱脱：《宋史》卷一一九。

国的关系，继续互派使臣来往。成宗元贞元年（1295年）九月，麻若巴歇派使臣来中国访问并赠送礼物，两国的关系从此走上了正常化。据元人周致中的《异域志》记载，中爪哇的辖地莆家龙就常常派使者来中国访问，麻若巴歇在苏门答腊的藩属毯阳、阿鲁、木来由和牙即（即亚齐）等小国亦曾于元贞元年（1295年）、大德三年（1299年）、致和元年（1328年）先后遣使访问中国，并赠送热带物品，元廷也以礼物回赠，互表盛情。[①]

一般认为，朝贡制度是中国历代王朝的对外政策，也是古代中国王朝与东南亚国家之间外交关系的主要表现形式。这种制度的内涵其实是以官方贸易——“朝贡贸易”为主，中国统治者通过对朝贡方“厚往薄来”，即赋予其丰厚的经济利益以维持该体系，使双方的利益形成某种程度上的平衡。可以说，朝贡贸易既是邦交往来，又是两国经贸关系的一个重要纽带。朝贡贸易不仅给东南亚的商人贩卖本国产品获得巨额利润，也给一些华人从事跨国贸易获得良机。资料显示，印尼一些国家由于在与中国进行朝贡时，觉得朝贡中国的手续、礼仪比较烦琐，为适应这种程序，多数是以华人为使者来承担朝贡任务，并开展朝贡贸易，而这些使臣是早已因各种原因迁移和生活在那里的华人。例如，宋淳化三年（993年）十二月，阇婆“朝贡使汎船舶，六十日至明州定海县……今主舶商毛旭者，建溪人，数往来本国，因假其乡导来朝贡”。[②]又如乾道三年（1167年）十月一日，福建路市舶司报告说：“本土纲首陈应等昨至占城蕃。蕃首称，欲遣使副恭赍乳香、象牙等前诣太宗进贡。今应等船五只，除自贩货外，各为分载乳香、象牙等并使副人等前来。继有纲首吴兵，船人赍到占城，蕃首邹亚娜开具进奉物数……诏使人免到阙，令泉州差官以礼管设，章表先入递前来，……”[③]这说明陈应与吴兵不仅在占城贸易，而且还引蕃入贡。注辇国也因有“舟舶商人到本国告称钜宋有天下”，而遣使道贺。[④]这些记载说明，这些商人恰如其分地扮演了贡使的角色。除了代表所在国入贡

① 江醒东：《元代中国与印度尼西亚的关系》，载《学术研究》，1986年第2期。

②《宋史》卷四八九。

③〔清〕徐松：《宋会要辑稿》，北京：中华书局，1981年，第1345页。

④《文献通考》卷332《四夷考九》。

外，一些华商还充当使者，传递中外信息。一些华商受宋政府委托履行外交使命，以致“比年以来为奉使者不问贤否，……多是市廛豪富巨商之子”[①]。熙宁八年宋欲联占城攻交趾，曾“募华商三五人作经略司，委曲说谕彼君长”[②]。元丰六年派使到高丽，也“募商人持牒试探海道以闻”[③]。第二年又“密谕泉州商人郭敌往（高丽）招诱（女真）首领”。有的华商主动为使节打前站。“福建、两浙有旧贩高丽华商，知朝廷遣使，争谋以轻舟驰报。”[④]

（二）华商与香料贸易

香料，即一种有益于人体健康的有机芳香物质，其包括龙涎香、龙脑香、沉香、乳香、檀香、丁香、苏合香、胡椒等等，这些香料普遍产于东南亚、印度、阿拉伯等地。正如赵汝适《诸蕃志》所云：占城出沉香、速暂香、生香、寮香、象牙；真腊出沉香、速暂香、生香、康香、象牙、金颜香、笃褥香、黄熟香、苏木、白豆落；阁婆出沉香、檀香、丁香、降真香、白豆落、胡椒；渤泥出降真香、术帽；三佛齐出安息香、沉香、檀香、降真香；大食出乳香、没药、血喝、苏合油香、丁香、木香、真珠、象牙、龙涎等。

香料贸易早在唐五代时期就已开始进行，如割据福建的王审知、留成效和陈洪进等曾向后梁、后周、北宋朝廷进贡以香料为大宗的贡品。如王审知于后梁开平二年（908 年）向后梁王朝进贡“术帽、琉璃、犀象、瓷器，并珍玩、香药、奇品，色类良多，价值千万”[⑤]。王延彬于永隆四年（942 年）向后晋进贡“胡椒六百斤，肉豆蔻三百斤”[⑥]。王继鹏一次向后

---

①《建炎以来系年要录》卷 171《绍兴五年》。

②《续资治通鉴长编》卷 343《元祐七年》。

③《续资治通鉴长编》卷 341《元丰六年》。

④《续资治通鉴长编》卷 289《元丰元年》。

⑤《旧五代史》卷 4《梁书 · 太祖本纪》，第 4 册，北京：中华书局，1976 年，第 65 页。

⑥ 吴任臣：《十国春秋》卷 92《闽三 · 景宗本纪》。

晋进献贡品中有真珠20斤、犀角30株、副牙20株、香药104斤。[①]延羲时，贡肉豆蔻30斤，胡椒600斤，饼香、沉香、煎香600斤。[②]留从效"遣衙将蔡仲赟等为商人，以帛书表置革带中，自鄂路送款内附。又遣别驾黄禹锡间道奉表，以獬豸通犀带、龙脑香数十斤为贡"[③]。建隆四年（963年）陈洪进向北宋朝贡，"是冬，又贡白金万两，乳香、茶药万斤"，宋太祖平定江南时，"洪进不自安，遣其子文颢入贡乳香万斤、象牙三千斤、龙脑香五斤"。宋代，以至元一代，随着海洋贸易的开展，香料贸易更加兴盛，这些香料被贵族、官僚用来祛除秽气，净化环境，在宗教与祭祀仪式中使用，也作为饮食佐料、医药用品和工业原料。

由于宋朝对香料的需求量较大，香料贸易兴起。宋朝统治者十分重视香料贸易并加强了管理，从而形成了合法贸易和走私贸易的局面，而华商则在这个香料贸易中扮演着重要的角色。在合法贸易方面，《宋会要·番夷》载，福州商人林振"至南蕃贩香药回……内有蕃人你打、小火章阐等名下各有互市香药"。福州商人陈应、吴兵等"除自贩物货外，各为（占城）蕃首载乳香、象牙等及使副人等"。仅吴兵的船为蕃首载香药就达十一万余斤。许多华商从事香料贸易。如福建泉州杨客，为海贾十余年，致费二万万。绍兴十年（1140年）运抵杭州的沉香、龙脑、珠垂珍异，纳于土库中，他香布、苏木不减十余万络，皆委之库外。[④]又如泉州华商陈应、吴兵等到占城贩运货物，载乳香及使人入贡。王元懋于淳熙十五年（1188年）从占城归帆，所载"货物、沉香、真珠、脑麝价值数十万缗"[⑤]。再如当时的广西钦州、邕州博易场与交趾博易香料等物。如钦州博易场"凡交趾生生之具，悉仰于钦，舟楫往来不绝也。……所赍乃金

---

① 吴任臣：《十国春秋》卷91。

②《旧五代史》卷4《梁书·太祖本纪》，第4册，北京：中华书局，1976年，第65页。

③《宋史》卷483《留从效传》，第40册，北京：中华书局，1976年，第13958页。

④ 洪迈：《夷坚志·丁志》卷6《泉州杨客》，第2册，北京：中华书局，1981年，第589页。

⑤ 洪迈：《夷坚志·三志己》卷6《王元懋巨恶》，第3册，北京：中华书局，1981年，第1345页。

银、铜钱、沉香、光香、熟香、生香、真珠、象齿、犀角”[①]。钦州永平寨博易场“交人日以名香、犀象、金银、盐、钱，与吾民易绫、锦、罗、布而去”。[②]在南宋，钦州成为中国西南最大的香料集散地，“光香，与笺香同品第。出海北及交趾，亦聚于钦州”，“笺香，出海南，……出海北者，聚于钦州。”由于钦州作为香料集散地，而从其销售出来的香料，被誉为“钦香”。“舶香往往腥烈，不甚腥者，意味又短，带木性，尾烟必焦。其出海北者，生交趾，及交人得之海外蕃舶而聚于钦州，谓之钦香。质量实，多大块，气尤酷烈，不复风味，惟可入药，南人贱之。”[③]

不过，从史料来看，华商参与香料贸易除了经营合法贸易外，更多的是采用走私形式。北宋范锷曾对这种现象指出：“然海商之来，凡乳香、犀、象、珍宝之物，虽于法一切禁榷，缘小人逐利，梯山航海，巧计百端，必不能无欺隐透漏之弊。”[④]《夷坚志》记载：“绍兴二十年七月，福州甘棠港有舟从东南漂来，载三男子一妇人，沉檀香数千斤。”[⑤]有关这方面的事例，宋天熙三年十月工部侍郎马亮言：“福州商旅林振自南蕃贩香药回，为隐税真珠，州市舶司取一行物货，悉没官。”[⑥]值得一提的是，在走私香料贸易中，泉州的王元懋走私香料贸易时间较长。据洪迈的《夷坚志》记载：“淳熙五年，使行钱吴大作纲首，凡火长之属、图帐者三十八人，同舟泛海，一去十载。以十五年七月还，次惠州罗浮山南，获息数十倍。”[⑦]宋代的广西，其沿华商民走私香料贸易也较为频繁。如绍兴三年十月“广南宣谕明槖奏：邕州之地，南邻交趾……又闻邕、钦、廉三州与交趾海道相连，逐年规利之徒，贸易金香”[⑧]。绍兴三十年十二月，有臣僚

① 周去非著、杨武泉校注：《岭外代答校注》，北京：中华书局，1999年，第31页。

② 周去非著、杨武泉校注：《岭外代答校注》，北京：中华书局，1999年，第52页。

③ 范成大：《桂海虞衡志》，第91页。

④ 李焘：《续资治通鉴长编》，北京：中华书局，1979年，第47页。

⑤ 洪迈：《夷坚志·乙志》，北京：中华书局，1982年，第94页。

⑥ 徐松：《宋会要辑稿》，北平图书馆，1936年，第172页。

⑦ 洪迈：《夷坚志·丁志》，北京：中华书局，1982年，第77页。

⑧ 李心传：《建炎以来系年要录》，北京：中华书局，1988年，第28页。

指出当时有人甚至贿赂钦州管下官吏，拐卖人口，窃近交趾，走私博买杂香、朱砂等物。[①]华商虽然参与走私香料贸易，对当地社会产生了一些消极影响，但同时又有其客观上的积极作用，在一定程度上满足了宋代和东南亚诸国的老百姓各自对于香料的需求，在某种意义上弥补了合法贸易的不足。[②]

在香料贸易中，华商不仅将香料从国外贩卖至国内，还建构了一个连接东亚及国内的香料贸易网络。这种贸易网络即以广东、福建、广西沿海为节点，连接中国内地、东南亚、日本、韩国，甚至触及欧洲的销售市场。

（三）华商与中国商品的外销贸易

自唐以来，中国商品开始大量销往海外，宋元时期形成中国商品外销的高峰，而华商则在中国商品外销中起到重要的作用。

1. 华商与瓷器的外销

瓷器是中国的一大发明，新石器时期陶器就已经出现。到商代，中国江南地区出现了原始陶，至战国和秦汉之际，越人烧制出一种成型、装饰、胎釉等都与原始瓷不同的瓷器，并于东汉时期成熟。[③]唐朝时期，陶瓷技术取得重要进步，并形成了越窑青瓷、长沙窑瓷，以及北方曲阳窑、邢窑白瓷的“三组合”早期贸易陶瓷。唐以来特别是五代时期，中国瓷器通过海路销往海外，华商功不可没。据陶瓷实物考古来看，中国瓷器自唐代始通过明州港对外输出，一条航线直达朝鲜和日本，另一条是从明州出发经泉州、广州，绕马来半岛到达波斯、地中海沿岸和东非各国。[④]东南亚各国是中国陶器出土最多的地方，其显示的年代也是在唐、五代时期（见下表）：

① 徐松：《宋会要辑稿》，北平图书馆，1936年，第110页。

② 夏时华：《宋代香药走私贸易》，载《云南社会科学》，2011年第6期。

③ 朱伯谦：《战国秦汉时期的陶瓷》，载《朱伯谦论文集》，北京：紫禁城出版社，1990年，第14页。

④ 刘伟：《历代外销瓷（上）》，载《收藏家》，2006年第5期。

表 1　东南亚地区出土的中国唐、五代时期的陶器

国家	地点	年代	特征	瓷器产地
菲律宾	巴丹尼示岛、北吕宋、佛老哥海岸、蜂牙照兰等 15 处古遗址	晚唐	瓶类为主，黄绿釉	
		唐	贴花人物壶、叶状褐斑壶和罐	长沙铜官窑
	吕宋岛南部八打雁的劳雷尔遗址	9—10 世纪前期		
	棉兰老岛西北部的武端	9—10 世纪	白瓷钵、青瓷壶和钵、釉下彩画钵和贴花纹水注、青釉瓷及白瓷钵、水注	越窑、华北窑
印度尼西亚	峇里、南苏拉威西等	唐	白瓷	华北窑、越窑、长沙官窑、广东窑系
	南苏拉威西	唐	凤头青水壶	
	雅加达博物馆	唐	唐三彩壶	
	巨港	10 世纪前后	白瓷、青釉瓷青釉决斑瓷的钵、壶、杯、鸟形的盒子	
	爪哇、苏门答腊、苏拉、加里曼丹等岛屿	9—10 世纪	白瓷钵，二彩钵、水注，黑釉白斑壶、水注，青瓷钵、壶、水注，釉下彩画瓷沐、黄釉贴花印纹水注	华北邢窑、巩县窑、定窑、河南鲁山窑、越窑系、长沙铜官窑
	雅加达湾西岸的坦泽让		釉下彩画钵	长沙铜官窑
	雅加达东北段的加拉璀		瓷钵、白瓷钵、有星形无釉部分的釉钵	越窑、广东窑系
马来西亚	吉打（古卡塔哈）	晚唐	绿釉瓷器	
	柔佛河流域的古遗址	唐	青瓷残片	

（续表）

国家	地点	年代	特征	瓷器产地
	彭亨州的瓜拉立卑	唐	四耳青瓷樽	
	沙捞越	唐	浅灰十瓣口青釉瓷碟	
文莱	文莱（渤泥）	唐	灰色胎土的青釉贯耳壶，以线削胎为足	
泰国	猜也蓬地区	9—10世纪	钵、水注、壶等	越窑系
	南部克考、林民波等遗址	唐末至五代	玉璧底碗、大圆底圈足碗	越窑
	洛坤茹鲁（古城的水道）	9—10世纪	瓷器	长沙铜官窑

进入宋朝，陶瓷业不仅得到迅速发展，其质量也大幅度上升，外销逐渐扩大。许多瓷窑成为外销的窑口。如龙泉窑、景德镇窑、德化窑、泉州窑、西村窑和潮州窑等是宋元时期主要的外销窑口。对外输出的瓷器品种主要有龙泉青瓷、景德镇青白瓷、青花瓷、釉里红瓷、釉下黑彩瓷、吉州窑瓷、建窑黑瓷、磁州窑瓷、耀州窑瓷及福建、广东、广西所产的青瓷等。[①]在宋朝，华商积极参与陶瓷外销，无论是大商人还是小商都趋之若鹜。据朱彧的《萍洲可谈》记载："船舶深阔各数十丈，商人分占贮货，人得数尺许，下以贮货，夜卧其上。货多陶器，大小相套，无少隙地。"[②]元朝建立后，其海外贸易规模较宋代有所扩大，元代也是中国瓷器生产的转折期，在品种、窑炉技术等方面都有所发展。元代汪大渊在《岛夷志略》中提到，当时华商以"处州瓷"[③]与"无枝拔""麻里鲁""苏禄""旧港""花面"等地交易，换取当地特产。据《岛夷志略校释》考证，"无枝拔"为现在的马来西亚马六甲一带，"麻里鲁"为现在的菲律宾马尼拉，

① 王晰傅：《古代中国外销瓷与东南亚陶瓷发展关系研究》，云南大学未刊博士论文，2015年，第64页。

② 朱彧：《萍洲可谈》卷2。

③ "处州瓷"即龙泉青瓷。

“苏禄”为现在的菲律宾的苏禄群岛，“旧港”为现在的印度尼西亚苏门答腊岛东南部巨港，“花面”则为在印度尼西亚苏门答腊岛北部的巴达克（Batak）人及其居住地。随着华商及其他蕃商销售陶瓷，东南亚地区存在着大量的宋元陶瓷出土遗迹。如在泰国宋卡府发现有中国11—13世纪的青釉瓷，器形包括盘、碗、罐青瓷，在隆寺发现有11—13世纪的青釉盘。在泰国大城府也发现了元代景德镇窑烧制的青花罐和龙泉窑烧制的青釉罐。此外，在印尼苏门答腊东南海岸和泰国的朗奎宛沉船中都发现了宋元的陶瓷残留，以及在菲律宾的苏禄群岛、宿务岛、棉兰岛等地也出土了大量的元青花。[①]

2. 华商与纺织品外销

纺织品是中国传统的外销产品，汉武帝时就曾派专人携带黄金和丝织品去交换黄支国（今印度）的明珠、璧琉璃以及奇石等物。从海外贸易种类来看，纺织品在宋元海外贸易中是出口量次于瓷器的大宗商品。资料显示，宋朝的纺织品远销海外各国，东到高丽，南到东南亚，西至阿拉伯和欧洲。除官方的贡赐以外，华商是海外获得中国纺织品的主要推动者。在东南亚，宋代的纺织品贸易也占有十分重要的地位，华商将纺织品销往占城、真腊、三佛齐、单马令、凌牙斯、蓝无里、阇婆、渤泥、西龙宫、三屿等地。

宋元丝绸外销，有不同品种。以三佛齐为例：宋为锦绫（即花绸）、缬绢（即五色绢），元朝则有色、丝布、花布，在丝绸之外，又增加了布类。还有宋朝他地所产的丝绸，如建阳锦。元朝还有贩卖外国布的，如阇婆布、西洋布，可以说元代已经开始接触西方的产品，这种种外国布或因回国不便，即由南洋转销他地，为元代外销的商品。[②]

一些东南亚国家十分喜爱并依赖中国纺织品的输入，如真里富国“其所用绯红罗绢、瓦器之类皆本朝商舶到彼贸易”[③]。周去非的《岭外代

① 王晰傅：《古代中国外销瓷与东南亚陶瓷发展关系研究》，云南大学未刊博士论文，2015年，第63页。

② 庄为玑：《泉州三大外销商品——丝、瓷、茶》，载《海交史研究》，1981年。

③《宋会要·蕃夷四之九九》。

答》也云："蛮人得中国红絁子，皆拆取色丝，而自以织衫。"[①]汪大渊的《岛夷志略》所记三佛齐国"贸易之货，用色绢、红硝珠、丝布、花布、铜铁锅之属"。南宋初年，大将张俊曾派一个商人出身的老兵赴海外贸易，其中就有大批彩帛。[②]这些都表明了，中国的很大部分的纺织品由宋元华商销售到东南亚地区。除了东南亚，华商也将中国纺织品销往东亚。北宋徐兢说，高丽之人"不善蚕桑，其丝线织纴皆仰贾人自山东、闽浙来"[③]。商舶用五色缬绢及建本文字博易新罗国的土产。[④]日本人也十分喜爱中国丝织品，"得中国绫绢则珍之"。[⑤]《朝野群载》记载了宋朝商人李充的输日商品单中就有丝织品，"……象眼肆拾疋，生绢拾疋，白绫贰疋。"[⑥]宋元的纺织品还由商人销售到印度等地。爱德利奚曾在其《地理志》记载，"中国商船常至印度巴罗赫（Baroch）印度河口、亚丁及幼发拉底河口诸处。来自中国贩来铁、刀剑、鲛革、丝绸、天鹅绒以及各种植物纺织品。"[⑦]简·迪维斯认为："中世纪期间，中国陶瓷很少进入欧洲，中国丝绸是传统的输入品，它由商人从中国携入。"[⑧]马可波罗的描述中，元时期泉州港的船舶往来如梭，陶瓷和纺织品等货物堆积如山，一个连接东南亚、印度西海岸乃至波斯湾的海上贸易网络已经成形。

3. 华商与其他商品的外销

在唐宋元时期，中药材也是当时华商外销的商品之一。《诸蕃志》"占

①《岭外代答》卷6《安南绢》。

② 罗大经：《鹤林玉露》丙编卷2《老卒回易》，王瑞来点校，北京：中华书局1983年，第269—270页。

③《宣和奉使高丽图经》卷32。

④ 赵汝适：《诸蕃志》"新罗"条。

⑤《葵辛杂识》续集下。

⑥ 转引自李知宴、陈鹏：《宋元时期泉州港的陶瓷输出》，载《海交史研究》，1984年第6期。

⑦ 黄天柱、陈鹏：《泉州古代丝织业及其产品的外销》，载《海交史研究》，1982年。

⑧〔英〕简·迪维斯：《欧洲瓷器史》，杭州：浙江美术出版社，1991年，第7页。

城”条记载，“番商兴贩，用脑、麝、檀香、……等博易”。麝，即麝香，檀香是中国土产的名贵药材，其由海路向占城销售至其他地区。

在宋元朝代，金属制品是中国外销的商品，虽然宋政府对这些商品外销历来有禁令，但华商“往来频繁，金银铜钱、铜器之类，皆以充斥外国”①。尤其是在南宋，“南渡后，舶司岁入充盈，然金银铜铁，海舶飞运，所失良多”②。据《诸蕃志》《岛夷志略》等古籍记载，宋元时华商以金银货易的国家有：占城、三佛齐、真腊、单马令、佛罗安、兰无里、阇婆、西龙宫、麻逸等。华商运往占城销售的金属制品有铅、锡、金银首饰，运往真腊销售的金属制品有金银，运往阇婆销售的金属制品有铜钱、金银、金银器皿、铁鼎等，运往渤泥的金属制品有货金、货银、铁器等，运往文老古的金属制品有银、铁，运往古里地闷销售的金属制品有银、铁，运往麻逸销售的金属制品有货金、铁鼎、乌铅，运往苏禄销售的金属制品有赤金、花银、铁条等。

宋元时期，浙江两广农副产品作为出口的商品，这些产品主要有米、糖、酒，还有茶、盐等物，华商在销售这些农副产品方面也扮演着重要的角色。东南亚的三佛齐、单马令、凌牙斯、佛罗安、渤泥等国家和地区都向中国进口稻米，以至两浙的“沿海州县，如华亭、海盐、青龙、顾迳与江阴通泰等处名豪广收米斛，贩入诸蕃，每一海舟所容不下，或南或北，利获数倍”③。两广是米粮产区，也有一定的出口，“常岁商贾转贩，舶交海中”④。广西钦州等地是稻米出口的一个重要口岸。为了减省路程和手续，广西曾要求取消关于稻米等商品的出口先往广州市舶司请公凭的规定，以至广西贩易者日众。⑤闽广两路都有蔗糖出口，尤以福建为多。占城、三佛齐、单马令、真腊、佛罗安等国都从中国进口蔗糖。⑥布瑞

①《宋会要·蕃夷四之九一》。

②《宋会要·刑法二之一四四》。

③《宋会要·食货三八之四四》。

④《朱文公文集》卷25《与建宁诸司论赈济札子》。

⑤ 黄纯艳：《宋代海外贸易》，北京：社会科学文献出版社，2003年，第252页。

⑥《诸蕃志》卷上。

（Bray）在其《中国农业史》书中谈到，“宋代时，福建已建立糖业，福建所产的蔗糖不仅远销中国各地，且也远销东南亚”①。东南亚诸国当时尚“不产茶”，“彼之所阙者，如瓷器、茗、醴之属，皆所愿得”②，西龙宫和日丽等地区就进口中国茶叶。③单马令、西龙宫还进口中国食盐，但进口量不大。④

结语

中国古代海洋贸易经历了滥觞期、发展期和繁荣期，华商在其中扮演了重要的角色。海洋贸易时代的滥觞期，主要是指夏商至春秋战国时期。据资料显示，中国人很早就从事海上贸易。海洋贸易时代的发展期主要是指秦汉至南北朝时期。这个时期主要的是汉武帝海上丝绸之路的开辟，即开辟了从徐闻、合浦到斯里兰卡的海上线路，华商携带着商品远航到东南亚甚至更远的贸易区域。海洋贸易时代的繁荣期是指隋唐至宋元时期。隋唐是中国封建王朝的发展期，其海外贸易发生了空前的变化，而宋元在唐代的基础上，其海外贸易实际上成为当时中国对外贸易的主要途径。这一时期，从事海外贸易的华商结构发生了变化，既有以往专门从事海外贸易的商人，也出现了沿海的农户和渔民，甚至还有官吏、军将和僧人加入到华商队伍之中。

① 〔英〕Bray:《中国农业史》，北京：商务印书馆，1994年，第23页。

② 《宋会要·刑法二之一四四》。

③ 《诸蕃志》卷上。

④ 黄纯艳:《宋代海外贸易》，北京：社会科学文献出版社，2003年，第254页。

An Analysis of Chinese Merchants in the Era of Ancient Maritime Trade

Zheng Yixing
(Guangxi University for Nationalities / Guangxi Research Center for Overseas Chinese Hometown Culture, Nanning, China)

Abstract: Since ancient times, China has exhibited traces of maritime activity, and the emergence of seafaring vessels accelerated the development of maritime trade. The period from the Xia and Shang dynasties to the Spring and Autumn and Warring States periods marked the nascent stage of maritime trade. The Qin and Han dynasties to the Northern and Southern dynasties witnessed the growth phase of maritime trade, characterized primarily by Emperor Wu of Han's establishment of the Maritime Silk Road. This route extended from Xuwen and Hepu to Sri Lanka. After a period of development, overseas trade entered a flourishing phase from the Sui and Tang dynasties till the Ming dynasty. Due to the eastern incursions of Western colonizers, the era of maritime trade transitioned into a period of transformation.

Keywords: Ancient; Maritime Trade; Era; Chinese Merchants

马来西亚海南咖啡店沿袭变革及对饮食文化的影响[1]

周雅慧　祝家丰[2]

【内容提要】迁徙与移动是人类的天性。中国近代华南华工于18世纪至20世纪初大量远赴东南亚，初期以侨居为主，并未涉政或购置产业，而在商业尤其是饮食业领域略有成绩，创办诸多老字号。其中马来西亚琼籍华人凭着早期在英籍家庭帮佣及船上工作经验，将海南咖啡等产品发展成特色饮食，“海南咖啡店”因价廉物美深受各族喜爱。马哈迪与阿都拉主政时，马来西亚城市化因国家重工业计划和2020年宏愿计划得以加速，大量人口涌进城市冲击了传统海南咖啡店，致其面临淘汰。但部分华商以城市人口尤其是年轻人需求为导向，创新传统海南咖啡店之饮品食物、优化店面，将其转型为连锁咖啡店，开辟商机并融合其他族群饮食文化，成功为传统咖啡店带来新的发展契机。本文通过个案研究剖析此变迁转型，探究海南咖啡在马来西亚的变革路径及在饮食文化演变中的角色与动因。

【关键词】马来西亚琼籍华人；海南咖啡店；城市化；饮食文化

一、琼籍移民与海南传统咖啡店

马来西亚与新加坡的咖啡店和海南人移民南洋有着密不可分的关系。

---

① 基金项目：2022年度海南师范大学教育教学改革一般项目“海南自贸港建设背景下的大学东南亚语教学改革研究”（项目编号hsjg2022-09），在海南热带海洋学院于2024年12月初举办的“第四届东南亚与中国论坛”年会上宣读。

② 作者简介：周雅慧，海南师范大学外国语学院马来语讲师，研究方向为海南与马来西亚文化交流、马来世界华侨华人；祝家丰，马来亚大学中文系荣休副教授，研究方向为马来西亚华文教育、政治发展和族群关系。

“海南咖啡”“海南烤面包”“海南咖椰”与“海南面”可说是战前新马家喻户晓的美食称谓[①]。新马华人移民的职业特色是同一种方言群体经营共同的行业，此趋向与早期华人的移民模式有关。虽然早在1830年就有海南岛的帆船到槟城经商，可是到了19世纪中叶，海南人才开始移民马来亚[②]。清政府于1859年解除海外渡航禁令可说是直接促成了华南地区，包括海南岛兴起下南洋的浪潮。此外，17世纪初至19世纪期间西方列强在东南亚各国开发经济资源和进行殖民，招募了许多中国劳工，这也是中国人迁移来南洋的其中一个重要原因。海南人大批迁徙马来亚是在1926年至1930年间，当时福建和广东两省政治混乱，内乱蔓延到海南岛，人民生活困苦且不安定，所以年轻人多数投奔南洋各地。早期南下的海南人主要为男性，他们秉持落叶归根的心态来到马来亚寻找生计。因此他们没有携带家眷，单枪匹马下南洋，希望赚到钱后便回归家乡。那些单身的海南男生到了适婚年龄，往往会选择回到海南岛和当地的女性结婚，然后再只身回到马来亚。到了1935年以后，海南移民的性质稍有不同，他们多数携带妻儿同来，或申请妻子南来，因为他们已有永久居留马来亚的打算[③]。

海南人南下马来亚的历史比其他省籍的人要迟得多，这从最早海南会馆的设立远比别省籍之会馆更晚可见一斑[④]。由于抵步较晚，重要的经济领域与盈利多的行业已被其他籍贯的华人占据，海南人只能当劳工，如餐馆酒店的服务员、英国家庭的佣人和海员；即使后来从商，亦只能开咖啡店、面包店、理发店、小客栈之类的服务行业。早期许多海南人在洋人家庭工作，学会了泡咖啡和烧烤面包的方法并从中得到灵感，其后他们辞工

---

① “海南咖啡”在新马享有盛名，但福州人自华人移民早期也已涉足咖啡业，尤其在后期福州人更超越了海南人。无论如何，福州人的咖啡店特色与知名度逊色于海南人的咖啡店。

② 吴华：《海南人移民马来西亚的历史与社会活动》，载《马来西亚海南族群史料汇编》（上册），吉隆坡：马来西亚海南会馆联合会，2011年，第258—263页。

③ 吴华：《海南人移民马来西亚的历史与社会活动》，载《马来西亚海南族群史料汇编》（上册），吉隆坡：马来西亚海南会馆联合会，2011年，第258—263页。

④ 蔡葩等：《海南华侨与东南亚》，海口：海南出版社/南方出版社，2008年，第59页。

自创咖啡摊或咖啡店[①]。开创咖啡店这行业所需的资本不多，有鉴于早期海南人经济薄弱，因此开咖啡店是一条很好的出路。此外，当时新马店屋的租金便宜，家庭里的成员或亲人又可作为咖啡店的最好帮手，这些都是促成他们投身此行业的因素。因此经营咖啡店和鸡饭店是新马海南人独特的传统行业[②]。20世纪的30年代初期至70年代是海南人开设咖啡店、旅店及酒楼旅馆的一个高峰期。

马来亚于1957年独立前，虽然福州人亦大量经营咖啡店，但只有海南咖啡在新马享有盛名。究其原因，海南咖啡的香醇与可口正是它吸引顾客之处。为何海南人能泡出一手好咖啡？咖啡头手的素质是关键，早期的海南咖啡店都聘用海南人为头手，他们有一套特别的泡咖啡手法。在还没冲咖啡前，咖啡杯必须加温烫热，所用的毛织布袋，也要用开水淋湿，再将水分沥干，过后才将咖啡粉放入袋中，然后徐徐绕圈倒入滚烫的开水，沥出的咖啡一定香醇美味[③]。另外，海南咖啡店很注重炒咖啡豆的方法与过程。早期这些海南咖啡店头手不但要泡咖啡，还要负责烘炒咖啡豆。一般炒咖啡豆的方法是将糖、咖啡豆和牛油一起炒，以这种炒法炒出来的咖啡味浓但不香。后来，新加坡著名咖啡店"卫生园"一名叫丁积耀的海南头手发明了一种方法，即将咖啡豆炒至八成熟，然后才加入糖和牛油一同炒。这样的咖啡泡出来不但浓且香，过后其他海南咖啡店的头手也都学了这功夫[④]。

早期的海南咖啡店都是以家庭方式经营，主要靠咖啡、面包、半生熟蛋和糕点为主要卖点。由于海南咖啡店所提供的这些饮料和食物既便宜而且分量足够，因此很受劳动阶层人民的青睐。海南人所经营的咖啡店都遵

① 王兆炳：《海南人与咖啡店业》，载莫河主编《海南社会风貌》，新加坡：武吉智马琼崖联谊会，2005年，第247—251页。

② 吴华：《马新海南人独特的传统行业》，载《马来西亚海南族群史料汇编》（上册），吉隆坡：马来西亚海南会馆联合会，2011年，第509—510页。

③ 冯业兴：《具本地色彩的混合咖啡》，载吴华主编《近看乡情浓——柔佛州海南族群资料专辑》，新山：柔佛州16间海南会馆，2009年，第359—363页。

④ 吴华：《马新海南人独特的传统行业》，载《马来西亚海南族群史料汇编》（上册），吉隆坡：马来西亚海南会馆联合会，2011年，第509—510页。

循“薄利多销”的原则，主要是为劳苦大众服务，而且多数开设在下层民众聚居的地方。早期的海南咖啡店设在华人为主的地区，可是随着商业竞争和人口流动等因素的影响，这类咖啡店都纷纷在马来西亚各个城市和乡镇设立起来。这些咖啡店依然是继承着早期新加坡海南咖啡头手[①]泡咖啡和炒咖啡豆的方法，所以香醇海南咖啡的味道还是到处可闻。在马来亚独立前后，海南咖啡店的顾客群都是多元民族的，随着马来西亚政府于20世纪80年代初期加大力度推行伊斯兰化政策，穆斯林民众（马来人）大量减少光顾华人咖啡店[②]。尽管如此，有些乡镇的海南咖啡店由于老板一直以来都不卖以猪肉为佐料的包点和面食，因此马来人继续到来光顾。传统海南咖啡店虽然面对各种挑战和接班无人的问题，但现今马来西亚各地依然还有一些著名的海南咖啡店。霹雳州的怡保除了驰名的南香茶餐室，新源隆茶餐室亦是客似云来。吉隆坡则有南镒茶餐室、京城茶餐室、何九茶餐室；丁加奴州甘马挽的海滨咖啡茶室一样闻名全国[③]。这几家咖啡店拥有悠久的历史，有的已进入第三代经营，因此它们可说是马来西亚咖啡店业的老字号。这些著名的海南咖啡店都是以传统的咖啡、烤面包、半生熟蛋和奶茶为号召，再加上其他的马来西亚美食如马来椰浆饭、虾面和云吞面供顾客选择。

除了驰名的海南咖啡和烤面包，传统海南咖啡店还有另一项值得保留的传统，那就是浓郁的人情味[④]。海南人重视乡情，这股情怀在新马一带到处可见。凡是海南人开的咖啡店，对操乡音的同乡顾客总是特别热情，

① 这一词在新马两地的意思一般是指经验资深、技术过硬的员工，在咖啡店中指的是擅长冲泡咖啡的头号员工。

② 当马哈迪医生于1981年就任马来西亚首相后，他积极推行伊斯兰化的国策并把伊斯兰的价值观和圣训注入国家的行政。这样的国策进一步强化了穆斯林群体的伊斯兰意识，因此他们非常在意所食用的食物是否符合清真规格。他们对于华人所经营的餐馆和咖啡店，是否能提供清真食物往往存有疑虑，所以他们一般上都不光顾华人的食店。

③ 温逸敏：《探马来西亚海南人与“kopi”文化的建构》，载《马来西亚海南族群史料汇编》（上册），吉隆坡：马来西亚海南会馆联合会，2011年，第492—497页。

④ 蔡葩等：《海南华侨与东南亚》，海口：海南出版社/南方出版社，2008年，第39页。

招呼热切，咖啡与茶水及鸡饭分量十足，价钱优惠。如果遇到外地同乡手头拮据，甚至半卖半送，有时还奉上旅费，让异乡人有宾至如归的感觉。此外，有鉴于海南咖啡店的员工多数是海南亲人或同乡，老板除了把店员当亲戚外，还把年轻的店员当作自己的侄子，把同辈的店员当兄弟。海南老板往往有一种观念，这些“后生”离乡背井到南洋，没有父母在身旁，自己身为同乡长辈，不去照顾这些“后生”，还能指望谁去照顾？店主有时是代行为人父母的职责，不仅关照年轻店员的起居、工作，还关心他们的私生活，将来还得代为安排他们的婚事[①]。诚然，早期新马一带的海南咖啡店，不仅是南来海南同胞谋生处，也是联络所、桥梁乃至跳板，因此海南人的“来番”史，可说是和咖啡店分不开的[②]。

二、马来西亚的经济发展与城市化

20世纪70年代前，马来西亚经济以农业为主，依赖各种初级产品出口。1969年该国所发生的华巫种族冲突催生了新的经济政策。执政的国阵政府为了扶植马来人的经济地位，采取了国家介入经济的策略，以让马来族群分享经济蛋糕。为了扩大经济效益，马来西亚政府在70年代以来不断调整产业结构，大力推行出口导向型经济。因此电子业、制造业、建筑业和各种服务业发展迅速。在80年代初期，主政的第四任首相马哈迪医生更推出发展重工业和汽车业的经济政策，以策动经济的蓬勃发展。虽然80年代中期马来西亚受到世界经济衰退影响，经济一度下滑，而后该国采取刺激外资和私人资本等措施，经济明显好转。自1987年起，马来西亚经济连续10年保持8%以上的高速增长。

在1971—2000年期间，马来西亚从一个原料出产国转化为一个新兴的多元工业经济体。因此，它可说是成功从传统农业型经济转型至现代工业出口经济并把其出口结构多元化，促进工业化以降低贸易波动的影

① 蔡葩等：《海南华侨与东南亚》，海口：海南出版社/南方出版社，2008年，第38页。

② 王兆炳：《海南人与咖啡店业》，载莫河主编《海南社会风貌》，新加坡：武吉智马琼崖联谊会，2005年，第247—251页。

响[①]。马来西亚的经济成长主要依赖制成品出口，尤其是电子产品。纵观以上的经济发展轨迹，笔者可以概括地说马来西亚在很短的时间内就基本上实现了工业化。这种工业化的主要特征是外资投资主导型，外资投资不仅为马来西亚工业化提供了资金来源，还带动了马来西亚产业结构的调整和就业结构的改善[②]。除此以外，经济发展所带来的资本亦催化了城市化进程。

马来西亚的城市化过程中见证了大量的乡区人口向城市地区迁徙。其中城市人口比例从 1970 年的 28.4% 增加至 1980 年的 34.2%，又从 1991 年的 50.7% 增加至 2000 年的 61.8%。从 1970 年到 2000 年马来西亚的城市人口从 2,962,795 人增加至 13,725,605 人，增加了 4 倍[③]。到了 2010 年底，马来西亚的城市人口激增至占全国总人口的 71%，只有 29% 的人口居住在乡区[④]。城市化在近年来进一步加速，马来西亚 2015 年的城市人口为 2270 万，占全国总人口的 74.3%，而乡区人口只占有 25.7%。在族裔人口分布方面，华人居住在城市地区一直是领先其他族群。城市化浪潮更进一步使华人集中在城市，2017 年统计局的数据显示 90.9% 的华裔居住在城市地区，仅有 9.1%的华裔住在乡村地区[⑤]。

马来西亚的人口向城市流动主要为经济发展所策动，城市和城市周边的蓬勃发展吸引了成千上万人口到来。除了华人外，马来人与印度人也被城市化的浪潮所吸引。马来西亚的新经济政策在 1971 年后造就了大量的马来年轻人和马来中产阶级来到城市并成为都市居民。政府也积极鼓励马来人都市化，并特别打造各种适合当地穆斯林使用的基建，如清真寺。在这项政策主导下，马来西亚之前一直促进以华人为主的城市都发展为族群

① 连慧慧：《马来西亚的经济概况、发展和计划》，载连慧慧主编《当代马来西亚：经济和金融》，吉隆坡：马来西亚华社研究中心，2016 年，第 1—48 页。

② 张继焦：《亚洲的城市移民：中国、韩国和马来西亚三国的比较》，北京：知识产权出版社，2009 年，第 134 页。

③ 张继焦：《亚洲的城市移民：中国、韩国和马来西亚三国的比较》，北京：知识产权出版社，2009 年，第 137 页。

④《东方日报》，2011 年 12 月 23 日。

⑤《东方日报》，2018 年 2 月 29 日。

结构更趋平衡的都会。如此的城市化进程对一个多元文化国家，可谓是朝向一个族际交往频密和打造一个民族和谐社会之目标前进。因此，马来西亚新城镇的各种设施和商业区的规划，都是适合各种民族使用与鼓励各族群的企业家到来营业。

三、城市化与传统海南咖啡店的没落

随着经济的发展和城市化进程的推进，马来西亚传统的海南咖啡店面临严峻的挑战。许多华裔人口在发展洪流的带动下大量向城市迁移，这是因为城市化带来了各种各样的就业机会。政府在城市化过程中，投入大量资金来开发新型工业和发展各种产业，因此各行各业都呈现了欣欣向荣的景象。此外，外资的涌入亦带来新的工作职位。马来西亚政府在推进城市化过程中颇注重各城市的基建和住宅区的设立。私人开发商也加入发展城镇和其周边地区，尤其是商业区的开发以获取丰厚的盈利。所以新城镇的开发一般上都涵盖了设立舒适的住宅区、大型的商场、消费与消遣场所。年轻人为了寻找更多的就业机会和较高品质的生活，都往城市地区迁徙。另一方面，由于农村的经济多依赖农产品的价格而深受国际经济的影响，农民的收入并不稳定。乡镇的生活水平不高，工作又辛苦，因此进入 90 年代华裔年轻人已不务农，马来西亚需依靠外籍劳工来填补这领域的人力短缺。

马来西亚的城市化进程造成农村大量流失居民，农村的经济活动也深受影响。传统海南咖啡店面由于大多设立在城乡结合区，也因此不可避免面临顾客群萎缩的问题。此类咖啡店只能挣扎求存，其店主只是做少许的生意以糊口。原本这些传统海南咖啡店也做马来族群的生意，但在政府大力推行新经济政策下造成大量马来人，尤其是年轻和中产阶级的马来人均迁移到都市，这造成其客源进一步减少。

除此以外，传统海南咖啡店亦需面对其他挑战。首先，早期的海南人不但思想保守，而且经商方式守旧，鲜有长远的计划。他们经营咖啡店致利后，大都汇款回海南家乡，广置田地巨宅，以便日后“落叶归根”，安享晚年。虽然海南人在早期执咖啡店事业的牛耳，但在进入 70 年代后其他籍贯人士尤其是福州人大量进军咖啡店业。他们以崭新姿态设立的咖啡馆亮相，一时顿成迎合潮流与深受年轻人喜爱的消遣场所。此外，外族人士如马来人和印度人亦加入这行业。这使到咖啡店行业竞争日益剧烈，传统海南咖啡店也因此流失了许多友族的顾客群。

再者，海南先辈及后辈均极为重视子女教育，虽然其子女曾在咖啡店里帮忙，但因父辈督促与他们勤于学习，因此在70、80年代他们当中有许多已成为专业人士。他们无意愿接手和继承父辈的咖啡事业，所以传统海南咖啡店往往面对无人接班的棘手问题。许多传统海南咖啡店，尤其是在乡镇地区的，往往只经过一代人的经营。在年老与城市化所造成的人口迁徙之冲击下，顾客群日益减少，这些海南咖啡店主就选择结束营业。

第三个挑战是新型与连锁咖啡店的出现造成传统海南咖啡店大量流失顾客。这类咖啡店是在城市化进一步深化之际，于90年代后期开始大量在马来西亚的各大城市涌现。随着马来西亚的经济在前首相马哈迪主政时以发展大型计划为主轴下取得长足的发展，人民的消费能力也进一步提升。这些新型咖啡店和连锁咖啡店所售卖的咖啡和食品都比传统咖啡店贵，可是其提供舒适的环境、餐饮种类繁多和高品质的服务，因此得到在城市里就业的年轻群体的青睐。在城市化大浪潮冲击下，由于缺乏资金和变革的策略，许多传统海南咖啡店只能在城市的一隅默默求存。只有少许的海南咖啡店主能在其子女的协助下成功把传统海南咖啡店转型为连锁咖啡店。

四、个案研究：从“南香黑咖啡”到“旧街场白咖啡”的品牌创建

马来西亚的山城怡保除了景色宜人外，其美食也一样令游客回味无穷。外地的游客到此地一游后都会品尝驰名的芽菜鸡，并喝上一杯香浓的海南咖啡。此地南香茶餐室所卖的咖啡和烤面包远近驰名，茶客络绎不绝。它是马来西亚咖啡店的老字号，至今已历经三代。在1936年左右，海南人吴坤儒从中国海南岛南下马来亚。他替人打杂工有了积蓄后才于1958年在怡保旧街场开设南香茶餐室。这是一家传统及家庭式的咖啡

店，家里的成员都需辛勤地付出以维持此店。由于吴家的子女自小就在店里帮忙，这让他们有机会学习炒咖啡和泡咖啡的手艺并让他们以后能继承咖啡店。一路走来，吴氏家族这门传统咖啡店生意，就这样经历了三代。从第一代的“创”、第二代的“守”到第三代的“闯”，吴家最终打造出著名的“旧街场白咖啡”事业，也把“黑咖啡”转型为“白咖啡”。

早期的南香茶餐室只是以售卖咖啡饮料、烤面包和半生熟蛋为主。南香茶餐室的创办人吴坤儒很注重咖啡的品质与口感，因此一直秉持着现炒现卖的态度，以保持咖啡的香浓和新鲜程度。吴老先生也自创了独门的白咖啡秘方，也因而让南香咖啡店闻名[①]。到了第二代接班人吴家健接掌该店时，“南香”已是怡保旧街场街坊邻里心中的老字号。1969 年嫁给吴家健的周坤玲，一脚踏入吴家，就踏入南香茶餐室的门槛。她从此和丈夫守住家翁创下的祖业，一门心思打理这门生意。吴家健夫妇接手生意后便重整业务，打破保守的经营模式，把店面租给贩卖各类食品的档口。此外，眼看自己炒咖啡豆和制作咖啡粉的工作繁重，但利润不多，于是他们改向其他咖啡商购货，停止自制咖啡粉[②]。当时虽然茶餐室的生意好，但市民生活水平不高，一杯黑咖啡（Kopi O）只卖 1 角 5 分，因此一天的盈利也只有几十块钱。在这种情况下，他们尽力维持南香茶餐室的生意以养家糊口。

真正把南香茶餐室的咖啡发扬光大的是吴家的第三代接班人，即是吴家健夫妇的独生子吴清文。他从小便在父亲的咖啡店长大。据他母亲周女士指出，因为他长时间与咖啡接触，耳濡目染使得其喜爱自己冲调咖啡和奶茶，对咖啡情有独钟也很有研究[③]。他中学毕业后去攻读会计，还没毕

① 白咖啡是一种比较纯正的咖啡，与黑咖啡不同。指的是在烘炒过程中，经中轻度低温烘焙及特殊工艺加工后大量去除咖啡碱，去除高温炭烤所产生的焦苦与酸涩味，将咖啡的苦酸味、咖啡因含量降到最低，甘醇芳香不伤肠胃，保留咖啡原有的色泽和香味，口感爽滑纯正，颜色比普通奶咖更清淡柔和，呈现出淡淡的奶金黄色，故得名为白咖啡。

② 冯静敏：《OldTown 咖啡三代飘香》，载《星洲日报》元旦年刊，2012 年 1 月 1 日。

③ 温逸敏：《探马来西亚海南人与“kopi”文化的建构》，载《马来西亚海南族群史料汇编》（上册），吉隆坡：马来西亚海南会馆联合会，2011 年，第 494 页。

业就想到外国增长见识。开明的周坤玲，欣然接受孩子往外闯。因此他19岁时就到德国寻找生计，两年后返回马来西亚。在德国工作时，外国的饮食业发展使其大开眼界，也让他领悟到，外国人今日做的是为了一辈子的事业，他们有一套计划，只要售出一个概念，就能坐享其成赚大钱。这对他往后的创业起了很大的启发。回到家乡怡保后，吴清文就在其母亲的资助下在南香茶餐室对面开了另一间咖啡店。周女士希望儿子能冲出怡保旧街场，创立自己的品牌并闯出另一片天。

吴清文在经营咖啡店的空隙，一直没放弃要把其咖啡事业进一步拓展。他对祖传的白咖啡秘方深感兴趣，经过钻研改良，终于在1999年配制出口感独特的三合一白咖啡。为了将旧街场白咖啡发扬光大，他进一步首创了三合一即溶白咖啡。于同一年创立了白咖啡有限公司（White Café Sdn. Bhd.），成为马来西亚首家大规模生产旧街场白咖啡的公司。并成功打造旧街场（OldTown）品牌，这成为他生意的重要转折点。如此一来，旧街场白咖啡则获得宝贵机会，从小镇居民独享的饮品，推介至马来西亚各地并迅速成长为该国首屈一指的白咖啡品牌。为了使其产品继续受到顾客的青睐，该公司持续不断开拓新产品并推出了各种口味的咖啡以迎合大众口味和市场需求。目前其公司的即溶冲泡系列有三合一经典白咖啡、三合一榛果白咖啡、三合一蔗糖白咖啡、三合一冰冷白咖啡、三合一白奶茶以及二合一无糖白咖啡。诚然，该公司成功可归功于采用传统秘方和新颖的科技并打造属于自己的品牌，因此受到大众的喜爱。

其实，根据吴清文的说法，白咖啡有限公司的成功亦有其心酸的一面。当三合一旧街场白咖啡产品首次面世时，马来西亚正面临1998年亚洲金融风暴后的不景市道。为了推介其产品，他需硬着头皮，带着产品挨家逐户去叩经销商的门；而往往只获得对方“购入少少货试试看”的机会[①]。但该次的金融危机也给他的事业带来契机，那时人人都不想做生意，反而让他这门小生意有成长的空间。他的新产品一进入市场意外地迅速畅销。当时该公司的规模较小，包括自己在内只有三名员工，因此从出

① 冯静敏：《OldTown 咖啡三代飘香》，载《星洲日报》元旦年刊，2012年1月1日。

产、包装到送货，都由他一手包办。但对他助益最大的还是其祖父所创立的南香茶餐室，成为促销其产品的最早和最佳场所及事业的根基。南香茶餐室那一杯远近驰名的咖啡，让他所配制的旧街场白咖啡产品能在市场上引起顾客的共鸣。事缘南香茶餐室是老字号咖啡店，有许多游客到来光顾，他们在店里喝过富有南洋道地风味的香浓白咖啡后，非常喜爱。当看到店里有卖三合一白咖啡，他们就当手信买回去和亲友分享。这样的免费宣传更可把他的产品带到马来西亚各地乃至外国。

2005年可谓是吴清文的第二个生意契机。当时他和李氏兄弟在怡保花园的南区创办了首间“旧街场白咖啡馆”（Oldtown White Coffee），这是一间有南洋风情和创新风貌的咖啡馆。首间“旧街场白咖啡馆”最初只作为应酬客户的地点，不料却客似云来，于是他们就索性打开大门，做起生意来了[①]。这就是旧街场白咖啡连锁生意之创业和起步的开始，尤为重要的是它带起了马来西亚新式咖啡馆的潮流。它第一年就在马来西亚各地迅速开办了80多间连锁新式咖啡馆，创下外人眼中不可小觑的业绩。吴清文所经营的新式咖啡店，延续了海南人著名且独特的咖啡事业，也保存了传统海南咖啡店的风貌。例如他把其祖父咖啡店的青花陶瓷咖啡杯和云石桌椅引进咖啡馆。与传统咖啡店相比，他的咖啡店售卖更多样化的食物。除了传统海南咖啡店所售卖的食物，如咖啡、面包、半生熟蛋等，也售卖各式各样的面食、三明治和椰浆饭等，提供给消费者更多的选择。

吴清文的咖啡事业从早期的开设咖啡店、生产咖啡粉到投身饮食业（开创旧街场白咖啡的连锁生意）可说是彰显了海外华人企业家艰辛创业的历程。他并不满足于马来西亚国内的市场，2008年他开始进军新加坡并开设新店。其旧街场白咖啡集团的主要业务分为饮食业务和经营快速消费品（制造与行销白咖啡产品）。为了使其咖啡事业能进一步扩展，他的集团于2011年7月13日在马来西亚交易所主板上市。上市过后，他积极向海外市场拓展其咖啡版图。截至2017年，该集团在全球共有232间分

① 温逸敏：《探马来西亚海南人与“kopi”文化的建构》，载《马来西亚海南族群史料汇编》（上册），吉隆坡：马来西亚海南会馆联合会，2011年，第494页。

店[①]。分布在中国、新加坡、印尼、澳大利亚等国家。吴清文非常看重中国的业务，其 14 亿人口的庞大市场将是旧街场白咖啡集团的主要增长推动力。因此他积极在中国拓展三合一饮料产品为主的快速消费品业务。他也看好韩国与越南的新兴市场。早在 2007 年他的集团便创下马来西亚最大连锁咖啡店的记录，获"马来西亚纪录大全"颁发荣誉认证。由 2010 年起旧街场白咖啡就荣获马来西亚布特拉（Putra）卓越品牌大奖的肯定。2012 年再次荣获最具有保证品牌金奖和卓越品牌银奖。在国际上，其最引以为傲的就是 2011 年与 2012 年连续两年蝉联由《亚洲周刊》主办的"亚洲二十大卓越品牌大奖"。此奖项只颁发给最具影响力的亚洲品牌，旨在使亚洲相关品牌独特的企业文化与品牌故事享誉全球。

五、海南咖啡品牌的创建和连锁咖啡店对华人饮食文化的影响

马来西亚华人的先辈来自华南地区，在海南咖啡店迁徙过程中带来了闽粤的饮食习惯。时至今日许多华人家庭还依然继承着闽粤的烹饪方式和菜肴。但在多元文化的马来西亚，有鉴于族际交往的频繁，华人的各种习俗发生了涵化或在地化现象。此现象在峇峇娘惹及土生华人的生活习惯里最为显著。华人所经营的咖啡店亦受到影响。如早期的传统海南咖啡店一般只卖咖啡、奶茶、烤面包、包点与半生熟鸡蛋，但后来的华人咖啡店引进了友族同胞的马来椰浆饭和糕点。

马来西亚在经济发展和城市化进程中给人民带来了经济、生活水平与品味的提升，人们不再为了要求温饱而消费。如今人们消费的不只是一杯咖啡而已，更注重包括舒适的环境空间、多样化以及品牌的选择等。2000 年后开始设立的连锁咖啡店不只冲击了传统海南咖啡店，它亦影响了华人的饮食文化，尤其是咖啡文化。这类咖啡店所提供的不只是食用早餐或喝下午茶的场所，还是顾客们谈生意的场所。传统海南咖啡店的顾客一般上除了用早餐和下午茶外，还有一些退休人士顾客群体到来闲聊和打发时

① 参照咖啡网 2017 年 4 月 3 日资讯，网址 https://www.gafei.com/kafeibiji-97578。

间。连锁咖啡店的舒适环境不仅吸引年长者，年轻人更是喜欢光顾以联络彼此的感情。它也是城市的白领阶层人士在劳累工作一天后到来与朋友聚会畅谈的场所。

连锁咖啡店随着都市人口结构之变化，尤其是马来人的都市化，纷纷卖起清真食品。它们所售卖的食物更多元以迎合马来西亚的三大顾客群。各种辛辣的食物如马来椰浆饭、爪哇面、咖喱面、东炎面与马来糕点已成为连锁咖啡店的卖点。除此以外，为了使连锁咖啡店更能吸引顾客，业者亦把马来西亚各地著名的美食引进其店。例如槟城驰名的炒粿条、虾面，马六甲的海南鸡饭，华人的云吞面等食品都发展成为连锁咖啡店的热点美食。另外为了配合年轻顾客的口味和喜爱，各种冷饮和果汁都是菜单里的重要饮品。这些食物和饮料皆不是华人传统咖啡店所售卖的食品，华人顾客也不再局限于传统的咖啡和烤面包。久而久之，连锁咖啡店所售卖的食品开始影响都市华人的饮食文化。马来西亚的华人已不再只是食用闽粤餐饮，同样也喜爱友族的辛辣食物。

以前在马来西亚的华人传统咖啡店，一杯咖啡或奶茶和烤面包、半生熟蛋仅仅是三餐的配角。华人一般只到来这类咖啡店享用早餐和下午茶，但自从连锁咖啡店在都市地区林立以后，一些华人的午餐，乃至晚餐就在这舒适的咖啡店里享用。所以华人除了去传统的餐厅食用晚餐，连锁咖啡店也开始是他们的选择之一。华人家庭往往也会带其家庭成员到来用餐。这类西式餐厅未提供筷子，因此华人使用刀叉来享用其食物。该咖啡店没有供应中国茶点，当地华裔年轻人则更加青睐于所售卖的各式鲜榨果汁。有别于华人传统餐厅，连锁咖啡店所供应的餐食都是单人分量，因此家庭成员没办法共享佳肴。

六、结语

作为海外华人，马来西亚华人可谓是比较特殊的一个群体。虽与其他东南亚国家的华人同样来自中国华南地区，但该群体在文化保存方面却独占鳌头。其饮食文化除了保存了华南地区的特色外，在本土化过程中更彰显了其特色。马来西亚华人饮食文化的特殊之处源自其多元社会和族际交往。由于马来西亚的民间族际交往颇频繁与和谐，因此产生了相互影响的局面。在饮食文化方面，当地华人受到马来人的影响而喜爱上辛辣的食物；而马来人也学习制作华人的包点和鸡饭。综观马来西亚华人与马来人的文化交流和适应情况，可从中得知多元社会的族际文化调适须在自然的状况下发生。民族间的文化交流和互动如能在自然环境下进行，其产生的族际适应、涵化乃至同化都能在融洽的情况下衍生。

由于经历了西方的殖民，马来西亚华人的饮食文化亦受到英国人的影响。其咖啡文化和食用烤面包作为早点和午茶可说是殖民者的遗绪。在独立前后的马来西亚，传统海南咖啡店所售卖的咖啡和烤面包，深受华人和友族同胞喜爱。所以那时候的华人传统咖啡店都受到三大民族顾客的光顾。无论如何在80年代伊斯兰化政策的影响下，许多马来穆斯林拒绝光顾这些华人咖啡店。此外，在政府大力推进城市化进程的背景下，大批乡镇居民涌入都市，与此同时，新型咖啡店与连锁咖啡店如雨后春笋般涌现。这样的发展冲击了传统海南咖啡店，可是如此的变化亦带来此行业变革的契机。有些传统海南咖啡店在年轻一代的协助下成功转型为新型或连锁咖啡店，把海南咖啡与咖啡文化继续传承下去。马来西亚的城市化进程虽然影响了传统华人咖啡店，但其城市移民和城市化更赋予传统咖啡店新的生命。且由于早期的琼籍华人通过携带或者投资等方式，把南洋的食品和饮食习惯传入家乡，随后喝咖啡和吃面包等逐渐成为海南岛本土百姓的日常饮食[①]。这也扩大了海南咖啡的影响范围，从另一个方面反哺原籍家乡。

马来西亚传统海南咖啡店的变革就像是窥视华人生活的万花筒，通过其可以了解海外华人生活的方方面面。通过对传统海南咖啡店的分析，亦可洞悉到东南亚华人从创业到守业的艰辛历程。他们许多人原本只是穷困的华工，在新马地区胼手胝足地工作，有了些微薄的积蓄后才开始经营小本生意。这说明华人移民到了海外谋取生计时，一直节食俭用以求创业，赚取更多钱财好让家人能过较好的生活。传统海南咖啡店的经营收益有

① 邢寒冬：《海南侨乡南洋式饮食的形成及影响——以主食和饮料为考察》，载《八桂侨刊》，2019年第3期，第77页。

限，店主获利微薄，但这一经营活动为家庭成员提供了参与经营的机会，使他们得以亲身体验创业与生活的艰辛。在这一进程中，年轻一代深入研习海南咖啡店的经营模式，系统掌握海南咖啡的冲泡技艺。这种代际传承不仅确保了海南咖啡这一传统行业的延续，更促使其在新时代背景下不断发展创新，在现代商业格局中拓展发展空间，实现持续性的繁荣兴盛。传统海南咖啡店在城市化冲击下的变革也彰显了海外华人商业的韧性，“旧街场白咖啡”成为传统海南咖啡的国际品牌可谓是明证。

Transformation of Hainan Coffee Shops in Malaysia and Its Impact on Food Culture

Zhou Yahui[1]　Thock Ker Pong[2]
(1. School of Foreign Languages, Hainan Normal University, Haikou, China;
2. Department of Chinese Studies, University Malaya, Kuala Lumpur, Malaysia)

Abstract: Migration and mobility are natural to human beings. During the 18th and early 20th centuries, a large number of Chinese workers from South China went to Southeast Asia, and in the early days, they mainly worked in Southeast Asia, but did not get involved in politics or purchased properties, but they made some achievements in business, especially in the catering industry, and set up a lot of long-established businesses. Among them, the Malaysian Hainan overseas Chinese, with their early experience of working as household help in British families and on ships, developed Hainan coffee and other products into a specialty cuisine, “Hainan Coffee Shop”, which was popular among all ethnic groups because of its low cost and high quality. When Mahathir and Abdullah Badawi were in charge, Malaysia’s urbanization accelerated as a result of the National Heavy Industry Plan and the 2020 Wawasan Plan, and the influx of people into the cities impacted the traditional Hainanese coffee shops, causing them to face obsolescence. However, some Chinese businessmen have transformed traditional Hainanese coffee shops into chain coffee shops by innovating the drinks and food and optimizing the shop premises to meet the needs of the urban population, especially the young, opening up business opportunities and integrating the food cultures of other ethnic groups, which has successfully brought about new development opportunities for the traditional coffee shops. This paper analyses this transformation through a case study, exploring the path of change of Hainan coffee in Malaysia and its role and dynamics in the transformation of food culture.

Keywords: Malaysian Hainan Overseas Chinese; Hainan coffee shops; urbanization; food culture

疍民“海洋非遗”研究：文献综述[①]

方礼刚[②]

【内容提要】疍民，古代称为蜑民、蜒民、蛋民、但民等，是曾经世代居于江河湖海的“海洋群体”。中外研究者都注意到了这个特殊的群体，纷纷从不同的视角、不同的时点加以解读。国内现代意义上的疍民之研究，大抵肇始于清末民初的20世纪初期。而此前古代与近代历史文献中所涉及的一些描述性的文字，只作为“研究”资料，不作为“研究”成果。国外的研究从时点上略有放宽，上溯到了元代，其原由一是西方社会学研究本就早于中国，二是为了能够关照和利用到《马可·波罗游记》这样的一些重要文献。通过对既往疍民之研究进行系统性、整体性之再研究，以期在时间轴线上，厘清疍民的源流与变迁，在空间轴线上，厘清疍民的分布与范围，让濒于消失的疍家文化活跃起来，为保护和发展疍家文化、申报“海洋非遗”提供新的研究起点。

【关键词】疍民研究；海洋非遗；文献综述

疍民，是我国历史上广泛分布，并世代居于江河湖海的舟中，或水边、水上棚屋、高脚屋中，向水求利，向水而生，明显区别于渔民和陆地居民的一个海洋性、特殊性族群，疍民所涉地域范围甚广，北起渤海湾沿岸的河北、山东，南到广东（包括港、澳）、海南、广西（包括越南），其中以福建、两广及海南较为集中，主要生活在近海的大江大河入海口沿岸

---

① 基金项目：国家社科基金一般项目“社会变迁视角下疍民‘海洋非遗’研究”（项目编号18BSH086）。

② 作者简介：方礼刚，海南热带海洋学院东盟研究院副研究员，特聘研究员，三亚海洋文化研究会执行会长，民政部“全国专业社会工作领军人才”，主要研究领域为社会学、海洋社会学、海洋文化。

及东南沿海。此外，疍民也迁徙到了东洋、南洋及美洲等地，融入、形成了当地的海洋民族。

本研究报告中的“蜑”与“疍”相通，文中根据时代、环境或者国别的不同，转换使用。涉及古代，疍字尚未产生时，尽量用“蜑”字。涉及古朝鲜、日本、越南等国家，他们曾经使用的汉文是“蜑”字，依例随之。文中涉及疍字产生之后的现当代，尽量用“疍”字。下文基于现代意义上对于疍民的研究，依一定的时段，从国内与国际两个方面进行一个文献梳理。这是本课题研究需了解的一个背景和前提。

一、国内之研究

现代意义上疍民研究的历史与时点并不久远，大抵肇始于清末民初时期，在古代与近代早期，只有一些关于疍民的解释定义或志怪传说之类的零碎史料，完全没有称得上是“研究”的资料，其时关于疍民的叙述，多带有神话色彩或叙述者个人的主观偏好，往往令人对疍民群体感到神秘莫测或不屑一顾。不过，今人的研究仍需以古代典籍资料为依据，通过一定的逻辑思辨，进行去伪存真的辨析后得出可信的结论。故此，将国内之研究从 20 世纪初开始，分为两个大的历史时点。

（一）20 世纪初至 1949 年之前

疍民的研究始于 20 世纪初，这一时期至 1949 年以前，研究主要侧重于疍民的族源及身份方面，研究视角以民族、历史、社会、人类学为主。

疍民作为某种“特异民族”成为人类学、社会学、民俗学等人文社会科学早期实践中的重要研究对象和素材来源，一批留学归国的学者将实证社会学带入疍民研究之中，成为这一时期研究成果的亮点。这一阶段涉足疍民研究的学者主要有梁启超（1906）、钟敬文（1926）、罗香林（1929）、吴高梓（1930）、伍锐麟（1933）、林惠祥（1936）、何格恩（1936）、陈序经（1948）等人。

梁启超于 1906 年发表《历史上中国民族之观察》一文，将蜒（疍）族置于百粤之中加以叙述：“蜒族者，亦有研究之一值者也。至今此族尚繁，殆不下百万，我族莫肯与通婚姻。但其人皆居水中，以船为家焉。夫人民必与土地相附，此通则也。若蜒族者，绝无寸土，诚为全地球独一无二之怪现象。吾粤人习见之，而莫能言其所自来，今按蜒为种族之称，已见《说文》，则其起原甚古可知。《隋书·南蛮传》云：与华人杂处，曰蜒曰俚。韩文公《房公墓志》云：林蛮洞蜒。然则蜒族昔固洞居，而与华人杂厕者也，其由陆入水，不知仿自何时。要之，为我族所逼，不能自存于陆地，是以及此，抑亦自入水后，与我无争，故能阅数千年，传其种以迄今日。古百粤之族，其留纯粹之血统以供我辈学术上研究之资料者，惟此而已。"[①]于疍民之研究，梁启超有六点贡献，亦留下三个疑问。

六点贡献：

（1）近代以来首提疍民研究议题。

（2）界定疍民"以船为家""绝无寸土"。

（3）认定疍为古老的族群，自隋代已有记载。

（4）认定疍人原为陆居，为"我族"所逼而"入水"。亦始见"我族"与"他族"之分。

（5）因千年水居反而成为研究纯种百粤之样本。

（6）分析估计疍民人数有百万之众。

三个疑问：

（1）全地球独一无二之怪现象。关于这一点，学贯中西的任公讲得不准确，东南亚亦有同类型之海人（Boat People）。

（2）水居疍族源自何时尚未有定论。这一点诚如所言，至今未有。

（3）提出了百粤、百濮与东夷、南蛮、苗瑶的近亲或融合关系问题。见解确独到！

钟敬文 1926 年发表《汕尾新港疍民调查》[②]，开启了对疍民双重证据的研究，即一方面通过史料，研究疍民的来历出处，一方面通过田野调查，了解疍民的语言、习俗等社会文化特征。他从《说文》《后山丛谈》

① 梁启超：《历史上中国民族之观察》，载《梁启超全集》，北京：北京出版社，1999 年，第 3424 页。

② 钟敬文：《钟敬文文集·民俗学卷》，合肥：安徽教育出版社，2002 年，第 408 页。

《广东新语》《粤东笔记》及地方县志中找到了点滴关于疍的描述，特别是将两广之中，居海边山谷间之瑶人、舟居之疍人、岛居之黎人，都归于疍的名下，是一个有价值的广义的归类。同时，从地点、人口、迁徙、居住、食物、衣服、装饰、身躯、寿命、习俗等十个方面进行了田野、实证调查，为后来的研究者开启了新的研究视角。

罗香林是在陈序经之前，较为系统地研究疍民的一位重要学者。他在1930年发表的《蜑民源流考》一文，从五个方面，对疍民进行了研究，提出了建议。其中有一些观点于我们现在仍极有价值。兹简要述评如下：

（1）疍来源于越族。这个观点是对的，但范围小了，本研究认为，疍民不仅仅是源于越族，而是源于东夷与越族的融合。而东夷更是最古老的源头。其实，罗在文中已触及了这个问题，只是没有深入下去。首先，罗氏以为崇龙是越族的重要证据，其实，东夷亦是崇龙的族群。其次，罗氏将越族的地域推定为“西南起川滇之交，经越南而达两粤，东沿南海，而伸张闽浙二省，适成一弧形地带”[①]。并将川东巴人、湘鄂川交界处的蛮夷都一并列为越人，似稍有扩大之嫌，但亦未脱离实际。虽然这些方域从广义上亦可称为百越之地，但历史上亦是苗蛮之地，如巴人奉廪君，史载，“廪君之先，故出巫诞”[②]，诞与蜑通，也就是说，巴人也是蜑人后裔。而湘鄂川交界处，更多是苗蛮，当然也是古蜑一族。

（2）“蜑”实为“人”的读音。既往学者们对“蜑”这一名词有种种解释，如艇、卵等，均属牵强，窃以为释为“人”较接近历史的真实。回到“名从主人”这一原则，“蜑”字早就有了，而非后世对于水上人的专称。比《史记》更早的《世本》就提到了“巫诞（蜑）”，只能说明，诞是自称，书者据音而赋以文字。“蜑”即人，人乃民也，如同现在人自称“渔民”一样。如此而言，木蜑、蠔蜑、珠蜑、渔蜑、洞蜑等也就好理解了。继而，罗氏依据古音相转规律，论证了科蹄之蹄，亶洲之亶、东鳀之鳀、台湾之台、太么（泰雅）族之太（么：yal，为越语方言语尾变化）、

① 罗香林：《百越源流与文化》，台北：“国立编译馆”中华丛书编审委员会，1978年，第227页。

②〔汉〕宋衷：《世本八种》（世本下），〔清〕秦嘉谟等辑，雷学淇校辑，北京：中华书局，2008年，第51页。

歹（傣、泰）族之歹（傣、泰）、惰民之惰，以及贵州仲（狆）家（西南布衣、壮、苗族）、云南僰夷、越南暹罗缅甸之掸人，皆为古越族苗裔，均自称为 Tai，与蜑民之蜑为同一音义，亦同为一种属，“蜑”实为“人”的方言俚语。由此再延伸一点，夷在古音中也读鳀（ti），亦与“人”通用，如此说来，东鳀岂不是东夷？东夷岂不就是东方之人？蛮夷岂不就是蛮蜑？蜑人岂不就是夷人？其实，考古已发现了台湾原住民与东夷、苗人的关系。释蜑为人，恰好地说明，九黎三苗在南迁过程中，分化、融合，形成了西南、南方、东南沿海诸多少数民族。

（3）历史上蜑民的演变。罗氏也认为，蜑民并非一开始就擅操舟习水，必有一重大变故发生，他把这个变故与南汉刘隐、五代王审知联系起来，认为是他们带领的衣冠南渡之士人将土人逼向水居。也许有此因素，当是未必尽然。说刘、王之逼，不如说是炎黄之逼或秦皇之逼。史载，炎黄及其后继者，持续不断地驱赶苗人，直到苗入楚建立巴楚，其王虽为周室，但自称南蛮，楚地曾东接大海，西到巴蜀。苗蛮与闽越融合是有可能的。苗蛮沿江东下，直到海边，想必那时海边已有土著，同理，他们只能在海上讨生活或“驱土入海”了，由此而进进出出，起起落落，总有一部分人漂泊海上，“蜑”的生活方式就固定下来了。

（4）蜑民历史上的重要事件。罗香林研究指出，蜑民因其独特的生活环境，在历史上具有多面性的社会角色，自明以降，既有蜑民参加了保家卫国的水军，又有蜑民参加了打家劫舍的海盗，少数因生活所迫沦为娼家者亦有之。东莞疍民出身的莫登庸，随其父到越南，嘉靖六年，成为越南莫氏王朝的创建者，是为蜑民历史上的高光时刻，其享国一百四十余年。罗氏并认为，及至近现代，蜑民群体有了很大的进步，表现出了高度的爱国热情，如广州蜑户主动要求参与救国筹款，请抽救国捐等。

（5）蜑民特点及现状。罗香林是较早对蜑民的整体族群特征进行总结概括的学者，他指出，蜑家人的特点是吃苦耐劳，不怕牺牲，敢于冒险，笃信神灵。

基于上述认识，罗氏认为，一是要加强对蜑民的教育培训，用蜑民历史上的爱国人物和成功人士，激发其族群认同感和自我价值感。二是要重视发挥蜑民的特长，将蜑民改造为海上卫士，在国家需要时做出贡献。三是要让蜑民陆有地，水有舟，读有校。同时，罗氏还大胆提出，要鼓励蜑民与其他民人通婚，“以保持其种性之健康。”罗香林在九十多年前发出的声音，直到今天，仍有黄钟大吕之回响。

吴高梓在1930年发表《福州疍民调查》[①]一文，虽然因客观环境条件限制调研未能深入细致，但也留下了许多宝贵资料，将疍民话题再一次推向了社会，也是开启了疍民社会学、民俗学研究的先声。吴高梓调研发现：

（1）名称，有科题与裸蹄、郭倪、曲蹄、诃黎四种说法，并认为第一种最为普遍。

（2）地位，民国以后才开始在政治层面有了平权待遇，地位渐渐提高。

（3）家庭，福州疍民的家庭还是以父权或夫权为中心的。但妇女在家务甚至生计中付出了更多的劳动。

（4）宗教，福州疍民约有3/4信仰佛道，1/4信仰天主教。

（5）教育，疍民受过教育的人数极少，妇女更少。

（6）歌谣，疍民的歌谣很多，有待发掘。

（7）习俗，逐渐为汉人所同化。

（8）娼妓，船妓客观存在，但人数不多，认为需要社会去救济与改良。

此外，吴高梓的研究让我们欣喜地看到疍家人所保留的为数不多的近似创世传说：在太古的时候，上天丢下两把扫帚，一把在岸上，一把在水中，在岸上就成了陆地居民，在水上就成了水上居民。在高氏的研究中，这个传说虽只寥寥数言，可能与蚩尤东夷有某种关系，后面当再述及。

长期以来，关于蛋民的研究，世人对陈序经略知一二，而对伍锐麟则知者甚少，有研究者指出：“1930年前后，研究疍民的学者还有一批，罗香林、钟敬文、杨成志、何格恩等人是也。惟有伍锐麟的水平最高，他所采用的实证方法开创了疍民研究的新阶段。”[②]后来出版重要著作《疍民的研究》的陈序经也借鉴了伍锐麟等人调查资料。虽然由于战争及身兼数职等原因，伍锐麟留下的学术成果数量不多，总共只有八篇，其中六篇中

① 吴高梓：《福州疍民调查》，载《民国时期社会调查丛编·底边社会卷》（下），福州：福建教育出版社，2005年，第565页。

② 伍锐麟：《民国广州的疍民、人力车夫和村落：伍锐麟社会学调查报告集》，何国强编，广州：广东人民出版社，2010年，第24页。

文，两篇英文，但都是力作，《沙南疍民调查》《三水河口疍民调查报告》是其中的突出代表。《沙南疍民调查》从数据统计（人口、职业、收入、消费、教育、健康）和社会状况（衣住、家庭、妇女、职业、娱乐、卫生、慈善、教育、信仰、歌谣及语言）两大方面，对沙南疍民进行了较为系统的社会学调查，不仅为人们保留了如今已烟消云散的疍民的过往衣食住行方面的历史资料，也为后续开展疍民研究提供了实证研究范式。《三水河口疍民调查报告》调研方法与沙南疍民调查差不多，唯对结婚、丧葬时的叹调词句及咸水歌、民间习俗记录稍多。从伍氏的调查报告中可以看出，其主要采取“中立”的社会学调研方法，注重现实的描述与记录，对历史、问题与建议对策之类着语不多，显然是深受西方实证社会学派的影响。当然，政策研究者与制定者，仍然可以通过伍氏的报告得到想要的材料。

林惠祥在其写于1936年的《中国民族史》中将疍民研究附录其中，足见其对疍民这个特殊族群的重视，虽然具体附于“百越”之下，但认为：“至于史书所记之疍民原在西方，或者逐渐向东南迁移后，受汉族压逼因而入海与越族之入海者混合亦在情理之中。总之现在疍民之来源恐不可以一元说尽之，而应采多元说，越族疍蛮、汉族甚或瑶、掸、马来恐皆有其成分。”并提出了体质人类学的人种测量问题，将疍民研究从定性分析带入了定量分析，从逻辑走向科学。认为疍民来源不是一元的，而应是多元的。在当时的一众研究者中，林的观点是比较新颖而独特的，也是比较公允的。

何格恩是陈序经的学生，有趣的是，他本无意于研究疍民，但参阅了罗香林与陈序经的论著以后，认为尚有许多疑问待解，产生了研究的动力，于1936年写出了《蜑族的来源质疑》一文，认为罗香林提出的源自林邑蛮的观点假设有些牵强，但陈序经提出的可能源自越族的观点虽然基本上可以使罗香林的观点难以成立，但因证据也较薄弱，因而也不能替代罗的假设，不过，陈并没有武断地下结论，仍提出了疑问，学风之严谨值得学习。何格恩认为，蜑人或与先秦时代流落荆湘间的巴蛮、南蛮大有关系，再上溯则与廪君蛮、苗蛮有关。窃以为，这是民国年间最有见地的蜑民之研究。本研究在未阅读何的论著之前，也持同样的观点，并且是本研究核心观点，及至拜读何氏之论，深服膺之。

陈序经是民国年间疍民研究之集大成者，他对既有的研究进行了系统的整理，又综合了一些新的历史资料，以宽广的历史视角，从疍民的起源、地理分布、人口、与政府关系、职业、教育、婚姻家庭、宗教信仰、生活、歌谣十个方面，为人们展示了疍民的全貌，也为后来的研究奠定了良好的基础。陈的研究指出，疍民主要分布于当时的两广及福建沿海，人数约为 200 万。这一庞大群体的认定，使疍民研究的意义陡然提升。关于疍的起源，陈序经通过广泛搜罗各种历史与传说资料，并运用排除法逐一排除之后，认为最早的记录见于《华阳国志》，当在晋初，又认为，《唐语林》有“诸葛武侯相蜀，制蛮鲵侵汉界”。其中所谓蛮鲵，应是蜑的一种。进而引出疑问或观点：“于是可知，所谓疍族的历史，必比史书所载者，较为久远，而其来源，也许不但先于汉族，或者较先于所谓蛮、苗族也。”这当是深研之后的结论，没有武断定论，把空间留给了后来研究者。本研究正是沿着这一思路，将陈等诸多学者前辈未能深研的问题继续开展下去，将已透出一丝亮光的窗户推而开之。

（二）1949 年之后

这一时期的疍民研究以民族识别、“双遗”文化、民俗景观、旅游开发视角为主。大致可分为两个阶段。

第一阶段：新中国成立初期至 20 世纪 80 年代

这一阶段关于疍民的研究主要是从文化及体质人类学的视角侧重族群识别和源流考辨。疍民最终被确认为汉族的一个支系群体。政府和民间（学者）同时进行研究，是这一阶段的显著特点，依这两个特点分而述之。

1. 政府组织的民族识别

综合有关资料，现将 20 世纪 50 年代新中国成立初期，广东开展疍民民族识别工作的一些历史细节与成果，[①]整理如下：

① 参见伍锐麟：《民国广州的疍民、人力车夫和村落：伍锐麟社会学调查报告

为全面了解广东省沿海及内河疍民的历史和现状，掌握他们是否具备划归少数民族的条件，受广东省民族事务委员会的委托，从1952年12月14日至1953年3月14日，中山大学社会学系部分师生，与广东省省属机关干部组成调查组先后分赴粤西阳江闸坡及江门、中山沙田疍民聚居区，粤东海丰、陆丰、惠阳等沿海港湾，粤北韶关、清远的疍民聚居区开展调查。广东疍民调查队队长是饶彰凤，下属两个小分队：一分队负责东江水系及粤东沿海疍民的调查，由原中山大学人类学系罗致平教授任队长；二分队负责珠江、北江水系和阳江一带的内河与沿海疍民的调查，伍锐麟为队长。参加者有陈宏文、容观复、林岳玉、方洁卿、刘耀荃、廖宝昀、钱松生等二十余人。调查项目为：（1）族源、历史和演变；（2）政治地位；（3）经济情况；（4）风俗习惯；（5）语言、文字和歌谣；（6）疍民区别于陆地居民的特征。可以说，这一阶段的调查主要以文化特征为主。

调查结束后，全体人员在广东民族学院总结，中央统战部派刘格平副部长来听取意见。一分队提出潮汕一带的疍民可以划为少数民族，理由是：第一，疍民是元朝蒙古族的遗裔；第二，疍民的政治经济地位低下，受陆地汉人的剥削与压迫；第三，疍民的风俗习惯与陆地汉族的迥然不同；第四，疍民有特殊的语言、文字与歌谣。二分队则提出相反的意见，认为珠江、北江与阳江一带疍民陆居很久，汉化较深，早已成为农民（如石歧港口镇的沙田疍民），有的疍民从事打鱼，同样已成为渔民（如阳江东平渔港的咸水疍民），彼此看不出区别，有的疍民在陆上当搬运工人，或者在火轮和拖船上当水手（如北江与珠江内河的淡水疍民），或者在盐场内和盐船上做盐工，他们与共事的汉族人没有什么区别，由于该群体并没有显示其独立的文化特征，很难被视为少数民族。刘格平做总结时说，小分队既然对各自调查区域内的疍民有两种截然不同的看法，并且这两种看法都有其客观依据，值得继续研究，才能做出决定，广东省疍民的调查与识别遂告一段落。广东省民族事务委员会曾于1953年2月至4月间将调查结果编成《疍民问题参考资料》三册，内部刊行，成为学者们研究和

集》，何国强编，广州：广东人民出版社，2010年，第17页；广东省民族研究所：《广东疍民社会调查》，广州：中山大学出版社，2001年，第1页。

引用的重要学术资料。

后来，根据“名从主人”和“尊重本民族意愿”的民族识别原则，中央统战部决定听取疍民自己的意见。疍民普遍不愿意被划归为少数民族，相反，他们强烈要求政府允许并帮助他们迁居到陆地，使之享受与陆上居民同等的待遇。政府接受了疍民的意见与请求，帮助世代居住在水上的疍民迁至陆地安家落户，疍民民族识别问题就这样解决了。

2. 学者个人的研究

陈碧笙、韩振华的研究是这一阶段的突出代表。陈碧笙在1954年第1期《厦门大学学报》发表《关于福州水上居民的名称、来源、特征以及是否少数民族等问题的讨论》①一文，指出：

（1）福州历史上很少以“蜑（疍）”为名称，称为“科题”较普遍。

（2）唐以前中国古籍中所载蜒、蛮蜒、夷蜒、峒蜒、巴蜒与宋以后的南方蜑不属同一个族群。

（3）福建的蜑族与广东的蜑族可能都是当地土著越族或粤族下迁入水而形成，可能没有交融。

（4）蜑民入水可能是出于生活、贸易的需求，而且在时间上也是伴随着造船业的发展而开始舟居生活。

（5）单纯的水居民族是不存在的，现实中也未必找得到。所以不能视为少数民族。

在这篇文章中，陈氏的贡献在于三点，一是继续论证“蜑族”不必要成为一个民族；二是蜑族是因生活所迫而入水生活；三是蜑人入水与造船技术有关。至于福州蜑民与古代蛮蜑有无关系，闽粤蜑家有无交融，蜑人入水是不是在宋以后，还当再议。

韩振华在1954年第5期《厦门大学学报》发表《试释福建水上蛋民（白水郎）的历史来源》②一文，是新中国成立初期将疍民研究引入学术热

① 陈碧笙：《关于福州水上居民的名称、来源、特征以及是否少数民族等问题的讨论》，载《厦门大学学报（文史版）》，1954年第1期，第115—126页。

② 韩振华：《试释福建水上蛋民（白水郎）的历史来源》，载《厦门大学学报（文史版）》，1954年第5期，第149—172页。

点的继往开来之作。此文以福建疍民为例，首先全面梳理了关于疍民的各种俗称，如：科题、曲蹄、乞黎、诃黎、郭倪、鲸鲵、卢亭子、庚定子、卢余、游艇子、白水郎、泉郎、水人、泊水、五船（五帆）等，一是论述了蜑民非单一成分，二是指出这些蜑民皆源出“裸国”，亦即《史记》中的“西瓯骆裸国”或“西瓯骆”与“西瓯”以及史载的“无诸国”，他们受汉人（汉代）压迫，逃亡海中，在这些群体之后，还陆续融入了因战争而亡命海上的孙恩、卢循部属等。韩氏反复强调：“蛋民原与古代荆湘、巴蜀一带的蛮蜒，毫无关系。……疍民与古代活动于荆楚巴蜀的蛮蜒，没有关系。”这个观点一方面当引起重视，另一方面也不应视为定论。在古代蜑与蜒通用亦有实证，而非韩氏所言二者不是同一字，不能通用。明确了这一点，蛮与越的关系还当进一步探讨。

此后直到20世纪80年代，这一期间疍民研究基本处于静默期或低谷期，以“疍民”为关键词查知网，只有两篇文章，且都是关于广州的话题，一是黄新美《广州水上居民的疍艇》，主要是收集整理了疍艇曾经从事客运、货运的事实，说明疍民的职业也存在多样性，不只是捕鱼一种。另一篇是吴建新的《广东疍民历史源流初析》[①]，在当时学术界一片萧条中出现这样一篇研究文章还是令人欣喜的，虽然并非宏大叙事，但此文将广州蜑民的历史推向了远古的新石器时代，说明了那个时代的越人就已产生了水居与陆居之分，同时也以乌浒蛮即蜑民（蜑民亦被称为南蛮）为例，指出了蜑与蛮的关系，以及与中原汉人的融合事实。虽然有个别文章较突出，但总体情况是，这一时期成果甚少，且只是一些文化层面的研究，实践应用导向不强。

第二阶段，20世纪80年代至今

这一时期正是我国社会科学各学科从恢复、建立到发展的时期，疍民的研究既丰富多样，又趋于零碎化和个案化。以单个“疍”字这样一个较宽泛的范围查知网全部论文，共有478篇（截至2024年6月），主要是从

① 吴建新：《广东疍民历史源流初析》，载《岭南文史》，1985年第1期，第60—67页。

服饰、建筑、舟船、风俗、饮食、歌谣、语言、信仰、迁徙等“双遗”文化、族源文化、民俗景观、旅游开发、空间地理等方面，对某一地方的疍民进行个案研究。

代表作有吴水田、司徒尚纪等人的研究成果[①]，他们从舟居、建筑文化、咸水歌等非遗文化保护的角度，阐述了岭南疍民居住形态的历史演变过程，分析了疍家艇、船屋、寮棚及水栏、砖木房、钢筋水泥楼房等疍民居住建筑文化景观，指出从单一艇停泊、集中停泊、岸边寮棚区、水栏区到岸上渔民新村的变化过程，是人类对环境长期调适的物质表现；指出疍家歌谣是族群文化的延续，是具有岭南地区特色的非物质水文化的重要资源，以及在经济快速发展及城市化进程中，疍民特色文化如何保护、开发与传承，疍民群体生活水平如何改善等亟待解决的问题。

关于族源，似乎在20世纪中叶已经得到解决，但仍有些谜底未揭开。叶显恩的历史再探索值得关注，叶显恩认为，明清岭南疍民来源可追溯到河南古澶水一带的古澶人，他们通过移居辗转来到岭南地区[②]。这个观点突破了前代学者认为岭南疍民与苗蛮没有联系的固有认识，似越来越接近历史的真实，虽然有些问题还没有交代清楚。对此，詹坚固又有不同看法，认为历史上名为“蜑”的族群有两支——长江流域蜑民和南方沿海地区蜑民，前者是今天土家、瑶、苗等族先民，后者则是古越族后裔，两者没有血缘关系。“蜑”除专指上述两个区域的族群外，还用来泛指其他非汉人族群，与“蛮”的泛称同义。“蛮蜑”称呼甚为复杂，须依据他们所处区域及其族群特征，并通过语境来判断其所指代的族属。[③]因此，这

① 吴水田、陈平平、萧苑婷：《广州咸水歌及其旅游开发初探》，载《江苏商论》，2013年第5期，第37—40页；吴水田、司徒尚纪：《疍民研究进展及文化地理学研究的新视角》，载《热带地理》，2009年第29卷第6期，第583—587页；吴水田、司徒尚纪：《岭南疍民舟居和建筑文化景观研究》，载《热带地理》，2011年第31卷第5期，第514—520页。

② 叶显恩：《关于疍民源流及其生活习俗》，载林有能、吴志良、胡波主编《疍民文化研究——疍民文化学术研讨会论文集》，香港：香港出版社，2012年，第1—17页。

③ 詹坚固：《试论蜑名变迁与蜑民族属》，载《民族研究》，2012年第1期，第81—91页。

个问题还有待更深入细致的研究。杨国桢等认为明朝和清初实行海禁政策，平定台湾后，清政府又选择从海洋退缩的政策。政府的种种限制措施，使疍民生计更加艰难，受此影响，一部分疍民被迫离水登陆；另一部分疍民铤而走险，或偷渡或走私或改装船只或沦为海盗。①引出了一个老话题与新视角。

关于信仰文化，吴水田②、范正义③、陈光良④、钟毅锋⑤等都指出疍民信仰对象的亲水特征与多神崇拜，并存在时空差异，同时随着社会的变迁，有向大信仰如妈祖信仰趋同的趋势。

此外，还有少数论文涉及疍民的域外研究，虽然数量极少，但开启了疍民研究的新领域和新视角，对于丰富我们的海洋文化极具意义，值得注意和重视。

（三）国内研究综述

国内之疍民研究，在数量、领域、视角等各方面的成果都是可观的。整体来看，研究的特点仍有规律可循，归纳起来，呈现“四多四少”状态。

1. 文献研究多，田野调查少

纵观林林总总的国内疍民研究，反复地利用或不断地发现正史、地方史志和其他资料，进行历史、历时研究仍然是主流，而像民国时期的学者一样，深入疍民群体之中，进行细致、艰苦的田野调查的研究成果比较少。目前能看到的一篇《三亚疍民的社会变迁——以“洗脚上岸”为变迁

① 杨国桢、张雅娟：《海盗与海洋社会权力——以19世纪初“大海盗”蔡牵为中心的考察》，载《云南师范大学学报（哲学社会科学版）》，2011年第3期，第1—8页。

② 吴水田、陈平平：《岭南疍民“亲水”崇拜的空间特征及其演变》，载《农业考古》，2016年第1期，第244—249页。

③ 范正义：《近代福建船民信仰探析》，载《莆田学院学报》，2005年第6期，第37—40页。

④ 陈光良：《岭南疍民的经济文化类型探析》，载《广西民族研究》，2011年第2期，第164—169页。

⑤ 钟毅锋：《厦门港疍民生计方式及其民间信仰》，载《中国社会经济史研究》，2007年第1期，第87—92页。

时点》[①]研究报告，虽然只是以三亚疍民这个小范围为样本，但运用了瓦戈的社会变迁理论框架[②]，从“基本情况、变迁来源、变迁领域、变迁趋势、变迁模式、变迁反应、变迁代价、变迁策略、变迁评价与反思”等九个方面对三亚疍民进行了一个全方位的实证研究，这是近年来不多见的实证社会学调查案例。

2. 解释性研究多，建设性研究少

现有的研究多是对疍家物质与非物质文化现象的解释与介绍，如围绕疍家的名称、族源、习俗、语言、活动、人物、迁徙、服饰、建筑、歌谣、饮食等方面进行解释、说明的文章仍占主要比例，对疍家非遗文化保护与发展提出建设性意见的研究还较缺乏。周俊、王佳美的《疍民研究的现状、热点及趋势——基于 CiteSpace 的可视化分析》当是新近发表的一篇值得关注的作品，该文通过既往的学术梳理，既指出了当前研究之不足，又提出了建设性意见：一是对疍民相关资源进行抢救性调查研究；二是推动研究成果更具系统、整体性，建立“疍家学”；三是拓宽研究视角，建立跨学科交叉研究的综合视野。其提出的抢救性、交叉性、整体性研究，具有现实指导意义。

3. 中国研究多，国外研究少

近现代以来的疍民研究成果，主要是对国内疍民的研究，或者说是以研究疍民在国内的动态为主，把疍民放置于国际舞台进行研究少之又少。这些成果虽然数量很少，却开拓了疍民研究的新领域和新空间。前辈学者有凌纯声[③]讲到玻利尼西亚、萨摩亚群岛传说中的海洋之神 Tangalo 与 Tangaroa 疑是中国的“疍家佬”，并认为东南亚海人“劳特”与中国的“卢亭”、科题（裸蹄）、獠蜑、骆田之间有渊源关系，认为是东夷百越向

① 方礼刚：《三亚疍民的社会变迁——以“洗脚上岸”为变迁时点》，载《海南热带海洋学院学报》，2018 年第 25 卷第 3 期，第 83—91 页。

② 瓦戈：《社会变迁》，王晓黎译，北京：北京大学出版社，2007 年。

③ 凌纯声：《中国边疆民族与环太平洋文化》，台北：台北联经出版公司，1979 年。

台湾岛、菲律宾、东南亚迁徙的遗裔。林惠祥[①]也认为，中国古代“东夷”“百越”，通过中南半岛以及台湾岛和吕宋岛向南洋及南太平洋迁徙。

进入21世纪，司徒尚纪[②]、吴水田[③]、李庆新[④]、方礼刚[⑤]、贾瑶[⑥]、徐杰舜[⑦]及文化学者李相海[⑧]等依据地方史志及东南亚文化圈史料，结合实地调研，产出了一批成果，虽然在数量上不占优势，但有了一个好的引导，其将疍民研究视野投射到了东北亚、东亚、东南亚，南太平洋以迄南美洲，开启了疍民研究的域外视角，使之具有了世界意义，成为“一带一路”沿线海洋文化对话的重要资源。

4. 个案研究多，整体研究少

目前所能看到的知网论文，以及出版的图书，如果以研究的层面来分类，个案研究仍占主要方面，即对一个地方疍民某一个方面的研究，如北海疍家服饰[⑨]、北海疍家小吃[⑩]、珠海疍民村落[⑪]、龙州疍民家

---

① 林惠祥：《南洋马来族与华南古民族的关系》，载《厦门大学学报》，1958年第1期。

② 司徒尚纪：《中国南海海洋文化史》，广州：广东经济出版社，2013年。

③ 吴水田、陈平平：《岭南疍民人口迁移的历史过程与空间特征》，载《热带地理》，2014年第34卷第3期，第408—413页；吴水田：《话说蜑民文化》，广州：广东经济出版社，2013年，第39页。

④ 李庆新：《16—17世纪粤西“珠贼”、海盗与“西贼”》，载《海洋史研究（第二辑）》，北京：社会科学文献出版社，2011年，第121—164页。

⑤ 方礼刚、方未艾：《文化基因视角下之本土蜑民与“周边”“海人”》，载《海洋文化研究（第二辑）》，广州：世界图书出版广东有限公司，2023年，第2—26页。

⑥ 贾瑶：《亦渔亦商》，海南师范大学硕士学位论文，2021年。

⑦ 徐杰舜、韦小鹏：《疍民：创造水上文明的族群》，载《人类学与江河文明——人类学高级论坛》，2013年，第17页。

⑧ 李相海：《海女文化：日本海女与中国蜑民的渊源》，北京：中国华侨出版社，2017年。

⑨ 郝士杰、刘雪迎、游兴兰：《北海疍家传统民俗服饰文化研究》，载《丝网印刷》，2024年第9期，第40—42页。

⑩ 陈雯：《北海疍家小吃》，北京：科学出版社，2022年。

⑪ 陈康恩、张一恒：《珠海疍家传统村落保护与开发策略研究——以珠海市斗门区灯笼村为例》，载《〈规划师〉论丛：国土空间规划与城乡融合发展》，南宁：广西科学技术出版社，2023年，第542—550页。

庭[①]、陵水疍民聚落空间[②]等，或者历史上某个时间段某个事实的研究，如晚清广东小说中的疍民形象[③]、顺德河泊所疍民[④]、清代高要疍民[⑤]、明代珠池业[⑥]等，更整体、系统一些的研究为数不多。近年来欣喜地看到有少量的专著，如周俊[⑦]的海南疍民与南海历史文化、黄高飞[⑧]的越南婆湾岛北海归侨疍家话调查，虽然都是一个方面的调查，但还算是较成体系，把一个方面的事情说清楚了。但这样的成果毕竟还不多，希望有更多的整体性研究出现。

二、国外之研究

国外学者对疍民的研究与中国近现代开始的疍民研究基本上同步。但西方人的游历中，于疍民现象之描写则出现较早，故将“国外之研究”时点略加提早到“近古时期”。最初接触疍民的外国人主要是新闻记者、传教士以及少数社会学者。起初，他们并没有称之为疍民，而是称为水上居民。据现有的资料，大致可以将迄今为止国外的研究归为以下几个类型。

（一）近古时期（元代至1840年）

据伍锐麟的记载，早在13世纪，马可·波罗描写了他的广州之行，

---

① 谢贤：《龙州疍民族群家庭结构特点及演变趋势研究》，载《沿海企业与科技》，2023年第2期，第51—55页。

② 蔡梦凡：《海南陵水新村疍家聚落空间研究》，华南理工大学硕士学位论文，2021年。

③ 梁致远：《晚清广东小说中疍民形象的转变》，载《肇庆学院学报》，2022年第43卷第6期，第57—62页。

④ 吴宏岐、黄碧蓝：《明代顺德河泊所设置研究》，载《顺德职业技术学院学报》，2022年第20卷第2期，第78—83页。

⑤ 谭任均、龚坚：《清代高要疍民的社会生活——以〈高要县志〉书写为中心》，载《百色学院学报》，2020年第33卷第2期，第63—69页。

⑥ 曲明东：《明代珠池业研究》，华南师范大学硕士学位论文，2005年。

⑦ 周俊：《南海历史文化与海南疍民》，秦皇岛：燕山大学出版社，2023年。

⑧ 黄高飞：《广西北海侨港镇越南婆湾岛归侨疍家话调查与研究》，广州：世界图书出版广东有限公司，2023年。

从中就可窥见疍民的踪影。在马可·波罗笔下，“珠江烟波浩渺，宽达 1.7公里，江中布满船只，装载着各种货物，沿着河道两岸，船只鳞次栉比，绵延七八公里，许多人一生在不断漂流的船上繁衍生息。”[①]马可·波罗所述“许多人一生在不断漂流的船上繁衍生息”指的就是当时的水上居民“疍民”。为核实这段史料，笔者找了多个中文版本的《马可·波罗行纪》或《马可·波罗游记》，包括英文原版的《the Travels of Marco Polo》[②]，没发现这段话的记载，伍引用的这段话也许是来自当时的不同的版本。检索冯承钧版的《马可·波罗行纪》有一段话是：“海洋距此有二十五哩，在一名澉浦（Ganfu）城之附近，其地有船舶甚众，运载种种商货往来印度及其他外国，因是此域逾增价值。有一大川自此行在城流至此海港而入海，由是船舶往来，随意载货，此川流所过之地有城市不少。”[③]说明了当时东南沿海的“船舶甚众”，想必一定有疍船的踪迹。不知道这段话与伍的援引有关系否，今存疑以备深研。Ganfu 在这里被译为澉浦，而阿拉伯人曾经将广府译为 Khanfu，因此，Ganfu 也有可能是广州（广府）。总之，元代广州海面有不少疍民终是不争的事实。作为国际大都市，马可·波罗至少应听说过广州。

旧时代，疍民是被一般民众所蔑视的群体，他们的生活见于中国书籍的并不多，见于外国书籍记载的更不多。早期西方人的游记中，偶有对于他们的片段观察，也不会与中国人差别太大。邓宁（Downing，1836）所著《番鬼在中国》[④]一书，记录了当时澳门海面往来疍船的影像：许多中国的小船被缆绳吊着，而小型的像鸡蛋一样形状的船则不断地在它们和海岸之间穿梭。离水一英尺，直舷。这种船被称为蛋家或蛋船，因为它们通

① 伍锐麟：《民国广州的疍民、人力车夫和村落：伍锐麟社会学调查报告集》，何国强编，广州：广东人民出版社，2010 年，第 22 页。

②〔意〕马可波罗（Marco Polo）：《马可波罗游记》，北京：外语教学与研究出版社，1997 年。

③〔意〕马可波罗：《马可·波罗行纪》，冯承钧译，上海：上海书店出版社，2000 年，第 351 页。

④ C. Toogood Downing, *The Fan-Qui in China, in 1836-1837*, London: H. Colburn, 1838: 27-28.

常有个圆形的席子盖着，被称为蛋家棚，名字非常形象。蛋家棚被保持得很干净，内衬有垫子，一条船由两个中国女孩轮流打理。

曾在“东印度公司”工作过的鲍乐史，在其撰写的一篇关于 17 和 18 世纪中国和东南亚之间海上贸易的一篇文章中有如下片段：“海员们从船上的神龛取出海上女神‘妈祖’的塑像列队携到寺庙并献上祭品，以祈求航行得以一路平安。这种对寺庙的礼拜经常伴随戏剧的演出，而全体海员共享已经作为祭品之用的酒以及盘碟上的肉、鱼、菜。事毕，这尊塑像携回船上，在一阵紧锣和炽烈的鞭炮声中，锚被拉起，帆篷被扯起，接着这艘超载的船只徐徐驶出海洋。”①为我们记下了当时疍民或渔民群体的民俗信仰与仪式。

（二）近现代时期（1840 年至 1949 年）

加拿大人德鲁②（Florence Drew，1909）女士是近现代时期较早涉及疍民研究的外国人士之一。她出生于加拿大，1909 年来到香港时，口袋里只有 40 美元，没有人承诺会给她资助。她之前是芝加哥的一名打字员，随身带着她那台笨重的打字机，以补充她微薄的收入。她的热情在于帮助那些生活在香港、广州和珠江流域的穷人（疍民），在外国人眼中，他们太穷了，没有土地，住在船上。德鲁创立了华南船教会，多年以后，发展了 38 个船教会，建立了一个麻风病院，创办了学校，为船民的孩子提供受教育的机会。船教会后来扩大到日本和曼谷的众多船民，包括毛里求斯的中国人。华南船会在 1953 年改名为东方船会，迁到香港，并在 1967 年与国际船会（现在的 Christstar）合并。德鲁女士在 20 世纪初所写的《南中国船舶宗教报告书》（*Reports of South China Boat Mission*），是一份对于宗教在当地水上居民中开展情况的调查。在东南沿海，当年的传教士首先是通过船舶来到当地，他们第一眼接触到的往往是船民，因而，船

①〔荷〕伦纳德·鲍乐史：《荷兰东印度公司时期中国对巴达维亚的贸易》，温广益译，载《泉州文史》，1983 年第 8 期。

② 伍锐麟：《民国广州的疍民、人力车夫和村落：伍锐麟社会学调查报告集》，何国强编，广州：广东人民出版社，2010 年，第 25 页；“1909–China Roots (South China Boat Mission)”, https://www.christar.org/heritage.

民也是他发展较早的教民。德鲁女士在珠江的福音船上生活了二十多年，但由于一方面水上居民对于宗教的兴趣较淡薄，另一方面又因其他许多原因，如语言上的障碍、种族的差异等，其结果是无论对于疍民的认识上还是对于宗教的宣传，都没有多大的成绩，从其报告书中可见一斑，但让我们了解到近代以来疍民与境外宗教接触的一段历史。

较早参与中国人开展的疍民调研活动的西方人，是何明（Hormann）[①]。1932 年伍锐麟带队准备到沙南调查疍民，其研究计划刚刚实行就引起了外国人的兴趣，岭南附中的美国人何明参加了沙南调查，后来他在芝加哥大学社会学系派克（Park）教授的指导下，依调查所得资料，以《广州疍民研究》为题写成博士论文，论文的主要内容基本取自伍锐麟团队的调查，其文把疍民作为中国的水上居民来叙述，是典型的以"他者"视角看待当时的中国。这也算是较全面地介绍中国水上居民的早期西方文献。

美国人类学者夏皮罗（H. J. Shapiro，1933），在《自然历史杂志》（*Natural History*）1933 年第三十二卷第五期所发表的《广州的水上生活》（The River Life of Canton）[②]，同样也是较普通和浅显的观察。他来华只有数月，因偶见疍民觉其情形有些特别，故就其所听所见写成此文，因为并没有做过任何研究，所以，其结果和一般游历者所记录的趣闻逸事没有什么不同。虽然其见闻谈不上什么研究价值，但所记的一些现象，仍有助于研究者追溯与还原历史。

值得注意的是，早期国外的 NGO 委派专家，联合中国专家在中国开展了系列救济行动，这应当是西方人士早期在中国开展的有中国人参与的社会学意义上的行动研究[③]，也算是中国本土化行动研究的早期探索。1943 年 8 月，伍锐麟暂时从岭南大学社会学系退出，先后被聘为国际救济会广东分会执行干事和广东省政府参事。伍锐麟和美国援华会驻广东国

---

① 伍锐麟：《民国广州的疍民、人力车夫和村落：伍锐麟社会学调查报告集》，何国强编，广州：广东人民出版社，2010 年，第 7 页。

② 伍锐麟：《民国广州的疍民、人力车夫和村落：伍锐麟社会学调查报告集》，何国强编，广州：广东人民出版社，2010 年，第 25 页。

③ 伍锐麟：《民国广州的疍民、人力车夫和村落：伍锐麟社会学调查报告集》，何国强编，广州：广东人民出版社，2010 年，第 12 页。

际救济会督导米尔斯（V. J. R. Mills）积极推动，在 1946 年至 1947 年期间，共争取到了 20 万港币，按以工代赈的方式资助清远县石角（今石角镇）修筑围堤。该堤长 22 公里，完工后效果立显，大大减轻了清远和番禺的水灾威胁。1947 年至 1948 年，国际救济会又投入了 20 万港币在开平县沙岗乡梁金山山脚建成水库，灌溉面积 3000 亩地，使旱地变为水田，稻谷由每年种植一季变为两季，同时使该乡特产“火蒜”增产一倍，出口外汇增收五六万港元。还资助完成开平县草水口至三埠（长沙、狄海、新昌）15 公里长的公路建设，使四地交通更为快捷。在行动中研究，在研究中行动，最终目标是使工作对象的恶劣环境朝着更好的方向改变。这个行动研究也是中国早期引入，并即行开展本土化实践的社会学研究方法之一。

（三）当代以来（1949 年至今）

除少数 1949 年以前的研究之外，国外学者对于中国大陆沿海疍民的研究较集中的时间当在 20 世纪 50—70 年代。但在当时特殊的环境下，国外学者无法进入中国大陆，其研究对象、田野或资料来源地主要是港台地区、东南亚华侨华人社会以及闽、广等地的文献资料。如英国人类学者华德英（Barbara E. Ward，1965）、日本历史学者可儿弘明（1970）、美国人类学者尤金·安德森（Eugene N. Anderson，1970）、大卫（David Faure，2015）等。极少有来自中国大陆的田野研究。

华德英（1965）通过对香港周边疍民的调研提出的“意识模型”[①]，是我们认识疍民群体与陆上群体差别的一个极有价值的理论工具。华氏认为，差别实际上是每个群体根据生存环境需要而建构出来的，是意识的产物，每一个中国人脑海里都有若干个意识模型，其中一些相当于“观察者的模型”，不同群体一般不会用那些观察者的模型校正自己的行为，因为，自身有自身的意识模型，比如疍民就认为他们与岸上人是不同的，不必要以岸上人自居或作为自身的标准要求，同时也认为岸上那一套在海上

① 华德英：《意识模型的类别：兼论华南渔民》，载《从人类学看香港社会：华德英教授论文集》，冯承聪等编译，香港：大学出版社印务公司，1985 年。

不适用。但是，一旦疍民搬迁到陆地上，也会用陆地人的意识模型调适自己，因为在他们心中早已有了陆地人的观察者模型。华氏的这个理论是建基于疍民与陆地人的体质或种族差别没有想象的那么大，或者并没有根本的差别。

可儿弘明[①]通过研究香港地区疍民的社会史与现状，指出了疍民与明清以来海外移民及海上华人社会的密切关系，同时从历史社会学视角来理解中国香港疍民的一些生活现象。他认为，水上人对世界的理解，与岸上人确有不同，在日常用语中亦可见端倪。岸上人指示前进，用语是“直去”；而水上人的说法是“摇前一些”——这是旧式船只的移动方式，以“摇橹”为基础。老一辈的人，因“瓶”与“平”同音，引申联想为“平安”，因而视打破瓶子为不平安的兆头，为了抵消，岸上人会说“落地开花，富贵荣华”，而水上人就会说“岁岁平”，意即“年年岁岁都平安”，因他们在海上没有“落地”这个观念。但水上社会的特异性只不过是从船上生活这一特殊性中产生的文化产物，实际上和各地的汉族社会有着很高的均匀性。可儿弘明为我们提供了“环境决定”的启示。

美国人类学者尤金·安德森（Eugene N. Anderson，1970）[②]通过二手资料，对整个南亚和东亚，成群地永久地生活在河流、湖泊、河口和海湾水域船上的渔民、商人、采珠人、货运者，以及海盗进行了研究，认为几乎在该地区的每个国家都有这样的人口（疍民），如马来西亚和印度尼西亚的 Orangang Laut，中国的“疍家”“诃黎”，缅甸的“莫肯”。上海、长江水系、华南河流和沿海是这类人群主要的集中地区。他认为疍民是因为在经济或生态适应过程中向海洋迁移的群体，他们与岸上人一些并不十分离奇的差别是因为受生态、生活环境影响而非不同的文化起源或背景的影响，是环境改变了人，是人在适应环境的过程中调适、改变了自己。同时，安德森也开启了疍民海外研究与比较研究的新视角。

1987，美国斯坦福大学出版社出版了社会学者穆黛安（Dian H.

① 可儿弘明：《香港の水上居民——中国社会史の断面》，东京：岩波书店，1970年。

② E. N. Anderson, Jr., *The Boat People of South China*, Anthropos, 1970, Bd. 65, H. 1./2., pp.248-256.

Murray）的《华南海盗：1790—1810》[①]一书，该书通过对清代华南海盗的研究认为，疍民是活跃于18世纪末至19世纪初的华南海盗的主要来源之一，开启了研究历史上疍民与海盗关系的新视角。书中首先分析了18世纪末到19世纪初，广东沿海地区下层民众客家人、船民、疍民的生活与经济状况，指出海盗正是由那些一贫如洗的疍民、船民转变而成。使他们转变成海盗的具体原因，一是人口变迁带来的社会经济压力；二是受到当时越南西山农民起义的影响，越南西山政权为他们提供了财力和保护，甚至招募他们为海军，使其势力迅速扩大。其次，书中论述了1805年正式组成强大的"海盗联盟"的状况。并分析总结了海盗覆灭的原因不是官府的剿灭，而是海盗集团的内讧以及接受招安，接受招安后的海盗，被清政府授以官爵，开始了另一种生活。

在很长的历史时期内，中国的沿海、沿江、沿湖生活着大量的水上人。这些人或被称为"疍"，或被称为"九姓渔户"，等等。这些称呼的背后往往交织着陆上人与水上人之间的权力关系。历史上，水上人往往不被允许上岸建屋居住，他们也很少掌握文字，因此撰写水上人历史的作者，几乎都是陆上人，采取的是陆上人的眼光。英国学者大卫（David Faure）与香港学者贺喜2015年用英文出版、2021年译成中文的《浮生——水上人的历史人类学研究》[②]一书正是试图去理解这样一个文字记录很不全面的社会历史，解读其与"陆上人"的联系与交流，并从中探讨"中心与边缘"的关系。

日本学者金柄徹在2003年出版《家船的民族志》[③]，这本书是作者对1998年11月提交给东京大学的博士论文进行修改的著作。从书名中也可以看到"家船"是指船上生活的人。一直以来，家船以其独特的生活方式吸引了众多民俗学者的关注，但很少有人注意到家船的特殊性，没有在学

---

①〔美〕穆黛安：《华南海盗：1790—1810》，刘平译，北京：商务印书馆，2019年。

② 贺喜、科大卫《浮生——水上人的历史人类学研究》，上海：中西书局，2021；He Xi, David Faure, *The Fisher Folk of Late Imperial and Modern China — An Historical Anthropology of Boat-and-Shed Living*, London & New York: Routledge, 2015.

③ 金柄徹：《家船の民族誌——現代日本に生きる海の民》，东京：东京大学出版社，2003年。

术研究上做进一步的发展。不久，伊藤亚人氏[①]、野口武德氏[②]等人对家船民后来定居到陆地的过程进行了研究，同样是进展不大。金柄徹的著作，可谓是在新的意义上，重新开始了日本的家船研究，他在丰岛进行了长期细致的实地考察，还对中国、朝鲜、日本及东南亚船民进行了比较研究。其中，有关捕捞活动、渔船、技术方法等资料翔实而丰富，不仅是家船研究，也是对渔民和渔业本身的研究成果，从中也可窥见东亚及东南亚海域船民之间的联系。

在西方学者中，法国汉学家苏尔梦女士有特殊的贡献，她以女性为视角尝试开拓了西方人研究中国疍民的新领域，也为中国学者的同类研究提供了启示。中国海洋史的发展过程中，的确鲜少有述及近代女性，疍民话题更是如此。苏尔梦教授尝试将目光投向特殊社会族群——中国南方“做海”的水上人家之女性，以及她们如何为了讨生活而成为海盗集团的一员；其中某些女性甚至脱颖而出，被载入官方历史。记录下这些历史的点滴，并且理解她们知识技艺的学习与传承方式，“有助于更进一步认识海上妇女的知性生活，这是以男性为主的中国研究者完全没有留心的部分，而外国的华人世界观察者对此更是忽略了。”[③]

国外学者中，到目前为止，对中国疍民的田野调查做得较扎实的应当是日本学者藤川美代子。藤川美代子原是神奈川大学历史民俗资料学博士，现任南山大学人类学研究所研究员。藤川美代子在神奈川大学读博士期间，于 2006 年 9 月作为语言生来中国厦门大学留学并继续完成其博士论文。留学期间，藤川美代子先是与中国作者共同出版了《即将逝去的船影——九龙江上“吉卜赛人”史迹》[④]一书之后，又于 2017 年在日本出版

① 伊藤亜人：《漁民集団とその活動》，载《日本民俗文化大系 5：山民と海人＝非平地民の生活と伝承＝》，小学馆，1983 年，第 317—360 页。

② 野口武徳：《漂海民の人類学》，弘文堂，1987 年。

③〔法〕苏尔梦：《中国女性与海（11—20 世纪初）》，许惇纯译，载《海洋史研究》，2022 年第 2 期，第 24—56 页。

④ 张亚清、张石成、藤川美代子：《即将逝去的船影——九龙江上“吉卜赛人”史迹》，福州：海风出版社，2009 年。

了博士论文的改写本《浮家泛宅——中国福建连家船渔民民族志》[1]。藤川美代子留学期间深入九龙江口的连家船民家庭，与船民结下了深厚的友谊，留学的几年，她除了上课，大多数时间吃住在连家船上，与船民一起出海捕鱼，一起补网织网，一起参与赛龙舟、祭祀等活动，因而得以全面观察船民的生产生活，她拍摄了一万多张连家船民资料照片，记录了船民的许多生活片段。其著作是以距今百年左右的现代中国为舞台，探讨船民生活在水上（与陆地）的意义。作者以“我者”和“他者”的视角，看待陆上人与水上人的关系，认为曾经对连家船民表达蔑视的一些现象、称谓与船民真实的生活并不相符，陆上人认为的苦难在水上人看来并非如此。其结论是，“我者”与“他者”是相对的概念，可以互为主体，如以水上人看陆地人视角，陆地人也是“他者”。水居变陆居，不能称为是“对被陆地世界同化的需求”；陆居又回到水居，也不能称为是“对定居化的抵抗”。两种情形都是充满矛盾的实践的重叠。因此，理解船民在水上或陆上的行为，不能将其矮化为只是选择不同的物理空间居住过夜的行为，而应当将其视为表现他们自身生存方式的日常实践的整体，其中当然包括欢乐与痛苦的交织，包括日常生活中的矛盾。认为“他们”和“我们”都一样，都是生活在这种矛盾之中。

（四）国外研究综述

迄今国外对于中国疍民的研究，虽然绝对数量不多，视界也有局限性，但研究方法、领域还是可圈可点，富有特色。

1. 研究方法的多样性

现代社会学研究方法，嚆矢于西方，正因如此，体现在西方学者对中国疍民研究的方法上具有多样性的特点。

（1）观察记录。即以“外来人”的视角看待“他者”，并且这个“外来人”多是以一种自带优越感、旁观者、游历者的视角，作为有趣的现象

① 藤川美代子：《水上に住まう——中国福建・連家船漁民の民族誌》，風響社，2017 年。

来审视疍民。如马可·波罗与夏皮罗的游客视角、邓宁的“番鬼”视角、鲍乐史的海员视角、德鲁的传教士视角等，因专业、职业及在华时间等各方面的原因，这些人只能浮光掠影地向世人介绍中国疍民这样一个特殊的、有趣的群体，包括他们生活中某个片段的外在呈现。

（2）参与研究。是指非独立进行，而是参与中国团队开展的研究。如何明参与伍锐麟的研究，藤川美代子参与张亚清等人开展的研究，英国学者大卫参与中国香港学者贺喜团队的研究等。

（3）行动研究。美国援华会驻广东国际救济会通过“以工代赈”救济方式，在中国社会学专家的协助下，于广东清远、番禺疍民聚居区开展的修堤、修公路、建水库等旨在改变工作对象现实处境的社会服务实践活动，可视为行动研究，也是有中国人参与的较早的实用社会学倡导之行动研究。

（4）间接研究。包括二手资料研究和外围研究，所谓外围研究是指在“现场”中心区之外的边缘区开展的研究。20世纪中叶的特殊时期，美欧日等国外学者在以中国香港、澳门为研究样本开展的中国疍民（船民）的研究，属于此种类型。正因为是间接研究，必然存在以偏概全之缺陷。比如当时香港的疍民与内地疍民相较而言，其身份认同的感受就不是一样的。

（5）实地研究。虽然在总体中占有的比例偏小，但实地研究的成果仍不失为国外疍民研究的重点部分和最有价值的部分，如美欧日学者在香港、澳门开展的针对香港、澳门的研究，以及藤川美代子在中国厦门开展的近三年的研究等，藤川美代子关于中国福建连家船民的“民族志”无疑是国外学者系统研究中国船民（疍民）的力作。

（6）理论研究。习于用当时较新的社会学、历史学等专业理论研究中国的疍民问题，是国外学者与中国学者在此一研究领域的些微差别，也是国外学者的一个特点。大卫的“中心-边缘”理论、华德英的意识模型、可儿弘明的环境决定理论、苏尔梦的女性视角、藤川美代子的“我者与他者”相对视角①是这一时期理论研究的特点。

① 杨子懿：《基于功能对等理论下的日译汉翻译实践报告——以〈中国福建省南部における水上居民の葬送儀礼とその変遷〉为例》，广西师范大学硕士论文，2021年。

2. 研究领域的开放性

国外的研究确有涉及语言、建筑、服饰、习俗、信仰等多方面，但此处所指的开放性是针对封闭性而言的，或者是针对国内的研究而言的。国外的研究或许做田野调查不易，所以恰恰因此而带来了社会学层面的深入思考，他们把视角投向了许多新的和更加宽广的或他们更有优势的领域，如可儿弘明的疍民海外移民研究、穆黛安的华南海盗研究、苏尔梦的海外华人研究及海外兄弟公信仰研究①、道奇的“葫芦文化”研究②以及金柄徹的家船民研究等。中国的学者应当吸收这些新的视角，以开放性的思维，开展内容更为丰富、领域更为宽广的研究。

3. 研究样本的局限性

国外学者的研究确有诸多可取、可借鉴之处，但也确有一些不足之处，除了研究成果在数量上明显居于小众群体之外，还有一个先天的不足之处，就是研究对象、范围多是以港、澳、台为主。这也是当时的特殊历史环境造成的。这种局限性带来了两个结果，一是对港、澳、台的研究很深入、很全面、很到位，二是对中国的研究不深入、不全面、不到位，或者不能准确反映全貌。及至改革开放后，虽然我们已敞开了国门，包括开放了学者的研究，但这一时期的疍民研究已经不是国外学者的关注热点，一是中国的崛起成为世界性新话题，二是疍民早已“洗脚上岸”，使国外学者失去了兴趣点和观察点，而藤川美代子的民族志研究则是一个特例，是基于她在厦门留学而得以长期观察了解的便利。国外学者对疍民的研究多集中在20世纪初期，涉及疍民社会变迁的论述少之又少，也许是因为这一时期学者多关注疍民身份及文化问题，社会变迁尚未成为关注的热点。总体上国外疍民研究的局限性还表现在以下几方面：

（1）范围较狭窄。内容上多以点带面，以古（史料）观今、以外（境

①〔法〕苏尔梦：《巴厘的海南人：鲜为人知的社群》，杜琨、任余红译，载周伟民主编《琼粤地方文献国际学术研讨会论文集》，海口：海南出版社，2002年，第28页。

②〔美〕欧内斯特·S. 道奇：《南太平洋地区的葫芦文化》，宋立杰译，北京：社会科学文献出版社，2021年。

外）看内（大陆），多从港、澳、台、东南亚华人华侨视角看内陆，偏重社会学的理论和想象，虽也有一些诸如“中心-边缘”、海盗研究、“意识模型”（conscious mode）等新理论和新视角，但难免与中国大陆的现实有差距，历史研究也多转用中国学者的观点，少有新的突破。

（2）视角较单一。多从历史社会学、文化人类学视角，对中国疍民群体的形成、发展及其文化现象进行理解性解释，缺乏更多的视角，社会变迁视角极少。

（3）对象较固化。研究对象多为港、澳、台、东南亚华人华侨，少有针对中国大陆的第一手资料或田野资料。

（4）方法较间接。多以二手资料为主，以外围的田野调查为主，比如以香港的田野调查推断内地，少有国外学者主持的、来自中国内地调研的第一手资料。

三、疍民与“海洋非遗”

疍民，古代称为蜑民、蜒民、蛋民、但民等，“疍民”的“疍”字是近世受公民平等思想的影响，由民间自创并由政府认可的新发明的一个汉字，其最重要的改变是将“虫”字改为“旦”字，字形变而音未变。看似这一微小的变化，其意义却有天壤之别，同时又与历史的真实有些巧合。它首先从字面上消弭了自古以来“蜑”人被外界归于虫、蛇之属类的偏见与歧视，其次，“疍”这个基于政治性和技术性的新创变形文字，却不经意中巧合了历史。《说文》：“旦，明也。”《康熙字典》：“朝也、晓也。……昊天曰旦。……日至于曲阿，是谓旦明。”疍家人，夷越之遗族，“昊”乃太昊、少昊，均是东夷之领袖，曲阿乃东夷文化之中心，东夷发源地之山东，乃中华海洋文明与中华文明的曙光初起处。“疍”字正隐含了曙光初起之意，这也是非常文学地、不谋而合地诠释了疍家文化的起源。

因之，疍家文化，不是卑贱粗鄙的代名词，而是古老中华文明的活化石！

一个时代有一个时代的关注点，社会科学研究更是如此。疍民研究是近百年来的事情，历史走到今天，继承与发展是时代主题，那么，于研究者而言，要搞清楚的是，继承什么？发展什么？如果说疍民研究过去已追问过“我是什么”的话，那么，在疍人绝大多数已经上岸，疍家文化濒于消失的今天，需要再追问的是，我们还能继承什么，还能做什么。也就是说，既要向后看，更要向前看，要将前后贯穿起来，让濒于消失的疍家文化活起来，生长起来，这才是研究的目标。要实现这一目标，首先应该知道我们还有哪些家底。

无论国内还是国外，迄今为止疍民研究的成果总体是丰富多彩，数量、质量都可观，但系统化、整体化、归类化，以及概念化和理论化的研究鲜见。特别是历时性和共时性的社会变迁视角，全面性和总体性的疍民非遗视角方面的研究欠缺。虽然既往的研究都涉及这些方面，但多是较单一的、微观的和零碎的研究，以“社会变迁”而言，许多研究或涉及一地一时的研究，但以历史时间和地理时间为纵横两轴的总括研究不多；于“非遗”而言，许多研究也都或多或少有所涉及，但多是个案化、特殊性的研究，即某个领域，如饮食、服饰、语言等方面的单项研究，整体研究不多。

有些问题如族源的流变、演进、分布等仍悬而未决，整体性非遗目录亦未有全面整理，因此，疍民研究有待系统、深入开展。在时间轴线上，疍民的源流与变迁，在空间轴线上，疍民的分布与范围等，都需要进行一个较全面的调查研究；特别是疍民在国内以及向海外的迁徙的文化地理空间分布亦需要进行系统的搜集整理。现今阶段，国内疍民已基本上全部从水居转变为陆居，国外散布于东南亚及南洋诸国的疍民孑遗除少数仍居海上，亦多数为陆居，因此，疍民群体独特的文化，特别是对于海上丝绸之路的海洋文化贡献与遗存，亟须进行抢救性的挖掘和整理，如果我们不作为，将濒于湮灭，这是服务新时代的需要，也是非物质文化遗产保护的需要。疍家文化已成为世界性的珍贵的非物质文化遗产，科研工作者有责任为遗产的保护做好基础性研究工作，并且也可以学习借鉴韩国、日本的经验，通过“申遗”，促进疍民文化保护工作的制度化。

“海洋非遗”是海洋非物质文化遗产的简称，是指各种以非物质形态存在的与沿海民众生活密切相关、世代相承的传统文化表现形式，包括口头传说、传统表演艺术、民俗活动和节庆礼仪、有关海洋的民间传统知识和实践、传统手工技艺等以及与上述传统文化表现形式相关的文化空间。知网查询“海洋非遗”的相关资料只有200余条（截至2024年6月），其中学术期刊不足百条，不算多，检索到的内容多是从一城一镇一地一事出发研讨海洋非遗问题，缺乏系统性的研究，发现只有一篇题为《中国海洋“非遗”的传承与开发》较宏观，但也只是探讨海洋非遗的重要性。今天，疍民研究当以疍家文化为重点，以国内为主，兼及国外，从“社会变迁”和“海洋非遗”两个方面，厘清历史脉络，并期望从中能窥见“疍家文化”曾经历过什么，还有些什么，亦期望能够从中启发未来：我们还能做什么。

Research on the “Marine Intangible Cultural Heritage” of the Dan People: A Literature Review

Fang Ligang
(The ASEAN Research Institute of Hainan Tropical
Ocean University, Sanya, China)

Abstract: The Dan (Sea people), historically referred to as Danmin (蜑民、蜒民、蛋民、疍民、但民) or Tanka (蜑家、蜒家、蛋家、疍家、但家) in ancient texts, were a “maritime community” that traditionally inhabited riverine and coastal areas for generations. Both domestic and international researchers have noted this distinctive group, interpreting them through diverse perspectives and temporal frameworks. Modern academic research on Danmin within China essentially commenced in the early 20th century during the late Qing and early Republic periods. Earlier descriptive accounts in pre-modern historical documents are regarded as “research materials” rather than formal “research achievements.” Foreign scholarship extends its temporal scope slightly further, tracing back to the Yuan Dynasty, attributable to two factors: the earlier establishment of Western sociological studies compared to China, and the incorporation of crucial historical sources like The Travels of Marco Polo.

Through systematic and holistic re-examination of existing Danmin studies, this research aims to clarify their historical origins and evolutionary trajectory along the temporal axis, while delineating their geographical distribution and territorial scope spatially. Such efforts seek to revitalize the endangered Danjia culture, thereby providing novel research foundations, conceptual frameworks, and directional guidance for the preservation and development of Tanka cultural heritage, particularly in advancing its designation as Marine Intangible Cultural Heritage.

Keywords: Studies on the Danmin people; Marine intangible heritage; Literature review

征稿启事

《海洋文化研究》（*Studies of Maritime Culture*）是海南热带海洋学院东盟研究院、海南省南海文明研究基地主办的学术性辑刊，每年出版两辑，由中国出版集团公司旗下的世界图书出版广东有限公司公开出版，中国知网收录。本辑刊努力发表国内外海洋文化研究的最近成果，反映前沿动态和学术趋向，诚挚欢迎国内外同行赐稿。

凡向本辑刊投寄的稿件必须为首次发表、符合学术规范的原创性论文，请勿一稿多投。请直接通过电子邮件方式投寄，并务必提供作者姓名、机构、职称和详细通信地址。本辑刊将在接获来稿两个月内向作者发出稿件处理通知，其间欢迎作者向编辑部查询。

来稿不拘中、英文，正文注释统一采用页下脚注，优秀稿件不限字数。论文整体及相关附件的全部复制传播的权利——包括但不限于复制权、发行权、信息网络传播权、汇编权等著作财产权许可给本辑刊及世界图书出版广东有限公司使用，上述单位有权通过包括但不限于以下方式使用，除本辑刊自行使用外，本辑刊有权许可第三方平台（含中国知网）等行使上述权利。来稿一经刊用，即付稿酬，并赠该辑书刊 2 册。根据著作权法规定，凡向本辑刊投稿者皆被认定遵守上述约定。

如撤稿，请提交申请，经本辑刊同意后，即可撤稿。

稿件组成结构和格式说明：

1. 题名：黑体。如有基金项目，用圆圈数字上标符号做页下注，含来源、名称及批准号或项目编号。

2. 作者名：楷体。作者简介用圆圈数字上标符号做页下注，内容为所在单位、职称及职务、研究方向，多名作者一一列出。

3. 内容提要：楷体。

4. 关键词：楷体。

5. 一级小标题：序号“一、”；二级小标题：序号“（一）”；三级小标题：序号“1.”；四级小标题：序号（1）。小标题用黑体区分，字号比正文稍大。

6. 正文：五号宋体。

如果有图片，独立编号，后加图题；如果有表格，独立编号，后加表题。

7. 文献参考：

（1）为了便于阅读，文献出处采用页下注，每页重新编号，正文中用上标“①、②、③……”。文献著录格式可参考如下：

练铭志、马建钊、朱洪：《广东民族关系史》，广州：广东人民出版社，2004 年，第 704—705 页。

〔美〕Barry Rolett：《中国东南的早期海洋文化》，载蒋炳钊主编《百越文化研究》，厦门：厦门大学出版社，2005 年，第 132 页。

陈文：《科举在越南的移植与本土化》，广州：暨南大学博士学位论文，2006 年。

王氏红：《河内玉山寺刻印的汉喃书籍目录》，载《汉喃杂志》，2000 年第 1 期，第 96 页。

Kenneth N. Waltz, *Theory of International Politics*, New York: McGraw Hill Publishing Company, 1979, p.81.

Robert Levaold, “Soviet Learning in the 1980s”, in George W. Breslauer and Philip E. Tetlock, eds., *Learning in US and Soviet Foreign Policy*, Boulder, CO: Westview Press, 1991, p.27.

Stephen Van Evera, “Primed for Peace: Europe after the Cold War”, *International Security*, Vol.15, No.3, 1990/1991, p.23.

（2）如果有文后参考文献表，格式按全国信息与文献标准化技术委员会《文后参考文献著录规则》（GB/T）最新版执行，即按普通图书［M］、期刊［J］、学位论文［D］等分类格式。

8. 英文题名、英文摘要、英文关键词放在论文后。

投稿一律用 Word 或 WPS。

投稿地址：海南省三亚市吉阳区育才路 1 号，海南热带海洋学院东盟研究院；电子信箱：whyj2023@163.com。